Chemie in der Praxis

Die Reihe Chemie in der Praxis richtet sich an Studierende in praxisorientierten Studiengängen besonders an Fachhochschulen, aber auch im universitären Bereich. Ihnen sollen Begleittexte angeboten werden für solche Studienrichtungen, in denen die Kenntnis von und der Umgang mit chemischen Produkten, Denk- und Verfahrensweisen einen wichtigen Bestandteil bilden.

Darüber hinaus wendet sich die Reihe aber auch an Ingenieure und andere Fachkräfte, denen in ihrem Berufsbild immer wieder „chemische" Frage- und Aufgabenstellungen unterschiedlichster Art begegnen. Ihnen bietet die Reihe Gelegenheit, fundamentales Chemie-Wissen sowohl aufzufrischen als auch neue und erweiterte Anwendungsmöglichkeiten kennen zu lernen.

Zielsetzung der Herausgeber bei der Zusammenstellung der einzelnen Titel ist, eine solide und angemessene Vermittlung von Basiswissen mit einem Höchstmaß an Aktualität in der Praxis zu verknüpfen. Hierzu wird bewusst auf eine umfangreiche Darstellung der theoretischen Grundlagen verzichtet, um statt dessen die für die Praxis relevanten Aspekte in einer verständlichen Weise darzulegen

Erwin Müller-Erlwein

Chemische Reaktionstechnik

3., überarbeitete Auflage

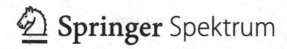 Springer Spektrum

Erwin Müller-Erlwein
Beuth Hochschule für Technik Berlin
Berlin, Deutschland

Chemie in der Praxis
ISBN 978-3-658-09395-2   ISBN 978-3-658-09396-9 (eBook)
DOI 10.1007/978-3-658-09396-9

Die Deutsche Nationalbibliothek verzeichnet diese Publikation in der Deutschen Nationalbibliografie; detaillierte bibliografische Daten sind im Internet über http://dnb.d-nb.de abrufbar.

Springer Spektrum
© Springer Fachmedien Wiesbaden 1998, 2007, 2015

Gedruckt auf säurefreiem und chlorfrei gebleichtem Papier

Springer Fachmedien Wiesbaden ist Teil der Fachverlagsgruppe Springer Science+Business Media
(www.springer.com)

Vorwort zur 3. Auflage

Für die Herausgabe der 3. Auflage danke ich dem Verlag. Der Text der 2. Auflage wurde an vielen Stellen überarbeitet, alle aufgefundenen Fehler wurden korrigiert. Allen Studierenden und Kollegen, die mit ihren Hinweisen dazu beigetragen haben, sei gedankt.

Berlin, März 2015   Erwin Müller-Erlwein

Vorwort zur 2. Auflage

Dem Verlag danke ich für die Herausgabe einer 2. Auflage. Diese entspricht weitgehend der 1. Auflage. Alle bekannt gewordenen Fehler sind korrigiert, verschiedene Abschnitte umformuliert und Beispiele für Klausuraufgaben zur Vorlesung Chemischen Reaktionstechnik (im 4. Semester des Studiengangs Pharma- und Chemietechnik an der Technischen Fachhochschule Berlin) im Anhang eingefügt.

Berlin, Januar 2007   Erwin Müller-Erlwein

Vorwort zur 1. Auflage

Das vorliegende Lehrbuch „Chemische Reaktionstechnik" wendet sich primär an Studenten der Chemie, des Chemieingenieurwesens und der Verfahrenstechnik an Fachhochschulen und im universitären Bereich. Es soll darüber hinaus Ingenieuren und Fachkräften, denen reaktionstechnische Aufgabenstellungen in der Berufstätigkeit begegnen, die erforderlichen Hilfsmittel zu deren Lösung aufzeigen und eine Ergänzung ihrer Fachkenntnisse ermöglichen. Es ist als ein auch zum Selbststudium geeignetes Lehrbuch konzipiert, das in die Methoden und die Grundlagen der Chemischen Reaktionstechnik einführt.

Als Teilgebiet der Technischen Chemie bildet die Chemische Reaktionstechnik ein Lehrfach in vielen technischen Studienrichtungen. Im „Lehrprofil Technische Chemie" des DECHEMA-Unterrichtsausschusses für Technische Chemie sind die empfohlenen Lehrinhalte der Chemischen Reaktionstechnik für die Ausbildung an wissenschaftlichen Hochschulen dargelegt. Das vorliegende Buch orientiert sich weitgehend an diesen Lehrinhalten.

Allerdings war ein Kompromiss zwischen der Fülle des Stoffes und der Breite seiner Darstellung im Hinblick auf den Leserkreis zu schließen: Anstelle einer möglichst vollständigen Darstellung des Gebiets werden bestimmte grundlegende Inhalte ausführlich vermittelt. Hierbei handelt es sich um die Themenbereiche Stöchiometrie, Berechnung chemischer Gleichgewichte, prinzipieller Aufbau und Betriebsweise technisch-chemischer Reaktoren, Mengen- und Wärmebilanzen, Verweilzeitverhalten, Auslegung und Berechnung idealer isothermer und nichtisothermer Reaktoren für Homogenreaktionen, Bestimmung kinetischer Parameter aus Messwerten und Grundlagen heterogener Reaktionen. Die Lösung typischer Aufgabenstellungen aus diesen Bereichen wird in jedem Kapitel anhand ausgearbeiteter Beispiele vorgestellt, die durch Abbildungen, Tabellen, Literaturhinweise und Übungsaufgaben (mit Ergebnisangabe und gegebenenfalls Lösungshinweisen) ergänzt sind.

Nicht behandelt wird beispielsweise die Berechnung von Reaktoren für mehrphasige Systeme oder die Lösung von Optimierungsproblemen, um auf die mathematischen und numerischen Verfahren verzichten zu können, die für ihre Bearbeitung erforderlich wären. Vielmehr wird versucht, mit möglichst wenig mathematischen Methoden, die sich zudem für unterschiedliche Problemstellungen einsetzen lassen, auszukommen und die reaktionstechnische Aussage wichtiger mathematischer Gleichungen in Schriftform wiederzugeben. Für die numerische Lösung von Differentialgleichungen, die z. B. beim halbkontinuierlich betriebenen Rührkessel und bei manchen nichtisotherm betriebenen Reaktoren auftreten, wird das Euler-Verfahren eingesetzt. Es besitzt neben seiner Anschaulichkeit den Vorteil, dass sich die prinzipielle Vorgehensweise bei numerischen Problemlösungen mit geringem Aufwand erläutern lässt. Die Anwendung besserer und eleganterer numerischer Methoden, die in Tabellenkalkulationsprogrammen und in vielen Programmpaketen für Personal Computer enthalten sind, bleibt dem Leser überlassen.

Die zitierte Literatur umfasst keine aktuellen Publikationen in Zeitschriften, sondern lediglich Lehrbücher, die entweder die für reaktionstechnische Fragestellungen erforderlichen Grundlagen anderer Disziplinen vermitteln oder weiterführende Darstellungen der betrachteten Problemstellungen enthalten.

Allen Freunden, Kollegen und Studenten, die bei der Entstehung des Buches geholfen haben, danke ich. Dem Verlag sei für die entgegenkommende und sachkundige Mithilfe gedankt.

Berlin, Juli 1998   Erwin Müller-Erlwein

Inhaltsverzeichnis

Symbolverzeichnis

A	m^2	Fläche, Querschnittsfläche
A_i	-	Summenformel Komponente i
A_W	m^2	Wärmeaustauschfläche
a_V	m^2/m^3	spezifische Oberfläche
a_W	$1/h$	Parameter Wärmetausch
Bo	-	Bodenstein-Zahl
C	$kmol/m^3$	Gesamtkonzentration
c	$kmol/m^3$	Konzentration
c_i	$kmol/m^3$	Konzentration Komponente i
c_i^*	$kmol/m^3$	Gleichgewichtskonzentration Komponente i
c_{i0}	$kmol/m^3$	Anfangs-, Eingangskonzentration Komponente i
$c_{i,g}$	$kmol/m^3h$	Gasphasenkonzentration Komponente i
$c_{i,l}$	$kmol/m^3h$	Flüssigphasenkonzentration Komponente i
$c_{i,s}$	$kmol/m^3h$	Oberflächenkonzentration Komponente i
c_p	$kJ/kg\ K$	spezifische Wärme Gemisch
$c_{p,i}$	$kJ/kmol\ K$	spezifische Wärme Komponente i
Da	-	Damköhler-Zahl
D_{ax}	m^2/s	axialer Dispersionskoeffizient
D_{eff}	m^2/s	effektiver Diffusionskoeffizient
D_m	m^2/s	molekularer Diffusionskoeffizient
d_R	m	Reaktordurchmesser
E	$kJ/kmol$	Aktivierungsenergie
E	h^{-1}	Verweilzeitdichtefunktion
F	-	Verweilzeitsummenfunktion
ΔG_R	$kJ/kmol$	freie Reaktionsenthalpie
Ha	-	Hatta-Zahl
$\Delta H_{f,i}^o$	$kJ/kmol$	Standardbildungsenthalpie Komponente i
H_i	$Pa\ m^3/kmol$	Henry-Konstante Komponente i
ΔH_R	$kJ/kmol$	Reaktionsenthalpie
ΔH_R^o	$kJ/kmol$	Standardreaktionsenthalpie
i	-	Komponentenindex (Nummer der Komponente)
K	diverse	Gleichgewichtskonstante
K	-	Anzahl der Kessel einer Kaskade
k	diverse	Geschwindigkeitskonstante
k_0	diverse	Stoßfaktor

k_g	m/s	gasseitiger Stoffübergangskoeffizient
k_l	m/s	flüssigkeitsseitiger Stoffübergangskoeffizient
k_W	kW/m² K	Wärmedurchgangskoeffizient
L	m	Reaktorlänge, Katalysatorabmessung
M	-	Anzahl chemischer Reaktionen
M	-	Anzahl Messwerte, Anzahl Versuchspunkte
M_i	kmol/kg	molare Masse Komponente i
m	kg	Gesamtmasse
$\dot{m}$	kg/h	Gesamtmassenstrom
m_i	kg	Masse Komponente i
$\dot{m}_i$	kg/h	Massenstrom Komponente i
N	-	Gesamtzahl Komponenten
n	kmol	gesamte Stoffmenge
n	-	Reaktionsordnung
$\dot{n}$	kmol/h	gesamter Stoffmengenstrom
n_0	kmol	gesamte eingesetzte Stoffmenge
n_i	kmol	Stoffmenge Komponente i
n_{i0}	kmol	eingesetzte Stoffmenge Komponente i
$\dot{n}_{Diff}$	kmol/h	diffusiver Stoffmengenstrom
$\dot{n}_{Disp}$	kmol/h	dispersiver Stoffmengenstrom
$\dot{n}_i$	kmol/h	Stoffmengenstrom Komponente i
$\dot{n}_{i,a}$	kmol/h	ausgehender Stoffmengenstrom Komponente i
$\dot{n}_{i,e}$	kmol/h	eingehender Stoffmengenstrom Komponente i
$\dot{n}_{i,R}$	kmol/h	Stoffmengenproduktion Komponente i
P	Pa	Gesamtdruck
Pe	-	Péclet-Zahl
p_i	Pa	Partialdruck Komponente i
Q	kJ	Wärmeinhalt, Wärmemenge
Q_R	kJ	Reaktionswärme
$\dot{Q}_R$	kJ/h	Wärmeproduktion durch Reaktion
$\dot{Q}_W$	kJ/h	ausgetauschter Wärmestrom
R	kJ/kmol K	allgemeine Gaskonstante
R	m	Rohrradius, Teilchengröße
Re	-	Reynolds-Zahl
r	kmol/m³ h	Reaktionsgeschwindigkeit
r	m	radiale Koordinate, Radius
r_{brutto}	kmol/m³h	Bruttoreaktionsgeschwindigkeit
r_{eff}	kmol/m³h	effektive Reaktionsgeschwindigkeit
r_s	kmol/m²h	Reaktionsgeschwindigkeit, oberflächenbezogen

Sc	-	Schmidt-Zahl
$S_{f,i}^{o}$	kJ/kmol K	Standardbildungsentropie Komponente i
Sh	-	Sherwood-Zahl
S_{ki}	-	Selektivität Komponente k bezüglich Komponente i
ΔS_R	kJ/kmol K	Reaktionsentropie
ΔS_R^{o}	kJ/kmol K	Standardreaktionsentropie
T	K	Temperatur
T_0	K	Anfangstemperatur, Eingangstemperatur
ΔT_{ad}	K	adiabatische Temperaturerhöhung
T_W	K	mittlere Temperatur im Wärmetauscher
t	h	Zeit, Reaktionsdauer
$\bar{t}$	h	Mittelwert Verweilzeitverteilung
Δt	h	Zeitdifferenz
t_A	h/a	Anlagenverfügbarkeit
t_R	h	Reaktionsdauer
t_V	h	Rüstzeit
u	m/s	mittlere Geschwindigkeit
V	m³	Volumen, Reaktionsvolumen
$\dot{V}$	m³/h	Volumenstrom
V_R	m³	Reaktorvolumen
w_i	-	Massenanteil Komponente i
X_i	-	Umsatzgrad Komponente i
x_i	-	Stoffmengenanteil Komponente i
Y_{ki}	-	Ausbeute Komponente k bezüglich Komponente i
δ	m	Filmdicke
θ	-	dimensionslose Zeit
θ_i	-	Beladung Katalysator mit Komponente i
κ	-	Nummer des Kessels einer Kaskade
ν_F	m²/s	kinematische Viskosität Fluid
ν_i	-	stöchiometrischer Koeffizient Komponente i
ξ	kmol	Reaktionslaufzahl
ρ	kg/m³	Gesamtdichte
ρ_i	kg/m³	Partialdichte Komponente i
σ	h	Varianz Verweilzeitverteilung
τ	h	mittlere hydrodynamische Verweilzeit
τ_{ges}	h	Gesamtverweilzeit
τ_R	h	Verweilzeit
Φ	-	Thiele-Modul

1 Aufgaben der Chemischen Reaktionstechnik

Chemische Reaktionen werden aus unterschiedlichen Gründen durchgeführt. Beispielsweise kann die industrielle Herstellung verkaufsfähiger Endprodukte oder weiterverarbeitungsfähiger Zwischenprodukte unter wirtschaftlichen Gesichtspunkten beabsichtigt sein. Daneben schreiben gesetzliche Vorschriften oft vor, in welchem Ausmaß gewisse Substanzen, die zwangsläufig bei der Produktion anfallen, in Abwasser, Abluft oder festen Abfällen enthalten sein dürfen, so dass chemische Reinigungsschritte vorzunehmen sind. Schließlich werden Reaktionen mit dem Ziel ausgeführt, charakteristische Daten der jeweiligen Reaktion oder des eingesetzten Reaktors aus Messwerten an Versuchsanlagen zu gewinnen. Gemeinsam ist solchen chemischen Verfahren oft, dass sie sich in die drei Schritte *Aufbereitung* der Ausgangsstoffe, *Stoffumwandlung* im Reaktor und *Aufarbeitung* des Reaktionsgemisches unterteilen lassen, wie Abb. 1.1 schematisch zeigt.

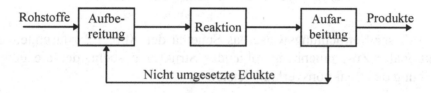

Abb. 1.1 Schematische Darstellung eines chemischen Verfahrens.

Die Chemische Reaktionstechnik als eine ingenieurwissenschaftliche Disziplin beschäftigt sich schwerpunktmäßig mit nur einem dieser drei Schritte, wie schon ihre Bezeichnung nahelegt. Ihr Interesse gilt den Vorgängen in chemischen Reaktoren, wobei methodisch einerseits die mathematisch-theoretische Behandlung, andererseits die empirische Untersuchung reagierender Systeme verfolgt werden.

Da jedoch die Stoffumwandlung im Hinblick auf bestimmte Zielsetzungen erfolgt und darüber hinaus gekoppelt mit weiteren Verfahrensschritten geschieht, ist in der Regel eine Vielzahl von Aspekten aus verschiedensten Fachgebieten einzubringen. Exemplarisch lassen sich neben Mathematik und den naturwissenschaftlichen Fächern Chemie, Physik und Physikalische Chemie vor allem die Ingenieurdisziplinen Mechanische und Thermische Verfahrenstechnik, Mess- und Regelungstechnik, Werkstoffkunde, Maschinenbau, Sicherheitstechnik und Informatik nennen, zu denen die Betriebswirtschaft hinzukommt, falls ökonomische Gesichtspunkte zu beachten sind.

Primäre Aufgabe der Chemischen Reaktionstechnik ist es, eine quantitative Be-schreibung des Ablaufs chemischer Reaktionen unter technischen Bedingungen zu leisten. „Quantitative Beschreibung" bedeutet hierin, dass mathematische Beziehungen - sogenannte Modelle - herangezogen werden, um funktionale Zusammenhänge zwischen prozessrelevanten Größen (wie etwa Konzentrationen der reagierenden Verbindungen, Temperatur, Druck, Reaktionsdauer, Volumen, Mengenströme, ...) wiederzugeben. Der Zusatz „unter technischen Bedingungen" erinnert daran, dass technisch durchgeführte Reaktionen oft unter anderen Bedingungen als im Chemielabor verlaufen: andere Roh- und Hilfsstoffe werden eingesetzt, die produzierten Mengen sind weitaus größer, Apparate anderer Bauart, Betriebsweise und Abmessung liegen vor.

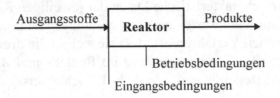

Abb. 1.2 Schematische Darstellung eines Reaktors.

Legt man dieser Betrachtungsweise das Schema der Abb. 1.2 zugrunde, so wird ein funktionaler Zusammenhang folgender Struktur gesucht, der die geforderte Beschreibung des Reaktionsverlaufs leistet:

$$\begin{bmatrix} \text{Werte am} \\ \text{Ausgang} \end{bmatrix} = F \begin{bmatrix} \text{Eingangs-} \\ \text{bedingungen} \end{bmatrix}, \begin{matrix} \text{Betriebs-} \\ \text{bedingungen} \end{matrix}, \begin{matrix} \text{Daten der} \\ \text{Reaktion} \end{matrix}, ... \end{bmatrix}. \qquad (1.1)$$

Zusammensetzung, Temperatur, Druck und Mengenströme sind typische Werte, die den Zustand des Reaktorausgangs spezifizieren. Diese hängen von mehr oder weniger beeinflussbaren Größen ab: zum einen von den Bedingungen, unter denen die Ausgangsstoffe in den Reaktor gelangen, zum anderen von den Betriebsbedingungen, die sich durch die Art und den Umfang des Wärmetausches, die Vermischung oder die Aufenthaltsdauer der reagierenden Substanzen im Reaktor kennzeichnen lassen. Daneben spielt die für jede chemische Reaktion charakteristische Konzentrations- und Temperaturabhängigkeit der Reaktionsgeschwindigkeit eine Rolle. Mögliche weitere, hier nicht explizit angegebene Einflussgrößen sind in der Argumentliste summarisch als „ ... " aufgeführt.

Um Beziehungen der Gestalt (1.1) formulieren zu können, ist eine Reihe von Vorleistungen aus verschiedenen Teilgebieten einzubringen. Die *Stöchiometrie* liefert Zusammenhänge zwischen den Stoffmengenänderungen der Reaktanden.

Gleichgewichtsberechnungen erlauben, den thermodynamisch maximal möglichen Umsatz für die in Frage kommenden Reaktionsbedingungen zu berechnen. Die *Kinetik* liefert die Konzentrations- und Temperaturabhängigkeit der Reaktionsgeschwindigkeit; für mehrphasige Systeme, wie sie beispielsweise bei der heterogenen Katalyse auftreten, sind darüber hinaus Geschwindigkeitsansätze für Stoff- und Wärmetransport bereitzustellen. Schließlich führen die *Mengen- und Wärmebilanzen* auf die funktionale Abhängigkeit, die in (1.1) durch „*F*" bezeichnet wird.

Ist eine solche Abhängigkeit erst einmal bekannt, so lässt sich eine Vielzahl reaktionstechnischer Fragestellungen beantworten, die auch als typische Aufgabenstellungen für einen Chemieingenieur angesehen werden. Beispiele solcher Problemstellungen sind:

- *Reaktorauslegung.* Hierunter versteht man die Angabe des erforderlichen Volumens (und gegebenenfalls der Hauptabmessungen) sowie der spezifischen Umstände des Betriebs eines Reaktors, mit dem eine geforderte Produktion für eine gegebene Reaktion erzielt werden kann.
- *Reaktorvergleich.* Reaktoren unterschiedlicher Bauart oder Betriebsweise werden hinsichtlich ihrer Leistungsfähigkeit und Eignung miteinander verglichen und bewertet.
- *Simulation.* Die Berechnung der Werte am Ausgang des Reaktors unter Variation der Eingangs- und Betriebsbedingungen gestattet, das Reaktorverhalten ohne Experimente zu beurteilen.
- *Optimierung.* Im Hinblick auf eine bestimmte Zielsetzung (z. B. minimale Produktionskosten, maximale Produktausbeute) werden die besten Werte für gewisse Betriebsparameter des Reaktors festgelegt.
- *Maßstabsvergrößerung.* Chemische Verfahren werden oft mittels vergleichsweise kleinen Laboranlagen entwickelt und ausgearbeitet. Die erfolgreiche Übertragung in einen größeren Maßstab („Scale-up"), etwa für eine Pilotanlage oder eine technische Anlage, bedarf der Berücksichtigung besonderer Gesetzmäßigkeiten.
- *Bestimmung kinetischer Parameter.* Versuchsreaktoren dienen dazu, über die Messung der Größen am Reaktorausgang bei bekannten Eingangs- und Betriebsbedingungen mit Hilfe bestimmter Auswertemethoden die charakteristischen Daten einer chemischen Reaktion zu ermitteln.

Die genannte Zielsetzung der Chemischen Reaktionstechnik, den Ablauf chemischer Reaktionen zu beschreiben, lässt sich in Verbindung mit den typischen Problemstellungen als *Leitfaden für das vorliegende Buch* sehen. In den folgenden

Abschnitten werden zum einen die grundlegenden Beziehungen behandelt, die Zusammenhänge der Form (1.1) für bestimmte Reaktoren und typische, darin ablaufenden Reaktionen herzuleiten gestatten. Zum anderen wird die Beantwortung einer Auswahl der oben genannten Fragestellungen, die erst mit diesen Zusammenhängen möglich ist, anhand von ausgearbeiteten Anwendungs- und Rechenbeispielen erläutert.

Eine Auswahl von Lehrbüchern der Chemischen Reaktionstechnik, die sich mit den angegebenen, aber auch mit anderen und weiterführenden Fragestellungen beschäftigen, ist im Literaturverzeichnis zu Kapitel 1 unter [1 - 16] genannt. Aktuelle chemische Produktionsverfahren mit Angaben zur Rohstoffbasis und zur Verwendung zahlreicher industrieller Vor-, Zwischen- und Endprodukte werden beispielsweise in [5, 17 - 20] behandelt. Handbücher und Enzyklopädien, die auch Stoffdaten beinhalten, typische verfahrenstechnische Berechnungsmethoden vermitteln und auch eine Vielzahl technisch-chemischer Problemstellungen detailliert darlegen, finden sich unter [5, 20 - 22]. Die rechnerische Bearbeitung reaktionstechnischer Problemstellungen mit Personal Computern ist z. B. in [23, 24] ausgeführt. Technisch-chemische Laborversuche und ihre Auswertung werden etwa in [25] exemplarisch dargestellt.

2 Stöchiometrie

2.1 Einführung

Die Leistung der Stöchiometrie liegt darin, dass sie für jedes chemisch reagierende System *Beziehungen zwischen den Stoffmengenänderungen der reagierenden Verbindungen* liefert. Beispielsweise kann die Reaktionsgleichung $N_2 + 3H_2 = 2NH_3$ durch die Aussage „wenn 1 mol N_2 verbraucht wird, dann werden 3 mol H_2 verbraucht und 2 mol NH_3 gebildet" dargestellt werden. Die Grundlage der Relationen zwischen den Stoffmengenänderungen ist die *Erhaltung der chemischen Elemente*, die stets erfüllt sein muss. Daher gelten die stöchiometrischen Beziehungen zu jedem Zeitpunkt und an jeder Raumstelle, sie sind unabhängig von den jeweiligen Reaktionsbedingungen (wie z. B. Temperatur, Druck, Zusammensetzung) und von der Art und der Betriebsweise des Reaktors, in dem die Reaktionen stattfinden. Hierin begründet sich ihre besondere Bedeutung und darüber hinaus die Möglichkeit, Stöchiometrie ohne weitere Information zur Reaktionsführung anzuwenden.

2.2 Allgemeine Reaktionsgleichungen

Die in einem beliebigen Reaktionssystem vorhandenen Stoffe werden begrifflich unterschieden: als *Komponenten* bezeichnet man alle vorhandenen chemischen Substanzen. Komponenten lassen sich unterteilen in die *Reaktanden* - die Reaktionsteilnehmer - und die *Begleitstoffe*, also Komponenten, die nicht an der Reaktion teilnehmen, wie Lösemittel, Inertstoffe, Katalysatoren usw., deren Anwesenheit aber durch die Prozessführung bedingt ist. Die Reaktanden werden schließlich entweder als *Edukte* (Ausgangsstoffe) oder als *Produkte* einer Reaktion klassifiziert.

Beispiel. Das beim Rösten sulfidischer Erze mit Luft entstehende Röstgas wird an einem Katalysator oxidiert, um das für die Herstellung von Schwefelsäure benötigte Schwefeltrioxid zu gewinnen. Von den vier vorhandenen *Komponenten* SO_2, O_2, SO_3, N_2 sind die ersten drei *Reaktanden* (wegen $SO_2 + 0{,}5O_2 = SO_3$), während N_2 als *Begleitstoff* (Inertstoff) nicht an der Reaktion teilnimmt. Aus den beiden *Edukten* SO_2 und O_2 entsteht das einzige *Produkt* SO_3.

Anhand des Beispiels $SO_2 + 0,5O_2 = SO_3$ ist zum einen ersichtlich, dass Reaktionsgleichungen nur die Summenformeln der Reaktanden, nicht jedoch die Summenformeln der gegebenenfalls vorhandenen Begleitstoffe (z. B. N_2) enthalten. Zum anderen treten Zahlenwerte auf, die man als *stöchiometrische Koeffizienten* bezeichnet, wobei der Wert 1 nicht explizit geschrieben wird.

An die allgemeine Form einer Reaktionsgleichung stellt man zwei Forderungen, deren Zweckmäßigkeit in den folgenden Abschnitten zu ersehen sein wird: einerseits sollen *alle Komponenten* in ihr auftreten, andererseits will man durch geeignete Wahl der Vorzeichen der stöchiometrischen Koeffizienten berücksichtigen, dass die Edukte verbraucht, die Produkte gebildet und die Begleitstoffe nicht umgesetzt werden.

Angenommen, es seien insgesamt N Komponenten in einem beliebigen Reaktionssystem vorhanden. Werden diese Komponenten nunmehr (in wie immer auch gewählter Reihenfolge) mit dem *Komponentenindex* $i = 1, 2, ..., N$ durchnummeriert, so kann man anstelle der Summenformel der Komponente i das Symbol A_i in Reaktionsgleichungen benutzen. Der stöchiometrische Koeffizient der Komponente A_i wird mit v_i bezeichnet. Sein Zahlenwert ist gleich dem in der wie üblich geschriebenen Reaktionsgleichung, jedoch wird sein Vorzeichen festgelegt gemäß

$v_i < 0$, falls A_i ein Edukt ist;
$v_i > 0$, falls A_i ein Produkt ist;   (2.1)
$v_i = 0$, falls A_i ein Inertstoff ist.

Damit lautet *die allgemeine Form einer chemischen Reaktionsgleichung*[1]

$$v_1 A_1 + v_2 A_2 + ... + v_N A_N = 0 \quad \text{bzw.} \quad \sum_{i=1}^{N} v_i A_i = 0.$$ (2.2)

Beispiel. Anstelle der Summenformeln der $N = 4$ Komponenten SO_2, O_2, SO_3, N_2 kann man die Symbole A_1, A_2, A_3, A_4 benutzen, wenn die Nummerierung in der angegebenen Reihenfolge geschieht. Erweitert man die Reaktionsgleichung $SO_2 + 0,5O_2 = SO_3$ um die Inertkomponente N_2 und schreibt die Edukte auf die rechte Seite (Reaktionsgleichungen lassen sich wie mathematische Gleichungen manipulieren), so entsteht $(-1)SO_2 + (-0,5)O_2 + (+1)SO_3 + (0)N_2 = 0$. Mit den eingeführten Symbolen entspricht dies $v_1 A_1 + v_2 A_2 + v_3 A_3 + v_4 A_4 = 0$. Die stöchiometrischen Koeffizienten der Edukte SO_2 bzw. O_2 betragen $v_1 = -1$ bzw. $v_2 = -0,5$ (sind also < 0, wie gefordert), während für das Produkt SO_3 $v_3 = +1$ (also > 0) gilt und für den Inertstoff N_2 schließlich $v_4 = 0$ wird.

---

[1] Statt (2.2 rechts) wird im Folgenden oft die Kurzschreibweise $\sum v_i A_i = 0$ benutzt.

2.3 Schlüsselreaktionen

Problemstellung. Am Ausgang eines Reaktors liegen neben den nicht umgesetzten Edukten die je nach den Reaktionsbedingungen entstandenen Produkte vor. In der Regel begnügt man sich nicht damit, die auftretenden Komponenten nur aufzulisten, wie dies in Abb. 2.1 schematisch gezeigt ist. Vielmehr will man stöchiometrische Reaktionsgleichungen erstellen, die den Verbrauch der Edukte und die Bildung der Produkte wiedergeben. Dies führt auf die Frage, wieviele Reaktionsgleichungen sich für ein beliebiges Reaktionssystem formulieren lassen, das aus den $i = 1, ..., N$ Komponenten A_i mit bekannten Summenformeln besteht.

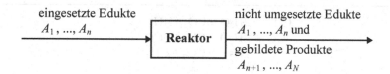

Abb. 2.1 Komponenten am Eingang und Ausgang eines Reaktors.

Linear abhängige Reaktionsgleichungen. Reaktionsgleichungen lassen sich wie mathematische Gleichungen behandeln. Wie man beispielsweise aus

$$SO_2 + 0,5O_2 = SO_3 \quad \text{bzw.} \quad 2SO_2 + O_2 = 2SO_3 \qquad (2.3)$$

ersieht, verändert die Multiplikation mit einem Faktor zwar die Werte der stöchiometrischen Koeffizienten, doch bleiben die Verhältnisse der Stoffmengenänderungen gleich. Eine der beiden Reaktionsgleichungen ist als Vielfaches der anderen „überflüssig". Dies wird durch folgende Aussage dargestellt: *eine Reaktionsgleichung wird als linear abhängig bezeichnet, wenn sie aus einer anderen durch Multiplikation mit einem Faktor hervorgeht.*

Linear unabhängige Reaktionsgleichungen. Die beiden Reaktionsgleichungen

$$CO + H_2O = CO_2 + H_2, \qquad (2.4)$$
$$CO + 3H_2 = CH_4 + H_2O, \qquad (2.5)$$

sind offensichtlich nicht linear abhängig (denn eine geht nicht aus der anderen durch Multiplikation mit einem Faktor hervor), sondern - wie man in diesem Fall sagt - *linear unabhängig.* Die lineare Unabhängigkeit zweier Reaktionsgleichungen erkennt man daran, dass bestimmte Komponenten nur in einer einzigen Gleichung auftreten, wie etwa CO_2 in (2.4) oder CH_4 in (2.5).

Linearkombinationen von Reaktionsgleichungen. Sind mehrere linear unabhängige Reaktionsgleichungen vorgegeben, so kann man jede mit einem beliebigen Faktor multiplizieren und schließlich alle Gleichungen addieren. Die so entstehende „neue" Reaktionsgleichung bezeichnet man als eine *Linearkombination* der vorgegebenen Gleichungen, da sie von ihnen linear abhängig ist. In Tab. 2.1 ist diese Vorgehensweise beispielhaft dargestellt.

Tab. 2.1 Beispiele für die Bildung von Linearkombinationen aus den linear unabhängigen Reaktionsgleichungen (2.4) und (2.5).

Faktor$_{(2.4)}$	Faktor$_{(2.5)}$	Linear abhängige Gleichung = Faktor$_{(2.4)}$*(2.4) + Faktor$_{(2.5)}$*(2.5)	
1	−1	$CH_4 + 2H_2O = CO_2 + 4H_2$	(2.6)
3	1	$4CO + 2H_2O = CH_4 + 3CO_2$	(2.7)
1	1	$2CO + 2H_2 = CO_2 + CH_4$	(2.8)
...	...	...	

Die eingangs gestellte Frage kann nunmehr zumindest teilweise beantwortet werden: *für ein Reaktionssystem aus N Komponenten lassen sich beliebig viele Reaktionsgleichungen angeben, wenn man linear unabhängige Reaktionsgleichungen kennt.* Daher ist die Fragestellung zu modifizieren: wieviele und welche linear unabhängigen Reaktionsgleichungen lassen sich formulieren, wenn die $i = 1, ..., N$ Summenformeln A_i der beteiligten Komponenten bekannt sind?

Mit den Gleichungen (2.4) und (2.5) wurden bereits zwei linear unabhängige Reaktionsgleichungen für das Reaktionssystem CO, H_2O, CO_2, H_2, CH_4 angegeben. Gefragt ist, ob weitere linear unabhängige Gleichungen existieren und wenn ja, welche.

Schlüsselreaktionen. Linear abhängige Reaktionen (z. B. (2.6) - (2.8)) enthalten aus stöchiometrischer Sicht nicht mehr Information als die linear unabhängigen Gleichungen (z. B. (2.4), (2.5)). Einen vollständigen Satz linear unabhängiger Reaktionsgleichungen nennt man deshalb *Schlüsselreaktionen. Die Anzahl der Schlüsselreaktionen gibt die minimale Anzahl von Reaktionsgleichungen an, die man aus stöchiometrischen Gründen benötigt.* Von Interesse ist daher, wie man in einer systematischen Vorgehensweise Schlüsselreaktionen aus den bekannten Summenformeln bestimmen kann.

Ermittlung der Schlüsselreaktionen aus Summenformeln. Eine allgemeine formale Behandlung erfordert einen gewissen Aufwand an linearer Algebra [1, 2]. Um dies zu umgehen, wird im Folgenden ein systematisches Verfahren zur Bestimmung von Schlüsselreaktionen vorgestellt und anhand der Rechenbeispiele 2.1 und 2.2 illustriert. Die Vorgehensweise verläuft in drei Schritten:

- *Schritt 1: Reaktionsgleichung nach (2.2) mit unbekannten stöchiometrischen Koeffizienten für die Komponenten formulieren und Elementbilanzen erstellen.*

Elementbilanzen. Um zu prüfen, ob eine Reaktionsgleichung „stöchiometrisch richtig" ist, werden die Bilanzen aller in den Komponenten vorhandenen chemischen Elemente erstellt. Am Beispiel der (partiell falschen) Reaktionsgleichung $5SO_2 + 7O_2 = 5SO_3$ findet man für das Element S: $(5 \cdot 1$ S im gebildeten $SO_3) - (5 \cdot 1$ S im verbrauchten $SO_2) - (7 \cdot 0$ S im verbrauchten $O_2) = 0$; die Schwefel-Bilanz ist erfüllt. Für das zweite Element O errechnet man: $(5 \cdot 3$ O im gebildeten $SO_3) - (5 \cdot 2$ O im verbrauchten $SO_2) - (7 \cdot 2$ O im verbrauchten $O_2) = -9$. Die O-Bilanz ist nicht erfüllt; die Reaktionsgleichung ist hinsichtlich des Elements Sauerstoff inkorrekt. Für jedes chemische Element wird also die Summe aus (stöchiometrischer Koeffizient · Anzahl der Atome des Elements in der Komponente) gebildet, die für eine „stöchiometrisch richtige" Reaktionsgleichung den Wert Null annimmt. Ist dies nicht der Fall, so liegt entweder ein Fehler in den Summenformeln vor oder einer der stöchiometrischen Koeffizienten ist falsch. Im Beispiel ist 2,5 anstelle der 7 für den stöchiometrischen Koeffizienten von O_2 zu setzen.

- *Schritt 2: Auflösung des Gleichungssystems.* In der Regel ist die Anzahl der Elementbilanzen N_e kleiner als die Anzahl N der stöchiometrischen Koeffizienten. Sofern alle Elementbilanzen linear unabhängig sind[2], kann man $M = N - N_e$ der Koeffizienten als sogenannte *freie Unbekannte* vorgeben. Aus den insgesamt N_e Elementbilanzen lassen sich dann die verbleibenden N_e stöchiometrischen Koeffizienten, die man als *gebundene Unbekannte* bezeichnet, in Abhängigkeit von den freien Unbekannten ermitteln.
- *Schritt 3: Setze das Ergebnis von Schritt 2 in die allgemeine Reaktionsgleichung von Schritt 1 ein und fasse alle Komponenten mit gleichen Faktoren zusammen.* Hierdurch werden alle gebundenen Unbekannten in der allgemeinen Reaktionsgleichung durch die freien Unbekannten ersetzt, die als Faktoren vor den Schlüsselreaktionen stehen, formal:

$$\nu_\alpha \, [\text{Schlüsselreaktion 1}] + \nu_\beta \, [\text{Schlüsselreaktion 2}] + \ldots = 0.$$

Die nicht näher bestimmten „freien" Faktoren ν_α, ν_β, ... vor den Schlüsselreaktionen spiegeln wider, dass jede beliebige Reaktionsgleichung des betrachteten Systems als eine Linearkombination dieser linear unabhängigen Reaktionsgleichungen erzeugt werden kann, wie dies oben anhand von (2.6, 2.7, 2.8) in Tab. 2.1 demonstriert wurde.

---

[2] Im Rechenbeispiel 2.2 wird der Fall linear abhängiger Elementbilanzen betrachtet.

Rechenbeispiel 2.1 *Bestimmung von Schlüsselreaktionen über Summenformeln.*
Ein Satz von Schlüsselreaktionen ist für die $N = 5$ Komponenten CO, H_2O, CO_2,
H_2, CH_4 anzugeben.

Lösung. Die in (2.2) angegebene allgemeine Form der Reaktionsgleichung ist
nach Schritt 1 des Verfahrens für die betrachteten Komponenten zu formulieren,

$$\nu_1 CO + \nu_2 H_2O + \nu_3 CO_2 + \nu_4 H_2 + \nu_5 CH_4 = 0. \tag{2.9}$$

Die $N = 5$ unbekannten stöchiometrischen Koeffizienten sind so zu wählen, dass
die Bilanzen der $N_e = 3$ chemischen Elemente C, H, O erfüllt werden,

$$\begin{array}{llll}
\text{Elementbilanz C:} & \nu_1 \qquad\quad + \nu_3 \qquad\quad + \nu_5 & = 0, & (2.10)\\
\text{Elementbilanz H:} & \quad\; 2\nu_2 \qquad\quad + 2\nu_4 \; + 4\nu_5 & = 0, & (2.11)\\
\text{Elementbilanz O:} & \nu_1 \; + \nu_2 \; + 2\nu_3 & = 0. & (2.12)
\end{array}$$

Um das System dieser $N_e = 3$ Gleichungen für die $N = 5$ Unbekannten entsprechend Schritt 2 zu lösen, müssen $M = 5 - 3 = 2$ der ν_i's als freie Unbekannte vorgegeben werden, da weniger Gleichungen als Unbekannte vorliegen. Aus den drei
Elementbilanzen lassen sich drei der ν_i's als gebundene Unbekannte in Abhängigkeit von diesen freien Unbekannten bestimmen. Beispielsweise können hier ν_1, ν_3
als freie Unbekannte benutzt werden, so dass folgt

	gebundene Unbekannte	ausgedrückt durch freie Unbekannte	
aus C-Bilanz (2.10):	$\nu_5 =$	$-\nu_1 - \nu_3,$	(2.13)
aus O-Bilanz (2.12):	$\nu_2 =$	$-\nu_1 - 2\nu_3,$	(2.14)
aus H-Bilanz (2.11):	$\nu_4 =$	$-\nu_2 - 2\nu_5 \;\; = \;\; 3\nu_1 + 4\nu_3.$	(2.15)

(2.13) und (2.14) werden in (2.15 Mitte) eingesetzt, um (2.15 rechts) zu erhalten. Welche der
Koeffizienten als freie oder als gebundene Unbekannte gewählt werden, ist (fast) freigestellt; die
Auswahl wird man aber so treffen, dass sich die Auflösung der Gleichungen möglichst einfach
gestaltet.

Gemäß Schritt 3 wird das Ergebnis von Schritt 2, also die Gleichungen (2.13,
2.14, 2.15), in (2.9) eingefügt mit dem Resultat

$$\nu_1 CO + (-\nu_1 - 2\nu_3)H_2O + \nu_3 CO_2 + (3\nu_1 + 4\nu_3)H_2 + (-\nu_1 - \nu_3)CH_4 = 0,$$

das nach gemeinsamen Faktoren geordnet wird,

$$\nu_1[CO - H_2O + 3H_2 - CH_4] + \nu_3[-2H_2O + CO_2 + 4H_2 - CH_4] = 0. \qquad (2.16)$$

(2.16) besagt: *jede Reaktionsgleichung lässt sich als Linearkombination der M =
2 Schlüsselreaktionen darstellen.* Die gesuchten Schlüsselreaktionen stehen in
(2.16) innerhalb der eckigen Klammern und lauten

$$(1) \quad CO + 3H_2 = CH_4 + H_2O, \quad (2) \quad CO_2 + 4H_2 = CH_4 + 2H_2O.$$

Wählt man in Schritt 1 andere freie Unbekannte, so können durchaus andere Reaktionsgleichungen als Schlüsselreaktionen erhalten werden. Man sagt daher, dass man mit (2.16) *einen Satz von
Schlüsselreaktionen* bestimmt. In jedem Fall gewinnt man aber dieselbe Anzahl linear unabhängiger Reaktionsgleichungen (vgl. hierzu Übungsaufgabe 2.1).

Rechenbeispiel 2.2 *Schlüsselreaktionen über Summenformeln.* Ein Satz von
Schlüsselreaktionen ist für die $N = 4$ isomeren Komponenten o-, m-, p-Xylol und
Ethylbenzol zu ermitteln, die alle die Summenformel C_8H_{10} besitzen.

Lösung. Mit den Abkürzungen „O", „M", „P" für o-, m-, p-Xylol und „E" für
Ethylbenzol lautet die allgemeine Reaktionsgleichung

$$\nu_1 O + \nu_2 M + \nu_3 P + \nu_4 E = 0$$

und die Elementbilanzen

$$\text{Elementbilanz C:} \quad 8\,\nu_1 + \quad 8\,\nu_2 + \quad 8\,\nu_3 + \quad 8\,\nu_4 = 0,$$
$$\text{Elementbilanz H:} \quad 10\,\nu_1 + 10\,\nu_2 + 10\,\nu_3 + 10\,\nu_4 = 0.$$

Die beiden Elementbilanzen sind linear abhängig (eine geht aus der anderen durch
Multiplikation mit einem Faktor hervor), so dass nur *eine* Gleichung verwertet
werden kann. Entsprechend Schritt 2 müssen somit insgesamt drei der ν_i's als
freie Unbekannte vorgegeben werden; beispielsweise kann man

$$\nu_2 = -\nu_1 - \nu_3 - \nu_4$$

wählen. Nach Schritt 3 resultiert

$$\nu_1 O + (-\nu_1 - \nu_3 - \nu_4)M + \nu_3 P + \nu_4 E = 0;$$

nach Umordnen werden die drei Schlüsselreaktionen gewonnen,

$$M = O \quad \text{bzw.} \quad \text{m-Xylol} = \text{o-Xylol},$$
$$M = P \quad \text{bzw.} \quad \text{m-Xylol} = \text{p-Xylol},$$
$$M = E \quad \text{bzw.} \quad \text{m-Xylol} = \text{Ethylbenzol}.$$

Das Beispiel veranschaulicht, dass nicht immer $M = N - N_e$ Schlüsselreaktionen gefunden werden. Sind nicht alle Elementbilanzen zu verwerten, weil lineare Abhängigkeit zwischen einem Teil dieser Gleichungen vorliegt, so ist stattdessen

$$M = N - N_e + (Anzahl\ der\ linear\ abhängigen\ Elementbilanzen)$$

zu setzen. Im Beispiel ergeben sich $M = 4 - 2 + 1 = 3$ Schlüsselreaktionen, da eine Elementbilanz linear abhängig ist. Diese Problematik wird z. B. in [1, 4] systematisch mittels linearer Algebra behandelt.

Übungsaufgabe 2.1 *Schlüsselreaktionen über Summenformeln.* Je nach Wahl der freien Unbekannten erhält man verschiedene Sätze von Schlüsselreaktionen. Für die $N = 5$ Komponenten CO, H_2O, CO_2, H_2, CH_4 verwende man den Ansatz $\nu_1 CO + \nu_2 H_2O + \nu_3 CO_2 + \nu_4 H_2 + \nu_5 CH_4 = 0$ und als freie Unbekannte (a) ν_1, ν_3 wie im Abschnitt 2.3; (b) ν_1, ν_2; (c) ν_3, ν_5.

Ergebnis: (a) $CO + 3H_2 = CH_4 + H_2O$, $CO_2 + 4H_2 = CH_4 + 2H_2O$;
(b) $2CO + 2H_2 = CO_2 + CH_4$, $CO_2 + 4H_2 = CH_4 + 2H_2O$;
(c) $CO + H_2O = CO_2 + H_2$, $CO + 3H_2 = CH_4 + H_2O$.

Übungsaufgabe 2.2 *Schlüsselreaktionen über Summenformeln.* Ein Satz von Schlüsselreaktionen ist zu bestimmen für die bei der Ammoniak-Verbrennung auftretenden Komponenten NH_3, O_2, N_2, NO, NO_2, N_2O_3, H_2O.

Ergebnis: $M = 4$ Schlüsselreaktionen, z. B. (1) $N_2 + O_2 = 2NO$; (2) $N_2 + 2O_2 = 2NO_2$; (3) $2N_2 + 3O_2 = 2N_2O_3$; (4) $N_2 + 3H_2O = 2NH_3 + 1,5O_2$.

Übungsaufgabe 2.3 *Schlüsselreaktionen über Summenformeln.* Ein Satz von Schlüsselreaktionen ist zu ermitteln für die Komponenten C_6H_6 (Benzol), C_7H_8 (Toluol), CO, CO_2, O_2, H_2O, N_2.

Ergebnis: $M = 3$ Schlüsselreaktionen, z. B. (1) $C_6H_6 + 7,5O_2 = 6CO_2 + 3H_2O$; (2) $C_7H_8 + 9O_2 = 7CO_2 + 4H_2O$; (3) $CO + 0,5O_2 = CO_2$.

2.4   Zusammensetzungsangaben

Die Zusammensetzung eines chemisch reagierenden Gemisches, das aus einer beliebigen Anzahl von Komponenten A_i, $i = 1, ..., N$, besteht, lässt sich durch unterschiedliche Größen spezifizieren. Welche Angaben man letztlich verwendet, hängt von der jeweiligen Aufgabenstellung oder der Zweckmäßigkeit bestimmter Größen ab. Unterschiedliche Zusammensetzungsangaben lassen sich jedoch stets ineinander umrechnen.

Extensive Größen. Hierunter versteht man alle der Stoffmenge proportionalen Größen. Neben den *Stoffmengen n_i der Komponenten* selbst werden insbesondere die *Komponentenmassen m_i* benutzt; es gilt

$$m_i = M_i n_i, \tag{2.17}$$

worin M_i die *molare Masse der Komponente i* bezeichnet. Die *gesamte Stoffmenge n* bzw. die *Gesamtmasse m* erhält man, wenn alle Stoffmengen bzw. Massen der Komponenten summiert werden,

$$n = \sum_{i=1}^{N} n_i, \quad m = \sum_{i=1}^{N} m_i. \tag{2.18}$$

Tab. 2.2 Zusammensetzungsangaben für Gemische aus $i = 1, ..., N$ Komponenten A_i.

Größe	Definition	weitere Größe oder Beziehung	
Stoffmengenanteil	$x_i = n_i / n$	$\sum_{i=1}^{N} x_i = 1$	(2.19)
Massenanteil	$w_i = m_i / m$	$\sum_{i=1}^{N} w_i = 1$	(2.20)
Konzentration	$c_i = n_i / V$	Gesamtkonzentration $C = \sum_{i=1}^{N} c_i$	(2.21)
Partialdichte	$\rho_i = m_i / V$	Gesamtdichte $\rho = \sum_{i=1}^{N} \rho_i$	(2.22)
Partialdruck	$p_i = P x_i$	Gesamtdruck $P = \sum_{i=1}^{N} p_i$	(2.23)

Intensive Größen. Bezieht man extensive Größen auf die gesamte Stoffmenge, die Gesamtmasse oder das *Gesamtvolumen V*, so gewinnt man die in Tab. 2.2 zusammengestellten Größen *Stoffmengenanteil* x_i, *Massenanteil* w_i, *Konzentration* c_i und *Partialdichte* ρ_i *der Komponenten*, die man als intensive Größen bezeichnet.

Stoffmengen- und Massenanteil weisen gegenüber Konzentration und Partialdichte den Vorteil auf, unabhängig von Temperatur T und Druck P zu sein. Die Definition des Partialdrucks ist nur für ideale Gasgemische geeignet; zu realen Gasen vgl. [3, 5, 6].

Alle in Tab. 2.2 enthaltenen Zusammensetzungsangaben sowie (2.17) und (2.18) lassen sich auch auf durchströmte Systeme übertragen. Anstelle der Größen n_i, m_i, n, m und V sind die entsprechenden *Ströme* einzusetzen: der *Stoffmengenstrom* $\dot{n}_i$, der *Massenstrom* $\dot{m}_i$ der Komponente, der *gesamte Stoffmengenstrom* $\dot{n}$, der *Gesamtmassenstrom* $\dot{m}$ und der *Gesamtvolumenstrom* $\dot{V}$.

Die Umrechnung der Zusammensetzungsangaben geschieht über die Definitionsgleichungen (2.17) - (2.23); die Ergebnisse sind in Tab. 2.3 zusammengestellt. Beispielsweise erhält man die Massenanteile aus den Stoffmengenanteilen über

$$w_i = \frac{m_i}{m} = \frac{m_i}{\sum m_k} = \frac{M_i n_i}{\sum M_k n_k} = \frac{M_i n_i \frac{1}{n}}{\sum M_k n_k \frac{1}{n}} = \frac{M_i x_i}{\sum M_k x_k} \; .$$

Tab. 2.3 Umrechnung von Zusammensetzungsangaben (Σ bedeutet Summe über alle $k = 1, ..., N$ Komponenten).

Gesucht	Gegeben			
	x_i	w_i	c_i	ρ_i
x_i	-	$\dfrac{w_i / M_i}{\Sigma w_k / M_k}$	$\dfrac{c_i}{C}$	$\dfrac{\rho_i / M_i}{\Sigma \rho_k / M_k}$
w_i	$\dfrac{M_i x_i}{\Sigma M_k x_k}$	-	$\dfrac{M_i c_i}{\Sigma M_k c_k}$	$\dfrac{\rho_i}{\rho}$
c_i	$\dfrac{\rho x_i}{\Sigma M_k x_k}$	$\dfrac{\rho w_i}{M_i}$	-	$\dfrac{\rho_i}{M_i}$
ρ_i	$\rho \dfrac{M_i x_i}{\Sigma M_k x_k}$	ρw_i	$c_i M_i$	-

Rechenbeispiel 2.3 *Umrechnung von Zusammensetzungsangaben.* Ein binäres Gasgemisch (Temperatur $T = 20\ ^{\circ}C$, Idealverhalten) bestehe aus $p_1 = 12$ kPa H_2 und $p_2 = 97$ kPa C_6H_6 (Benzol). Man berechne die Stoffmengenanteile, die Massenanteile, die Konzentrationen und die Partialdichten der beiden Komponenten sowie die Gesamtkonzentration und die Gesamtdichte.

Lösung. Nach (2.23) beträgt der Gesamtdruck $P = p_1 + p_2 = 109$ kPa. Die Stoffmengenanteile ergeben sich zu $x_1 = p_1/P = 12/109 = 0,1101$, $x_2 = 1 - x_1 = 0,8899$. Aus Tab. 2.3 findet man für gesuchtes w_i bei gegebenem x_i den Zusammenhang

$$w_1 = M_1 x_1/(M_1 x_1 + M_2 x_2) = 2 \cdot 0,1109/(2 \cdot 0,1109 + 78 \cdot 0,8899) = 0,0032,$$
$$w_2 = 1 - w_1 = 0,9968,$$

wobei $M_1 = 2$ g/mol und $M_2 = 78$ g/mol die molaren Massen der Komponenten sind. Mit dem idealen Gasgesetz in der Form $p_i V = n_i RT$, worin R die *allgemeine Gaskonstante*[3] bezeichnet, folgen die Konzentrationen aus $c_i = n_i/V = p_i/RT$,

$$c_1 = (12\ \text{kPa})/(8,314\ \text{kPa m}^3\ \text{kmol}^{-1}\text{K}^{-1} \cdot 293\ \text{K}) = 4,926\ \text{mol/m}^3,$$
$$c_2 = 39,819\ \text{mol/m}^3,\ C = c_1 + c_2 = 44,745\ \text{mol/m}^3.$$

Für gegebene Konzentrationen entnimmt man Tab. 2.3 die besonders einfache Umrechnung $\rho_i = c_i M_i$. Mit den Zahlenwerten wird

$$\rho_1 = (4,926\ \text{mol/m}^3) \cdot (2\ \text{g/mol}) = 9,85\ \text{g/m}^3,\ \rho_2 = 3105,91\ \text{g/m}^3,$$
$$\rho = \rho_1 + \rho_2 = 3115,76\ \text{g/m}^3.$$

Übungsaufgabe 2.4 *Umrechnung von Zusammensetzungsangaben.* Eine Lösung bestehe aus $c_1 = 1,3$ kmol/m^3 Essigsäure ($M_1 = 60$ kg/kmol) und $c_2 = 55,6$ kmol/m^3 Wasser. Man berechne die Stoffmengenanteile, die Massenanteile und die Partialdichten der beiden Komponenten sowie die Gesamtkonzentration und die Gesamtdichte.

Ergebnis. $x_1 = 0,022$; $x_2 = 0,978$; $w_1 = 0,0697$; $w_2 = 0,9303$; $\rho_1 = 78$ kg/m^3; $\rho_2 = 1000,8$ kg/m^3; $C = 56,9$ kmol/m^3; $\rho = 1075,8$ kg/m^3.

---

[3] Treten Wärmemengen auf, ist die Gaskonstante in den Einheiten $R = 8,314$ J/mol K = 8,314 kJ/kmol K geeignet; handelt es sich um Drucke, so ist $R = 8,314$ kPa m^3/kmol K vorteilhafter.

2.5   Stöchiometrische Bilanzierung

Problemstellung. Für die beliebige Reaktionsgleichung $\sum \nu_i A_i = 0$ seien die eingesetzten Stoffmengen n_{i0} aller $i = 1, ..., N$ Komponenten A_i bekannt. Gesucht sind die stöchiometrischen Beziehungen zwischen den Stoffmengen n_i der reagierenden Komponenten.

Reaktionslaufzahl. Die *Stoffmengenänderung* Δn_i einer Komponente ergibt sich als Unterschied zwischen momentan vorhandener und eingesetzter Stoffmenge,

$$\Delta n_i = n_i - n_{i0} \quad \text{(für } i = 1, ..., N\text{).} \tag{2.24}$$

Für Edukte, die durch Reaktion verbraucht werden, ist $\Delta n_i < 0$, für Produkte dagegen $\Delta n_i > 0$ und schließlich für nicht reagierende Inertstoffe $\Delta n_i = 0$.

Formelumsatz. Die Aussage, dass „1 Formelumsatz" stattfindet, bedeutet beispielsweise bei der Reaktionsgleichung $2A_1 = 3A_2$: „wenn 2 mol A_1 verbraucht werden, dann bilden sich 3 mol A_2". Mit Stoffmengenänderungen geschrieben, lautet dies: „wenn $\Delta n_1 = -2$ mol, dann $\Delta n_2 = +3$ mol". Da die stöchiometrischen Koeffizienten entsprechend der Vorzeichenfestlegung (2.1) $\nu_1 = -2$ und $\nu_2 = +3$ betragen, gilt stets: $\Delta n_1 / \nu_1 = \Delta n_2 / \nu_2 = 1$ mol = „1 Formelumsatz".

Maß für den „Reaktionsfortschritt" ist die *Anzahl der Formelumsätze*, die man als *Reaktionslaufzahl* ξ bezeichnet. Der Zusammenhang mit den Stoffmengenänderungen lautet

$$\xi = \frac{\Delta n_1}{\nu_1} = \frac{\Delta n_2}{\nu_2} = ... = \frac{\Delta n_N}{\nu_N}. \tag{2.25}$$

Diese Gleichungen besagen: *bei einer einzigen Reaktion ist der Quotient aus Stoffmengenänderung und stöchiometrischem Koeffizient für alle Komponenten gleich.* Die Vorzeichenfestlegung der stöchiometrischen Koeffizienten gemäß (2.1) ist hierbei zu beachten. (2.25) stellt eine grundlegende stöchiometrische Beziehung dar. Sie wird dazu benutzt, um entweder die Stoffmengenänderungen durch eine einzige Größe - die Reaktionslaufzahl - auszudrücken,

$$\begin{aligned}
\Delta n_1 &= \nu_1 \, \xi, \\
\Delta n_2 &= \nu_2 \, \xi, \\
&\cdots \\
\Delta n_N &= \nu_N \, \xi,
\end{aligned} \qquad \text{bzw. } \Delta n_i = \nu_i \, \xi \text{ (für } i = 1, ..., N\text{),} \tag{2.26}$$

oder die Stoffmengen selbst auf diese Weise darzustellen,

$$n_1 = n_{10} + \nu_1 \, \xi \, ,$$
$$n_2 = n_{20} + \nu_2 \, \xi \, , \qquad \text{bzw. } n_i = n_{i0} + \nu_i \, \xi \quad (\text{für } i = 1, ..., N). \qquad (2.27)$$
$$...$$
$$n_N = n_{N0} + \nu_N \, \xi \, ,$$

Stöchiometrische Bilanzierung. Gleichungen (2.27) verknüpfen die eingesetzten und die momentan vorhandenen Stoffmengen miteinander, wobei die stöchiometrischen Koeffizienten als reaktionstypische Werte auftreten. Fragestellungen, die (2.27) zur Beantwortung verwenden, werden als *stöchiometrische Bilanzierung* bezeichnet. Insbesondere fallen hierunter solche Aufgaben, bei denen nur ein Teil der Stoffmengen bekannt ist, während die einzusetzenden Stoffmengen oder die Stoffmengen anderer Komponenten zu berechnen sind (vgl. hierzu die Rechenbeispiele 2.4, 2.5 sowie die Übungsaufgaben 2.4, 2.5).

Findet nur eine einzige Reaktion statt, so muss das Reaktionssystem nur bezüglich einer einzigen Komponente (und nicht hinsichtlich aller N Komponenten) chemisch analysiert werden. Hierdurch reduzieren sich sowohl die Kosten als auch der Zeitaufwand der Analyse. Angenommen, die Stoffmengenänderung einer einzigen Komponente, z. B. von A_1, wäre bekannt. Dann kann die Reaktionslaufzahl über $\xi = \Delta n_1 / \nu_1$ berechnet werden, und man gewinnt die Stoffmengenänderungen aller anderen Komponenten aus (2.26) zu

$$\Delta n_i = \frac{\nu_i}{\nu_1} \Delta n_1 \quad \text{für } i = 2, ..., N. \qquad (2.28)$$

Dies besagt: *bei einer einzigen Reaktion sind die Stoffmengenänderungen aller Komponenten einander proportional.* Wäre hingegen die Stoffmenge einer einzigen Komponente, z. B. von A_1, bekannt, ist genauso vorzugehen. Die Reaktionslaufzahl bestimmt sich zu $\xi = (n_1 - n_{10}) / \nu_1$, und man findet die Stoffmengen aller anderen Komponenten aus (2.27) zu

$$n_i = n_{i0} + \frac{\nu_i}{\nu_1} (n_1 - n_{10}) \quad \text{für } i = 2, ..., N. \qquad (2.29)$$

Gleichung (2.29) lässt sich mit den Konzentrationen anstelle der Stoffmengen schreiben, indem durch das Gesamtvolumen V geteilt wird; es entsteht so

$$c_i = c_{i0} + \frac{v_i}{v_1}(c_1 - c_{10}) \quad \text{für } i = 2, ..., N. \tag{2.30}$$

Diese Gleichung wird bei der Umformung von Reaktionsgeschwindigkeitsansätzen in Kapitel 7 verwendet werden.

Rechenbeispiel 2.4 *Stöchiometrische Bilanzierung für eine Reaktion.* Pyrit reagiere mit Luftsauerstoff gemäß

$$2FeS_2 + 5,5O_2 = Fe_2O_3 + 4SO_2 \quad (\text{Inertstoff } N_2) \quad \text{bzw.}$$
$$2A_1 + 5,5A_2 = A_3 + 4A_4 \quad (\text{Inertstoff } A_5).$$

Welches Volumen an Luft bei Normalbedingungen (20,5 Vol% O_2, 79,5 Vol% N_2, ideales Gasverhalten) ist erforderlich, um $n_{10} = 100$ mol Pyrit vollständig umzusetzen, wenn das entstehende Röstgas SO_2 und O_2 im Molverhältnis 1 : 1 enthalten soll? Die Stoffmengenanteile aller Komponenten im Röstgas sind zu berechnen.

Lösung. Die Ausgangsgleichungen für die stöchiometrische Bilanzierung bilden (2.27); für die betrachtete Reaktion und die Zahlenwerte erhält man

$$n_1 = n_{10} + v_1 \xi = 100 \text{ mol} - 2\xi, \tag{2.31}$$
$$n_2 = n_{20} + v_2 \xi = n_{20} - 5,5\xi, \tag{2.32}$$
$$n_3 = n_{30} + v_3 \xi = \xi, \tag{2.33}$$
$$n_4 = n_{40} + v_4 \xi = 4\xi, \tag{2.34}$$
$$n_5 = n_{50} + v_5 \xi = n_{50}. \tag{2.35}$$

Da vollständiger Umsatz des Pyrits gefordert wird, muss $n_1 = 0$ gelten. Aus (2.31) folgt hierzu die Reaktionslaufzahl zu $\xi = 50$ mol, damit aus (2.33) $n_3 = 50$ mol gebildetes Fe_2O_3 und aus (2.34) $n_4 = 200$ mol gebildetes SO_2.

Sollen SO_2 und O_2 im Molverhältnis $n_4 : n_2 = 1 : 1$ im Gas vorliegen, so müssen $n_2 = n_4 = 200$ mol nicht umgesetztes O_2 im Röstgas verbleiben. Aus (2.32) findet man, dass hierzu $n_{20} = 200 + 5,5 \cdot 50 = 475$ mol O_2 benötigt werden. Über die Stoffmengenanteile (= Vol%/100) von O_2 und N_2 in Luft errechnet sich $n_{Luft} = n_{20}/0,205 = 2317,1$ mol Luft; diese enthält $n_{50} = 0,795 n_{Luft} = 1842,1$ mol N_2, der als Inertkomponente vollständig ins Röstgas gelangt. Nach (2.35) ist $n_5 = n_{50} = 1842,1$ mol N_2. Mit dem Molvolumen idealer Gase für Normalbedingungen ermittelt man schließlich $V_{Luft} = 22,4$ Nl/mol $\cdot$ 2317,1 mol = 51903 Nl $\approx$ 51,9 Nm³ Luft („Nl" bzw. „Nm³" bedeutet „Norm-Liter" bzw. „Norm-m³").

Die gesamte Stoffmenge des Röstgases beträgt $n_{Röstgas} = n_2 + n_4 + n_5 = 2242{,}1$ mol; der Stoffmengenanteil von O_2 ergibt sich aus $x_2 = n_2 / n_{Röstgas} = 200/2242{,}1 = 0{,}0892$, also zu ca. 8,9 Vol%. Entsprechend berechnet man $x_4 = 0{,}0892$, $x_5 = 0{,}8216$.

Mehrere Reaktionen. Um die stöchiometrischen Beziehungen für ein Reaktionssystem aus $i = 1$, ..., N Komponenten A_i zu formulieren, sind so viele Reaktionslaufzahlen erforderlich, wie sich *Schlüsselreaktionen* (vgl. Abschnitt 2.3) angeben lassen. Die prinzipielle Vorgehensweise für mehrere Reaktionen entspricht aber der oben dargestellten für eine einzige Reaktion. Lauten die Reaktionsgleichungen

$$\sum_{i=1}^{N} v_{i1} A_i = 0, \quad \sum_{i=1}^{N} v_{i2} A_i = 0, \ ..., $$

so gewinnt man die Stoffmenge einer beliebigen Komponente aus

$$n_i = n_{i0} + v_{i1}\, \xi_1 + v_{i2}\, \xi_2 + ... \quad \text{(für } i = 1, ..., N).$$

Dies besagt: *die Stoffmenge einer Komponente ergibt sich aus der eingesetzten Stoffmenge und der Summe aller, durch die einzelnen Reaktionen bedingten Stoffmengenänderungen.* Diese erhält man - in Analogie zu (2.27) - aus den Reaktionslaufzahlen ξ_1, ξ_2, ... der 1., 2., ...-ten Reaktion und dem zugehörigen stöchiometrischen Koeffizienten der betrachteten Komponente v_{i1}, v_{i2}, ... der 1., 2., ...-ten Reaktion.

Rechenbeispiel 2.5 *Stöchiometrische Bilanzierung für mehrere Reaktionen.* Nach den beiden Reaktionsgleichungen

$$CO + H_2O = CO_2 + H_2 \quad \text{bzw.} \quad A_1 + A_2 = A_3 + A_4,$$
$$CO + 3H_2 = CH_4 + H_2O \quad \text{bzw.} \quad A_1 + 3A_4 = A_5 + A_2,$$

werden $n_{10} = 100$ mol CO mit $n_{20} = 200$ mol H_2O umgesetzt ($n_{30} = n_{40} = n_{50} = 0$). Es verbleiben $n_1 = 18$ mol CO, während sich $n_5 = 11$ mol CH_4 bilden. Zu bestimmen sind die beiden Reaktionslaufzahlen und die Stoffmengen der Komponenten 2, 3, 4.

Lösung. Die Stoffmengen hängen mit den nunmehr erforderlichen zwei Reaktionslaufzahlen ξ_1, ξ_2 zusammen über

$$n_1 = n_{10} \quad - \xi_1 \quad - \xi_2 \qquad \text{bzw.} \quad 18 \text{ mol} = 100 \text{ mol} - \xi_1 - \xi_2,$$
$$n_2 = n_{20} \quad - \xi_1 \quad + \xi_2 \qquad \text{bzw.} \quad n_2 \qquad = 200 \text{ mol} - \xi_1 + \xi_2,$$
$$n_3 = n_{30} \quad + \xi_1 \qquad\qquad \text{bzw.} \quad n_3 \qquad = \qquad\quad \xi_1 \quad ,$$
$$n_4 = n_{40} \quad + \xi_1 \quad -3\xi_2 \qquad \text{bzw.} \quad n_4 \qquad = \qquad\quad \xi_1 -3\xi_2,$$
$$n_5 = n_{50} \qquad\quad + \xi_2 \qquad \text{bzw.} \quad 11 \text{ mol} = \qquad\qquad\quad \xi_2 .$$

Es folgt zunächst aus der letzten Gleichung $\xi_2 = n_5 = 11$ mol und damit aus der ersten Gleichung $\xi_1 = 100 - 18 - 11 = 71$ mol; die restlichen Stoffmengen errechnen sich hieraus der Reihe nach zu $n_2 = 200 - 71 + 11 = 140$ mol, $n_3 = 71$ mol, $n_4 = 71 - 3 \cdot 11 = 38$ mol.

Übungsaufgabe 2.5 *Stöchiometrische Bilanzierung für eine Reaktion.* 2 kmol Benzol werden mit 400 kmol Luft (20,5 Vol% O_2, 79,5 Vol% N_2) vollständig verbrannt gemäß $C_6H_6 + 7,5 O_2 = 6 CO_2 + 3 H_2O$. Die Stoffmengen aller Komponenten im entstehenden Verbrennungsgas sind zu berechnen.

Ergebnis: C_6H_6: 0 mol, O_2: 67 mol, N_2: 318 mol, CO_2: 12 mol, H_2O: 6 mol.

Übungsaufgabe 2.6 *Stöchiometrische Bilanzierung für mehrere Reaktionen.* Methan reagiere mit Chlor gemäß

(1) $CH_4 \quad + Cl_2 = CH_3Cl \quad + HCl$ bzw. $A_1 + A_2 = A_3 + A_4,$
(2) $CH_3Cl + Cl_2 = CH_2Cl_2 + HCl$ bzw. $A_3 + A_2 = A_5 + A_4.$

Aus $n_{10} = 100$ mol Methan und $n_{20} = 400$ mol Chlor (andere Komponenten werden nicht eingesetzt) entstehen $n_1 = 18$ mol Methan $n_3 = 55$ mol Monochlormethan. Zu berechnen sind die Reaktionslaufzahlen ξ_1 und ξ_2, die Stoffmengen der Komponenten 2, 4, 5 sowie das Volumen V des Reaktionsgemisches bei Normalbedingungen, wenn ideales Gasverhalten vorliegt.

Ergebnis: $\xi_1 = 82$ mol, $\xi_2 = 27$ mol; $n_2 = 291$ mol, $n_4 = 109$ mol, $n_5 = 27$ mol; $V = 11,2$ Nm^3.

2.6 Umsatzgrad, Ausbeute, Selektivität

Problemstellung. Zielsetzung der Stoffumwandlung ist in der Regel, die eingesetzten Edukte möglichst weitgehend in die Produkte umzusetzen. Läuft nur eine einzige Reaktion ab, so genügt die Angabe eines einzigen Zahlenwertes - des *Umsatzgrads eines Edukts* -, um das Ausmaß der Stoffumwandlung quantitativ zu charakterisieren, da die Stoffmengenänderungen der Komponenten einander proportional sind.

Häufig tritt jedoch der Fall ein, dass mehrere Reaktionen stattfinden und sich außer den erwünschten auch unerwünschte Produkte (die *Nebenprodukte*) bilden. Neben dem Umsatz der Edukte muss angegeben werden, in welchem Ausmaß das umgesetzte Ausgangsmaterial auf die einzelnen Produkte verteilt wird. *Umsatzgrad und Ausbeute* bzw. *Umsatzgrad und Selektivität* sind geeignete Zahlenwerte, um diese Situation quantitativ zu beschreiben.

Umsatzgrad. Der *Umsatzgrad X_i eines Ausgangsstoffes A_i* gibt das Verhältnis der umgesetzten Stoffmenge zur eingesetzten Stoffmenge an:

$$X_i = \frac{umgesetzte\ Menge\ an\ A_i}{eingesetzte\ Menge\ an\ A_i} = \frac{n_{i0} - n_i}{n_{i0}}. \qquad (2.36)$$

Es gilt $X_i = 0$, wenn nichts umgesetzt wird, also $n_i = n_{i0}$ ist. Dagegen wird $X_i = 1$, wenn das gesamte eingesetzte A_i verbraucht wird, also $n_i = 0$ beträgt. Somit ist stets $0 \le X_i \le 1$; der Umsatzgrad kann daher alternativ (nach Multiplikation mit 100 %) als Wert $0\ \% \le X_i \le 100\ \%$ angegeben werden.

Ausbeute. Um zu spezifizieren, in welchem Ausmaß ein bestimmtes Edukt zu einem bestimmten Produkt umgewandelt wird, dient die *Ausbeute* (synonym: der *Bildungsgrad*) *Y_{ki} des Produkts A_k bezüglich des Edukts A_i*,

$$Y_{ki} = \frac{zu\ A_k\ umgesetzte\ Menge\ an\ A_i}{eingesetzte\ Menge\ an\ A_i} = -\frac{n_k - n_{k0}}{n_{i0}}\frac{v_i}{v_k}, \qquad (2.37)$$

wobei die stöchiometrischen Koeffizienten aus der Reaktionsgleichung

$$\ldots + v_i A_i + \ldots + v_k A_k + \ldots = 0 \qquad (2.38)$$

stammen. Liefe nur Reaktion (2.38) ab - und keine Nebenreaktionen -, so wären die Stoffmengenänderungen gemäß (2.29) miteinander verknüpft,

$$n_k - n_{k0} = \frac{v_k}{v_i}(n_i - n_{i0}).$$ (2.39)

Wird kein Ausgangsstoff A_i zum Produkt A_k umgesetzt, so ist $n_i = n_{i0}$ und damit $n_k = n_{k0}$; die Ausbeute hat den Wert $Y_{ki} = 0$. Reagiert alles eingesetzte A_i nur zu A_k (und nicht zu anderen Produkten), so ist $n_i = 0$ und damit $n_k - n_{k0} = -v_k\, n_{i0}\,/\,v_i$; die Ausbeute beträgt dann $Y_{ki} = 1$. Somit ist stets $0 \le Y_{ki} \le 1$; die Ausbeute kann - wie schon der Umsatzgrad - als Wert $0\,\% \le Y_{ki} \le 100\,\%$ angegeben werden.

Selektivität. Alternativ zur Ausbeute dient die *Selektivität S_{ki} des Produkts A_k bezüglich des Edukts A_i* dazu, den Umfang der Produktbildung aus einem bestimmten Edukt festzulegen. Gegenüber der Ausbeute wird jedoch die Bezugsgröße „*ein*gesetzte Menge an A_i" ersetzt durch „*um*gesetzte Menge an A_i",

$$S_{ki} = \frac{zu\ A_k\ umgesetzte\ Menge\ an\ A_i}{umgesetzte\ Menge\ an\ A_i} = \frac{Y_{ki}}{X_i}.$$ (2.40)

Die Selektivität hat den Wert $S_{ki} = 0$, wenn kein Ausgangsstoff A_i zum Produkt A_k umgesetzt wird; hingegen beträgt $S_{ki} = 1$, wenn alles *um*gesetzte A_i nur zu A_k (und nicht zu anderen Produkten) reagiert. Infolgedessen ist stets $0 \le S_{ki} \le 1$, die Selektivität kann durch Werte im Bereich $0\,\% \le S_{ki} \le 100\,\%$ ausgedrückt werden.

Rechenbeispiel 2.6 *Berechnung von Umsatzgrad, Ausbeute, Selektivität.* Für das Reaktionssystem (1) $A_1 + A_2 = 2A_3$, (2) $A_1 + 2A_2 = 3A_4$, sind Umsatzgrade, Ausbeuten und Selektivitäten aus den Stoffmengen der Tab. 2.4 zu berechnen.

Tab. 2.4 Eingesetzte und vorhandene Stoffmengen der Komponenten für Rechenbeispiel 2.6.

Komponente	i	1	2	3	4
eingesetzte Stoffmenge	n_{i0}, mol	4,0	6,0	0,1	0,2
vorhandene Stoffmenge	n_i, mol	0,5	1,5	5,1	3,2

Lösung. Die *Umsatzgrade* der beiden Edukte A_1, A_2 ergeben sich nach (2.36) zu

$$X_1 = \frac{4,0 - 0,5}{4,0} = 0,875; \quad X_2 = \frac{6,0 - 1,5}{6,0} = 0,75.$$

Diese Werte besagen, dass 87,5 % (bzw. 75,0 %) des eingesetzten A_1 (bzw. A_2) durch Reaktion verbraucht werden. *Ausbeuten* nach (2.37) lassen sich für die beiden Produkte zum einen bezüglich des Edukts A_1 bestimmen,

$$Y_{31} = -\frac{5,1 - 0,1}{4,0} \frac{-1}{+2} = 0,625; \quad Y_{41} = -\frac{3,2 - 0,2}{4,0} \frac{-1}{+3} = 0,25,$$

wobei die stöchiometrischen Koeffizienten den entsprechenden Reaktionsgleichungen zu entnehmen sind. Die Werte zeigen, dass 62,5 % (bzw. 25,0 %) des eingesetzten A_1 zu A_3 (bzw. zu A_4) reagieren. Anhand der Zahlenwerte und der Definitionsgleichungen (2.36), (2.37) ist zu sehen, dass $X_1 = Y_{31} + Y_{41}$ gilt, da alles umgesetzte Edukt in den beiden Produkten wiederzufinden sein muss. In Abb. 2.2 sind die berechneten Zahlenwerte für Umsatzgrad X_1 und Ausbeuten Y_{31}, Y_{41} grafisch dargestellt; als Bezugsbasis wird *eingesetztes* $A_1 = 100$ % benutzt.

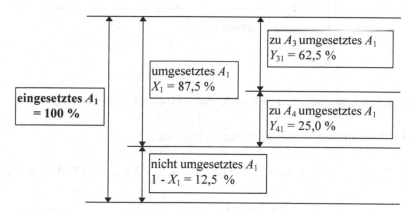

Abb. 2.2 Schematische Darstellung von Umsatzgrad und Ausbeuten für Rechenbeispiel 2.6.

Bezüglich des Edukts A_2 ermittelt man analog

$$Y_{32} = -\frac{5,1 - 0,1}{6,0} \frac{-1}{+2} = 0,417; \quad Y_{42} = -\frac{3,2 - 0,2}{6,0} \frac{-2}{+3} = 0,333.$$

Diese Werte drücken aus, dass 41,7 % (bzw. 33,3 %) des eingesetzten A_2 zu A_3 (bzw. zu A_4) reagieren. Ganz entsprechend gilt hier $X_2 = Y_{32} + Y_{42}$.

Für die *Selektivitäten* nach (2.40) erhält man

$$S_{31} = Y_{31}/X_1 = 0,625/0,875 = 0,714; \quad S_{41} = Y_{41}/X_1 = 0,250/0,875 = 0,286 .$$

Diese Werte besagen, dass 71,4 % (bzw. 28,6 %) des *um*gesetzten A_1 zu A_3 (bzw. zu A_4) reagieren. Die Zahlenwerte und die Definitionsgleichungen (2.36), (2.38) zeigen, dass 100 % = S_{31} + S_{41} gilt, da alles umgesetzte A_1 in den beiden Produkten zu finden sein muss. In Abb. 2.3 sind die berechneten Zahlenwerte für die Selektivitäten S_{31}, S_{41} grafisch wiedergegeben; man beachte, dass die Bezugsbasis (im Unterschied zu Abb. 2.2) hier *umgesetztes* A_1 = 100 % beträgt.

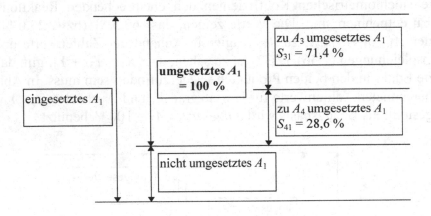

Abb. 2.3 Schematische Darstellung der Selektivitäten für Rechenbeispiel 2.6.

Bezüglich des Produkts A_2 bestimmt man schließlich

$$S_{32} = Y_{32}/X_2 = 0,417/0,75 = 0,556; \quad S_{42} = Y_{42}/X_2 = 0,333/0,75 = 0,444 .$$

Somit reagieren 55,6 % (bzw. 44,4 %) des *um*gesetzten A_2 zu A_3 (bzw. zu A_4).

Übungsaufgabe 2.7 *Berechnung von Umsatzgrad, Ausbeute, Selektivität.* Werden n_{10} = 10 mol reines A_1 nach $2A_1 = A_2$, $3A_1 = A_3$ zum Dimeren A_2 und zum Trimeren A_3 umgesetzt, so findet man die Stoffmengen n_1 = 3 mol, n_2 = 2 mol, n_3 = 1 mol. Man bestimme den Umsatzgrad des Edukts sowie die Ausbeuten und die Selektivitäten der beiden Produkte bezüglich des (einzigen) Edukts A_1.

Ergebnis: X_1 = 0,70; Y_{21} = 0,40; Y_{31} = 0,30; S_{21} = 0,5714; S_{31} = 0,4286.

3 Berechnung chemischer Gleichgewichte

3.1 Einführung

Die chemische Thermodynamik stellt Größen und Beziehungen zur Verfügung, die für die reaktionstechnische Behandlung chemischer Reaktionen benötigt werden. *Insbesondere lässt sich der stoffliche und energetische Endzustand eines Reaktionssystems aus dem bekannten Ausgangszustand für gegebene Reaktionsbedingungen (Druck, Temperatur, ...) berechnen.* Dabei spielt weder eine Rolle, wie der zeitliche Übergang vom Ausgangs- in den Endzustand geschieht, noch in welcher Art von Reaktor die Reaktionen durchgeführt werden. Der thermodynamisch mögliche Stoff- und Wärmeumsatz einer Reaktion lässt sich aus tabellierten oder abgeschätzten thermodynamischen Daten berechnen, ohne dass Experimente erforderlich wären. Wichtige Größen sind:

- *Reaktionsenthalpie.* Die Reaktionsenthalpie ΔH_R gibt die Wärmemenge an, die pro Formelumsatz erzeugt oder verbraucht wird. Bei einer *exothermen Reaktion* ist $\Delta H_R < 0$, bei einer *endothermen Reaktion* $\Delta H_R > 0$. Die Reaktionsenthalpie wird z. B. verwendet, um die *Reaktionswärme* oder die *Wärmeproduktion* (die pro Zeiteinheit freigesetzte oder verbrauchte Reaktionswärme) und damit die Änderung der Temperatur eines Reaktionssystems zu bestimmen.
- *Gleichgewichtskonstante.* Ob eine chemische Reaktion unter bestimmten Reaktionsbedingungen im gewünschten Ausmaß in Richtung der Produkte verläuft, lässt sich durch die Berechnung der thermodynamischen Gleichgewichtslage beantworten. Hierzu ist der Zahlenwert der *Gleichgewichtskonstante K* (bei konstantem Druck) erforderlich, der in der thermodynamischen Gleichgewichtsbedingung - dem Massenwirkungsgesetz - auftritt.

3.2 Thermodynamische Grundlagen

Berechnung der Reaktionsenthalpie und der Gleichgewichtskonstante. Da der theoretische Hintergrund der Berechnung in Lehrbüchern der Physikalischen Chemie [2, 3, 5, 7, 13] detailliert dargestellt ist, wird hier nur eine Zusammenfassung des Rechenverfahrens gegeben. Folgende *Ausgangsdaten* sind erforderlich:

- die Reaktionsgleichung $\sum v_i A_i = 0$;
- die *Standardbildungsenthalpien* $\Delta H^o_{f,i}$ der Komponenten;
- die *spezifischen Wärmen* $c_{p,i}$ der Komponenten;
- die *Standardbildungsentropien* $S^o_{f,i}$ der Komponenten.

Die angeführten thermodynamischen Standardgrößen der Komponenten liegen tabelliert vor (z. B. in [6, 13]) oder lassen sich über *Inkrementenmethoden* aus den Strukturformeln abschätzen [10, 13]. Die spezifischen Wärmen der Komponenten finden sich tabelliert als Polynom bezüglich der Temperatur, $c_{p,i} = \alpha_i + \beta_i T + \gamma_i T^2 + ...$, worin α_i, β_i, γ_i, ... substanzspezifische Zahlenwerte sind.

Um die Reaktionsenthalpie ΔH_R und die Gleichgewichtskonstante K für die gegebene Temperatur T zu bestimmen, berechnet man folgende Größen, wobei $T^o = 298,15$ K die thermodynamische Standardtemperatur bezeichnet:

- die *Standardreaktionsenthalpie* $\qquad \Delta H^o_R = \sum v_i \, \Delta H^o_{f,i}$; $\qquad\qquad$ (3.1)

- die *Änderung der spezifischen Wärme* $\quad \Delta c_p = \sum v_i \, c_{p,i}$; $\qquad\qquad$ (3.2)

- die Reaktionsenthalpie bei T $\qquad\quad \Delta H_R = \Delta H^o_R + \int_{T^o}^{T} \Delta c_p \, dT$; $\qquad$ (3.3)

- die *Standardreaktionsentropie* $\qquad\quad \Delta S^o_R = \sum v_i \, S^o_{f,i}$; $\qquad\qquad$ (3.4)

- die *Reaktionsentropie* bei T $\qquad\qquad \Delta S_R = \Delta S^o_R + \int_{T^o}^{T} \frac{\Delta c_p}{T} \, dT$; $\qquad$ (3.5)

- die *freie Reaktionsenthalpie* bei T $\qquad \Delta G_R = \Delta H_R - T \, \Delta S_R$; $\qquad$ (3.6)

- die *Gleichgewichtskonstante* bei T $\qquad ln \, K = -\Delta G_R / RT$. $\qquad\qquad$ (3.7)

Rechenbeispiel 3.1 *Berechnung der Gleichgewichtskonstante.* Die Gleichgewichtskonstante der Isomerisierungsreaktion m-Xylol = o-Xylol bzw. $A_1 = A_2$ ist aus den Daten [4] der Tab. 3.1 für die Temperatur $T = 800$ K zu berechnen.

Tab. 3.1 Thermodynamische Standardwerte und Temperaturabhängigkeit der spezifischen Wärme für Rechenbeispiel 3.1.

Komponente	v_i	$\Delta H^o_{f,i}$ kJ/kmol	$S^o_{f,i}$ kJ/kmol K	$c_{p,i}$ kJ/kmol K
m-Xylol	−1	17250	357,95	$-52,775 + 2,221\,T - 0,8618 \cdot 10^{-3}\,T^2$
o-Xylol	+1	19010	353,01	$-2,528 + 2,120\,T - 0,8112 \cdot 10^{-3}\,T^2$

Lösung. Die Standardreaktionsenthalpie nach (3.1) ergibt sich zu

$$\Delta H_R^o = (-1) \cdot 17250 + (+1) \cdot 19010 = 1760 \text{ kJ/kmol}.$$

Die Änderung der spezifischen Wärme erhält man temperaturabhängig aus (3.2),

$$\Delta c_p = (-1) \, c_{p,1} + (+1) \, c_{p,2} = 50{,}247 - 0{,}101 \, T + 0{,}0506 \cdot 10^{-3} \, T^2.$$

Die Integration dieses Polynoms zweiten Grades in (3.3) führt auf

$$\int \Delta c_p \, dT = 50{,}247 \cdot (800 - 298{,}15) - 0{,}101 \cdot (800^2 - 298{,}15^2)/2 +$$
$$+ 0{,}0506 \cdot 10^{-3} \cdot (800^3 - 298{,}15^3)/3 = 5574{,}28 \text{ kJ/kmol}.$$

Damit gewinnt man die Reaktionsenthalpie bei 800 K nach (3.3) zu

$$\Delta H_R = 1760{,}00 + 5574{,}28 = 7334{,}28 \text{ kJ/kmol};$$

es handelt sich um eine (schwach) endotherme Reaktion. Nach (3.4) wird

$$\Delta S_R^o = (-1) \cdot 357{,}95 + (+1) \cdot 353{,}01 = -4{,}94 \text{ kJ/kmol K}.$$

Die Integration der rechten Seite von (3.5) ergibt

$$\int (\Delta c_p / T) \, dT = 50{,}247 \cdot \ln(800/298{,}15) - 0{,}101 \cdot (800 - 298{,}15) +$$
$$+ 0{,}0506 \cdot 10^{-3} \cdot (800^2 - 298{,}15^2)/2 = 12{,}85 \text{ kJ/kmol K}.$$

Für die Reaktionsentropie nach (3.5), die freie Reaktionsenthalpie nach (3.6) und schließlich die Gleichgewichtskonstante nach (3.7) erhält man

$$\Delta S_R = -4{,}94 + 12{,}85 = 7{,}91 \text{ kJ/kmol K},$$
$$\Delta G_R = 7334{,}28 - 800 \cdot 7{,}91 = 1005{,}73 \text{ kJ/kmol},$$
$$\ln K = -(1006{,}28 \text{ kJ kmol}^{-1})/(8{,}314 \text{ kJ kmol}^{-1} \text{ K}^{-1} \cdot 800 \text{ K}) = -0{,}1512,$$
$$K = e^{-0{,}1512} = 0{,}8597.$$

Um den K-Wert bei einer anderen Temperatur zu bestimmen, muss nahezu der gesamte Rechengang erneut durchlaufen werden. Deshalb werden Rechenprogramme (z. B. Tabellenkalkulationsprogramme) benutzt, um den Aufwand gegenüber der Handrechnung zu reduzieren. In Abb. 3.1 ist das Ergebnis der Berechnung des K-Werts für den Temperaturbereich 300 ... 1300 K gezeigt.

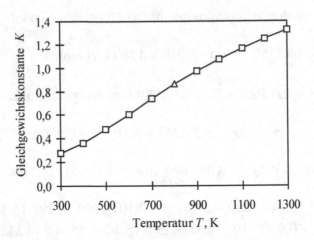

Abb. 3.1 Temperaturabhängigkeit der Gleichgewichtskonstante K für die Isomerisierungsreaktion m-Xylol = o-Xylol (Δ: berechneter Wert für $T = 800$ K aus Rechenbeispiel 3.1).

Massenwirkungsgesetz. Das *Massenwirkungsgesetz* stellt die thermodynamische Gleichgewichtsbedingung dar; für die Reaktionsgleichung $\sum v_i A_i = 0$ lautet es:

$$K = p_1^{v_1} p_2^{v_2} \cdot \ldots \cdot p_N^{v_N} \,. \tag{3.8}$$

Wegen der Vorzeichenfestlegung (2.1) der stöchiometrischen Koeffizienten gilt: *im Massenwirkungsgesetz stehen die Gleichgewichtspartialdrucke der Produkte im Zähler, die der Edukte im Nenner, wobei die stöchiometrischen Koeffizienten als Exponenten erscheinen. Die Partialdrucke der Begleitstoffe treten nicht auf.*

Die Einheit der Gleichgewichtskonstante hängt von den Werten der Exponenten der Partialdrucke ab. Beispielsweise findet man für die Reaktion $2A_1 = 3A_2 + A_3$ (Inertkomponente A_4) aus (3.8):

$$K = p_1^{-2} p_2^{+3} p_3^{+1} p_4^{0} = \frac{p_2^3 \, p_3}{p_1^2}, \quad [K] = \text{Druck}^2.$$

Temperaturabhängigkeit der Gleichgewichtskonstante. Sie ist durch die *van't Hoffsche Reaktionsisobare* [13] gegeben,

$$\frac{d \ln K}{dT} = \frac{\Delta H_R}{RT^2} \,. \tag{3.9}$$

Diese Gleichung besagt: *bei steigender Temperatur nimmt die Gleichgewichtskonstante einer exothermen Reaktion wegen $\Delta H_R < 0$ ab, die Gleichgewichtskonstante einer endothermen Reaktion wegen $\Delta H_R > 0$ zu.*

Anwendungsbeispiel. Welche Reaktionstemperatur ist am besten geeignet, um über die beliebige Gleichgewichtsreaktion $\sum \nu_i A_i = 0$ möglichst viel an Produkten zu gewinnen?

Die Forderung „viel Produkte" impliziert, dass die Partialdrucke der Produktkomponenten möglichst groß sein sollen. Wegen der stöchiometrischen Beziehungen liegen dann niedrige Partialdrucke der Edukte vor. Aus dem Massenwirkungsgesetz (3.8) folgt, dass die Gleichgewichtskonstante K große Werte annimmt, da die Partialdrucke der Produkte im Zähler, die der Edukte im Nenner stehen. Über die van't Hoffsche Reaktionsisobare (3.9) gewinnt man somit folgende Aussage, die zur Auswahl der geeigneten Reaktionstemperatur dienen kann: *bei einer exothermen Reaktion wird das Gleichgewicht bei Temperaturerniedrigung, bei einer endothermen Reaktion bei Temperaturerhöhung zur Seite der Produkte verschoben.*

Linearkombinationen von Reaktionsgleichungen. Zwei Reaktionsgleichungen mit den zugehörigen Werten der Reaktionsenthalpien und der Gleichgewichtskonstanten (für feste Temperatur) seien gegeben, z. B.

$$A_1 = A_2 \text{ mit } \Delta H_{R1} \text{ und } K_1,$$
$$A_2 = A_3 \text{ mit } \Delta H_{R2} \text{ und } K_2. \tag{3.10}$$

Bildet man eine Linearkombination, indem man die erste Reaktionsgleichung mit dem Faktor α, die zweite mit dem Faktor β multipliziert und die Gleichungen addiert, so entsteht

$$\alpha A_1 = (\alpha - \beta)A_2 + \beta A_3 \text{ mit } \Delta H_R \text{ und } K. \tag{3.11}$$

Reaktionsenthalpie ΔH_R und Gleichgewichtskonstante K dieser Reaktion lassen sich aus den Werten der Ausgangsgleichungen über (3.1) und (3.8) bestimmen:

$$\Delta H_R = \alpha \, \Delta H_{R1} + \beta \, \Delta H_{R2}, \quad K = K_1^\alpha K_2^\beta. \tag{3.12}$$

(3.12) dient dazu, unbekannte Werte der Reaktionsenthalpie und der Gleichgewichtskonstante aus bekannten Werten zu berechnen (vgl. Übungsaufgabe 3.2).

Setzt man beispielsweise in (3.11) und (3.12) $\alpha = 2$, $\beta = -1$, so entsteht

$$2A_1 + A_3 = 3A_2 \text{ mit } \Delta H_R = 2\Delta H_{R1} - \Delta H_{R2}, \quad K = K_1^2 / K_2.$$

Sind die Ausgangsgleichungen Schlüsselreaktionen (vgl. Abschnitt 2.3), so lassen sich die Reaktionsenthalpien und die Gleichgewichtskonstanten *aller* denkbaren Reaktionsgleichungen für ein beliebiges System von $i = 1, ..., N$ Komponenten A_i berechnen.

Übungsaufgabe 3.1 *Berechnung von Gleichgewichtskonstanten.* Reaktionsenthalpien und Gleichgewichtskonstanten der beiden Isomerisierungsreaktionen (a) m-Xylol = p-Xylol und (b) m-Xylol = Ethylbenzol sind aus den Daten [4] der Tab. 3.2 für die Temperatur T = 800 K zu berechnen:

Tab. 3.2 Thermodynamische Standardwerte und Temperaturabhängigkeit der spezifischen Wärme für Übungsaufgabe 3.1.

Komponente	$\Delta H^o_{f,i}$	$S^o_{f,i}$	$c_{p,i}$
	kJ/kmol	kJ/kmol K	kJ/kmol K
m-Xylol	17250	357,95	$-52{,}775 + 2{,}221\,T - 0{,}8618{\cdot}10^{-3}\,T^2$
p-Xylol	17960	352,67	$-43{,}270 + 2{,}176\,T - 0{,}8316{\cdot}10^{-3}\,T^2$
Ethylbenzol	29810	360,71	$-72{,}943 + 2{,}330\,T - 0{,}9398{\cdot}10^{-3}\,T^2$

Ergebnis: (a) ΔH_R = – 2032,48 kJ/kmol, K = 0,3999; (b) ΔH_R = 19851,09 kJ/kmol, K = 0,3490.

Übungsaufgabe 3.2 *Linearkombination von Reaktionsgleichungen.* Reaktionsenthalpien und Gleichgewichtskonstanten der Reaktionen m-Xylol = p-Xylol und m-Xylol = Ethylbenzol sind für die Temperatur T = 800 K in Übungsaufgabe 3.1 angegeben. Man bestimme ΔH_R und K für die Reaktion p-Xylol = Ethylbenzol.

Ergebnis, Lösungshinweis: Über (3.11), (3.12) folgt ΔH_R = 21833,57 kJ/kmol, K = 0,8727.

3.3   Gleichgewichtsberechnung

Problemstellung. Für die Reaktion $\sum v_i\,A_i$ = 0, die in der Gasphase stattfinde, seien die eingesetzten Stoffmengen n_{i0} der Komponenten sowie die Gleichgewichtskonstante K für gegebene Werte des Gesamtdrucks P und der Temperatur T bekannt. Gesucht sind die Stoffmengen n_i der Komponenten im Gleichgewicht.

Berechnung der Gleichgewichtslage. Die Stoffmengenänderungen der Komponenten sind über die stöchiometrischen Beziehungen miteinander verknüpft (vgl. Abschnitt 2.5). Die Lösung der Problemstellung beruht deshalb darauf, die unbekannte Reaktionslaufzahl ξ im Gleichgewicht zu ermitteln. Das Verfahren kann in drei Schritten ausgeführt werden:

- *Schritt 1: Stoffmengen n_i im Gleichgewicht durch die Reaktionslaufzahl ξ für das Gleichgewicht darstellen.* Dieser Zusammenhang ist durch (2.27) gegeben,

$$n_1 = n_{10} + \nu_1 \xi, \, n_2 = n_{20} + \nu_2 \xi, \, ..., \, n_N = n_{N0} + \nu_N \xi. \qquad (3.13)$$

Die gesamte Stoffmenge n im Gleichgewicht erhält man, wenn alle Gleichungen (3.13) addiert werden,

$$n = n_0 + \nu \xi, \qquad (3.14)$$

wobei n_0 die gesamte eingesetzte Stoffmenge und ν die Summe der stöchiometrischen Koeffizienten bezeichnet,

$$n_0 = \sum_{i=1}^{N} n_{i0}, \quad \nu = \sum_{i=1}^{N} \nu_i. \qquad (3.15)$$

Ist $\nu - 0$, so nennt man eine Reaktion „molzahlbeständig". Ist dagegen $\nu > 0$ bzw. $\nu < 0$, so verläuft die Reaktion unter „Molzahlzunahme" bzw. „Molzahlabnahme".

- *Schritt 2: Gleichgewichtspartialdrucke p_i der Komponenten durch die Reaktionslaufzahl ξ im Gleichgewicht ausdrücken.* Schreibt man die Partialdrucke gemäß (2.19), (2.23) und ersetzt die Stoffmengen der Komponenten durch (3.13) sowie die gesamte Stoffmenge durch (3.14), so resultiert

$$p_i = P \frac{n_i}{n} = P \frac{n_{i0} + \nu_i \xi}{n_0 + \nu \xi} \quad \text{(für } i = 1, ..., N). \qquad (3.16)$$

- *Schritt 3: Gleichgewichtspartialdrucke der Komponenten in das Massenwirkungsgesetz einsetzen und nach der Reaktionslaufzahl ξ auflösen.* Werden im Massenwirkungsgesetz

$$K = p_1^{\nu_1} p_2^{\nu_2} \cdot ... \cdot p_N^{\nu_N} \qquad (3.17)$$

alle Partialdrucke durch (3.16 rechts) substituiert, so folgt eine Gleichung, in der als einzige Unbekannte die Reaktionslaufzahl ξ erscheint. Löst man diese Gleichung nach ξ auf, können die gesuchten Stoffmengen im Gleichgewicht über (3.13) berechnet werden; die Aufgabenstellung ist damit gelöst.

Die Auflösung der Gleichung (3.17) nach der Reaktionslaufzahl gelingt analytisch oft nur mit großem Aufwand bzw. gar nicht, da nichtlineare Gleichungen infolge der Exponenten der Partialdrucke auftreten können. In diesen Fällen werden numerische Verfahren zur Nullstellensuche für nichtlinearen Gleichungen benutzt (vgl. [8, 9, 11, 12]). Eine der einfachsten, hierzu geeigneten Methoden ist das *Newton-Verfahren*. In Übungsaufgabe 3.3 ist eine vergleichsweise einfache Problemstellung dieses Typs angegeben.

Rechenbeispiel 3.2 *Berechnung der Gleichgewichtszusammensetzung für eine einzige Reaktion.* Für die Gasphasenreaktion $A = B$ sind die Stoffmengen im Gleichgewicht zu berechnen, wenn die eingesetzten Stoffmengen $n_{A0} = 2,5$ kmol, $n_{B0} = 0,5$ kmol und der Gesamtdruck $P = 10^5$ Pa betragen. Die Gleichgewichtskonstante soll die Werte $K = 0,01$; $0,1$; $0,2$; 1; 10; 100 annehmen.

Lösung. Nach Schritt 1 ergeben sich die Stoffmengen der beiden Komponenten und die gesamte Stoffmenge n zu

$$n_A = n_{A0} - \xi, \ n_B = n_{B0} + \xi, \ n = n_0. \tag{3.18}$$

Da eine molzahlbeständige Reaktion vorliegt, ist $v = 0$, und die gesamte Stoffmenge bleibt unverändert. Nach Schritt 2 gewinnt man die Partialdrucke zu

$$p_A = Pn_A/n = P(n_{A0} - \xi)/n_0, \ p_B = Pn_B/n = P(n_{B0} + \xi)/n_0.$$

Wird dies gemäß Schritt 3 in das Massenwirkungsgesetz eingesetzt, resultiert

$$K = p_B / p_A = (n_{B0} + \xi) / (n_{A0} - \xi).$$

Ausmultipliziert und nach ξ aufgelöst, ergibt sich

$$\xi = \frac{Kn_{A0} - n_{B0}}{K + 1}. \tag{3.19}$$

Tab. 3.3 Reaktionslaufzahl und Stoffmengen im Gleichgewicht für verschiedene Werte der Gleichgewichtskonstante K für Rechenbeispiel 3.2.

K	-	0,01	0,1	0,2	1	10	100
ξ	mol	−0,470	−0,227	0	1	2,227	2,470
n_A	mol	2,970	2,725	2,5	1,5	0,273	0,030
n_B	mol	0,030	0,273	0,5	1,5	2,725	2,970

Gleichung (3.19) gestattet, die Reaktionslaufzahl ξ im Gleichgewicht für beliebige Werte der Gleichgewichtskonstante und der eingesetzten Stoffmengen zu berechnen. Aus (3.18) ermittelt man die zugehörigen Stoffmengen im Gleichgewicht, die in Tab. 3.3 zusammengestellt sind.

Die Zahlenwerte der Tab. 3.3 zeigen, dass

- für $K < 0{,}2$ Komponente A gebildet und B verbraucht wird, die Reaktion also von rechts nach links verläuft. Je kleiner K ist, desto weiter liegt das Gleichgewicht auf der linken Seite. Für die Reaktionslaufzahl gilt in diesem Fall stets $\xi < 0$;
- für Werte der Gleichgewichtskonstante $K > 0{,}2$ die Reaktion hingegen von links nach rechts, d. h. unter Bildung von Komponente B verläuft; es ist $\xi > 0$;
- für den Fall $K = 0{,}2$ sich die Stoffmengen nicht verändern, da sich die eingesetzte Mischung bereits im Gleichgewicht befindet; daher ist $\xi = 0$;
- die Lage des Gleichgewichts über die Reaktionstemperatur T, von der der K-Wert abhängt, beeinflusst werden kann;
- die Gleichgewichtslage nach (3.19) unabhängig vom Druck P ist, da es sich im betrachteten Fall um eine molzahlbeständige Reaktion handelt.

Vorgehensweise bei mehreren Reaktionen. Das für eine Reaktion vorgestellte Verfahren kann sinngemäß auf den Fall mehrerer Reaktionen übertragen werden. Der Unterschied besteht darin, dass zur Angabe der Gleichgewichtslage nunmehr so viele Reaktionslaufzahlen bestimmt werden müssen, wie *Schlüsselreaktionen* vorliegen. Mathematisch gesehen ist ein System von (zumeist nichtlinearen) Gleichungen bezüglich der Reaktionslaufzahlen zu lösen. In der Regel wird man zu numerischen Lösungsmethoden greifen müssen, die beispielsweise in [8, 9, 11, 12] erläutert sind. Um die Vorgehensweise zu illustrieren, wird im Rechenbeispiel 3.3 ein einfacher Fall betrachtet, der eine analytische Lösung zulässt.

Rechenbeispiel 3.3 *Berechnung der Gleichgewichtszusammensetzung für mehrere Reaktionen.* m-Xylol, das eine technisch wenig benötigte Substanz ist, lässt sich an festen Katalysatoren in der Gasphase zu den weitaus wichtigeren Produkten o-Xylol (Weiterverarbeitung z. B. zu Phthalsäureanhydrid und hieraus Weichmacher, Polyester), p-Xylol (Erzeugung von z. B. Terephthalsäure und hieraus Polyester) und Ethylbenzol (z. B. zur Herstellung von Styrol und Polymeren) isomerisieren. Details und eine Verfahrensbeschreibungen sind in [1] zu finden. Zu berechnen sind der Umsatzgrad von m-Xylol und die Bildungsgrade der Produkte bezüglich m-Xylol, wenn von reinem m-Xylol ausgegangen wird. Die drei Schlüsselreaktionen und die Werte der Gleichgewichtskonstanten für eine Temperatur von $T = 800$ K (Zahlenwerte aus Rechenbeispiel 3.1 und Übungsaufgabe 3.1) lauten

m-Xylol = o-Xylol   bzw.   M = O, K_1 = 0,8597;
m-Xylol = p-Xylol   bzw.   M = P, K_2 = 0,3999;
m-Xylol = Ethylbenzol   bzw.   M = E, K_3 = 0,3490.

Lösung. Das für eine Reaktion bereits dargestellte Verfahren wird auch hier zugrunde gelegt. Nach Schritt 1 sind die Stoffmengen der drei Komponenten durch die drei Reaktionslaufzahlen auszudrücken,

$$n_M = n_{M,0} - \xi_1 - \xi_2 - \xi_3, \; n_O = n_{O,0} + \xi_1, \; n_P = n_{P,0} + \xi_2, \; n_E = n_{E,0} + \xi_3$$

Addiert man diese Gleichungen, so wird die gesamte Stoffmenge zu $n = n_0$, da alle Reaktionen molzahlbeständig sind. Die Partialdrucke gemäß Schritt 2 werden

$$p_M = P \, n_M/n = P \, (n_{M,0} - \xi_1 - \xi_2 - \xi_3)/n_0,$$
$$p_O = P \, n_O/n = P \, (n_{O,0} + \xi_1)/n_0, \; p_P = P \, n_P/n = P \, (n_{P,0} + \xi_2)/n_0,$$
$$p_E = P \, n_E/n = P \, (n_{E,0} + \xi_3)/n_0.$$

Das Massenwirkungsgesetz ist für jede der drei Reaktionen anzugeben,

$$K_1 = p_O/p_M = (n_{O,0} + \xi_1)/(n_{M,0} - \xi_1 - \xi_2 - \xi_3),$$
$$K_2 = p_P/p_M = (n_{P,0} + \xi_2)/(n_{M,0} - \xi_1 - \xi_2 - \xi_3),$$
$$K_3 = p_E/p_M = (n_{E,0} + \xi_3)/(n_{M,0} - \xi_1 - \xi_2 - \xi_3).$$

Diese Gleichungen müssen nach den Reaktionslaufzahlen aufgelöst werden. Da nach dem Ausmultiplizieren drei lineare Gleichungen für die drei gesuchten Reaktionslaufzahlen resultieren, ist dies leicht zu durchzuführen mit dem Ergebnis

$$\xi_1 = - n_{O,0} + K_1 n_0 /(1 + K_1 + K_2 + K_3),$$
$$\xi_2 = - n_{P,0} + K_2 n_0 /(1 + K_1 + K_2 + K_3),$$
$$\xi_3 = - n_{E,0} + K_3 n_0 /(1 + K_1 + K_2 + K_3).$$

Diese Beziehungen gestatten, die Reaktionslaufzahlen für beliebige Werte der eingesetzten Stoffmengen und der Reaktionstemperatur, die sich in den Zahlenwerten der drei Gleichgewichtskonstanten niederschlägt, zu berechnen. Da im betrachteten Fall von „reinem m-Xylol" ausgegangen wird, ist $n_{O,0} = n_{P,0} = n_{E,0} = 0$. Die eingesetzte Stoffmenge von m-Xylol kann beliebig angenommen werden, z. B. mit $n_{M,0} = 1000$ mol (die Lage des Gleichgewichts ist unabhängig von den eingesetzten Stoffmengen), so dass $n = n_0 = 1000$ mol gilt). Mit den Zahlenwerten resultiert

$\xi_1 = (0{,}8596 \cdot 1000 \text{ mol})/(1 + 0{,}8596 + 0{,}3999 + 0{,}3490) = 329{,}55 \text{ mol},$

$\xi_2 = 153{,}31 \text{ mol}, \quad \xi_3 = 133{,}80 \text{ mol},$

$n_M = 1000 - 329{,}55 - 153{,}31 - 133{,}80 = 383{,}3 \text{ mol},$

$n_O = 329{,}55 \text{ mol}, \quad n_P = 153{,}31 \text{ mol}, \quad n_E = 133{,}80.$

Hieraus erhält man schließlich die gesuchten Größen Umsatzgrad und Ausbeuten:

$X_M = (n_{M,0} - n_M)/n_{M,0} = 0{,}6167, \quad Y_O = n_O/n_{M,0} = 0{,}3295,$

$Y_P = n_P/n_{M,0} = 0{,}1533, \quad Y_E = n_E/n_{M,0} = 0{,}1338.$

Bei der Reaktionstemperatur $T = 800$ K werden somit 61,67 % des eingesetzten m-Xylols umgesetzt; 32,95 % des eingesetzten m-Xylols reagieren zu o-Xylol, 15,33 % zu p-Xylol und 13,38 % zu Ethylbenzol.

Um die Gleichgewichtslage bei einer anderen Temperatur zu bestimmen, muss der gesamte Rechengang mit den entsprechenden Werten der Gleichgewichtskonstanten wiederholt werden. Den Aufwand der Handrechnung kann man mit Rechenprogrammen umgehen. In Abb. 3.2 ist die Abhängigkeit des Umsatzgrades von m-Xylol und der Selektivitäten für o-, p-Xylol und Ethylbenzol von der Temperatur gezeigt. Die Verläufe verdeutlichen, dass man durch geeignete Wahl der Reaktionstemperatur sowohl den Umsatzgrad des Edukts als auch die Produktverteilung, d. h. die Anteile der gewünschten Produkte o-, p-Xylol und Ethylbenzol, beeinflussen kann.

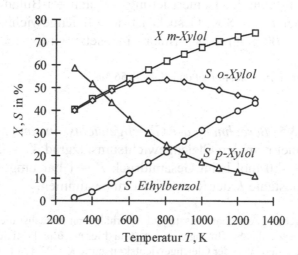

Abb. 3.2 Temperaturabhängigkeit des Umsatzgrades von m-Xylol und der Selektivitäten für o-Xylol, p-Xylol und Ethylbenzol für Rechenbeispiel 3.3.

Übungsaufgabe 3.3 *Gleichgewichtsberechnung für eine einzige Reaktion.* Ein Röstgas (vgl. Rechenbeispiel 2.4) bestehe aus n_{10} = 89,2 mol SO_2, n_{20} = 89,2 mol O_2, n_{30} = 0 mol SO_3 und n_{40} = 821,6 mol N_2. Die Gleichgewichtskonstante der Reaktion SO_2 + 0,5O_2 = SO_3 bzw. A_1 + 0,5 A_2 = A_3 (Inertgas A_4) betrage bei der Temperatur T = 800 K und dem Gesamtdruck P = 1 bar K = 24,7 bar $^{-0,5}$. Der Gleichgewichtsumsatz X_1 von SO_2 ist zu berechnen.

Lösungshinweis, Ergebnis: Das Massenwirkungsgesetz lautet

$$K = \frac{(n_{30} + \xi)(n_0 - 0,5\xi)^{0,5}}{P^{0,5}(n_{10} - \xi)(n_{20} - 0,5\xi)^{0,5}}.$$

Die Reaktionslaufzahl ξ könnte hieraus prinzipiell als Lösung einer kubischen Gleichung gefunden werden. „Einfacher" ist stattdessen, die *Nullstelle* der Funktion

$$f(\xi) = K \cdot P^{0,5}(n_{10} - \xi)(n_{20} - 0,5\xi)^{0,5} - (n_{30} + \xi)(n_0 - 0,5\xi)^{0,5}$$

zu suchen, deren rechte Seite mit dem umgeformten Massenwirkungsgesetz folgendermaßen gebildet wird: f = K*(Nenner MWG) − (Zähler MWG). Hierzu eignen sich verschiedene numerische Verfahren [8, 9, 11], die sich auf Computern implementieren lassen, oder die in Tabellenkalkulationsprogrammen bzw. Taschenrechnern bereits integrierten „Solver". Im Gleichgewicht beträgt ξ = 75,889 mol, n_1 = 13,311 mol und X_1 = 85,08 %.

Übungsaufgabe 3.4 *Gleichgewichtsberechnung für eine einzige Reaktion.* Die Gleichgewichtskonstante der Isomerisierung n-Butan = i-Butan bzw. A_1 = A_2 beträgt K = 0,461 bei T = 898 K. Gesucht ist der Gleichgewichtsumsatz X_1 von n-Butan, wenn n_{10} = 100 mol reines n-Butan eingesetzt wird.

Ergebnis: ξ = 31,56 mol, n_1 = 68,44 mol und X_1 = 31,56 %.

Übungsaufgabe 3.5 *Berechnung der Gleichgewichtskonstante.* Für die Reaktion A_1 + 3A_2 = A_3 findet man den Gleichgewichtsumsatzgrad X_1 = 0,872, wenn n_{10} = 1,2 mol mit n_{20} = 4,0 mol beim Gesamtdruck P = 1 bar umgesetzt werden. Die Gleichgewichtskonstante K der Reaktion ist zu bestimmen.

Lösungshinweis, Ergebnis: Aus dem Umsatzgrad X_1 erhält man zunächst die Stoffmenge n_1, über die Stöchiometrie hierzu die Stoffmengen n_2, n_3 und hieraus alle Partialdrucke, die über das Massenwirkungsgesetz den Wert der Gleichgewichtskonstante K = 93,478 bar $^{-3}$ ergeben.

4   Reaktoren und ihre Betriebsweise

4.1   Einführung

Die Bedeutung der in den Kapiteln 2 und 3 dargestellten stöchiometrischen und thermodynamischen Aussagen beruht darauf, dass sie unabhängig von der Art des Reaktors, in dem die chemischen Reaktionen ablaufen, gültig sind. Interessiert man sich hingegen für solche Fragestellungen, wie sie in Kapitel 1 exemplarisch zusammengetragen sind, so ist darüber hinaus die Kenntnis der zeitlichen oder räumlichen Abhängigkeit der Zusammensetzung des reagierenden Komponentengemisches und seiner Temperatur erforderlich. Hierzu benötigt man weitergehende Aussagen zur Art des eingesetzten Reaktors, zu seinen spezifischen Betriebsbedingungen und zur Reaktionsführung. In den folgenden Abschnitten werden daher verschiedene Möglichkeiten der technischen Reaktionsführung und des prinzipiellen Aufbaus von Reaktoren vorgestellt.

4.2   Betriebsweise von Reaktoren

Einer Verfahrensbeschreibung der Form „.... Komponente C wird aus A und B in einer heterogen katalysierten Flüssigphasenreaktion in einem kontinuierlich und stationär betriebenen Rührkessel unter adiabatischen Bedingungen hergestellt ..." lassen sich verschiedene Aspekte des betrachteten chemischen Prozesses entnehmen. Es finden sich Aussagen

- zu den *Komponenten*: „Edukte A und B, Produkt C, Katalysator";
- zu den *Phasenverhältnissen*: „heterogen katalysierte Flüssigphasenreaktion";
- zur *Temperaturführung*: „unter adiabatischen Bedingungen";
- zum *Zeitverhalten*: „kontinuierlich und stationär betrieben";
- zum eingesetzten *Reaktortyp*: „Rührkessel".

Phasenverhältnisse, Temperaturführung und Zeitverhalten sind wichtige Klassifizierungsmerkmale der Betriebsweise von Reaktoren, die in den folgenden Abschnitten begrifflich weiter unterschieden werden. Verschiedene Arten von Reaktoren werden im anschließenden Abschnitt 4.3 behandelt.

4.2.1 Phasenverhältnisse

Man bezeichnet ein Reaktionssystem als

- *homogen*, wenn es aus einer einzigen Phase besteht;
- *heterogen*, wenn es aus mehreren Phasen aufgebaut ist. Bei technisch durchge-führten heterogenen Reaktionen ist die Anzahl der Phasen meist auf zwei oder drei beschränkt.

In Tab. 4.1 sind Bezeichnungsweise und Beispiele für *homogene Reaktionssys-teme* zusammengestellt. Der jeweilige Aggregatzustand ist durch die Symbole „s" für fest („solid"), „l" für flüssig („liquid") und „g" für gasförmig gekennzeichnet. *Heterogene dreiphasige Systeme*, die für bestimmte Phasenkombinationen entste-hen, sind Tab. 4.2, *heterogene zweiphasige Systeme* in Tab. 4.3 angegeben. Man beachte, dass ein Feststoff in heterogenen Systemen entweder als *Reaktand oder Katalysator* in Erscheinung tritt. Weitere Beispiele und Details zu den hier exem-plarisch angeführten Systemen und Verfahren sind in [1, 4, 7, 11] zu finden.

Tab. 4.1 Bezeichnungen und Beispiele für homogene Reaktionssysteme.

Phase	Bezeichnung; Beispiel
l	*Homogene Flüssigphasenreaktion* Massenpolymerisation von Styrol, Hydrolyse von Ethylenoxid
l	*Homogen katalysierte Flüssigphasenreaktion* Veresterung mit Mineralsäuren
g	*Homogene Gasphasenreaktion* Thermisches Cracken von Naphtha, Ethen-Hochdruckpolymerisation

Tab. 4.2 Bezeichnungen und Beispiele für heterogene dreiphasige Reaktionssysteme.

Phasen	Bezeichnung; Beispiel
s l g	s ist Katalysator: *Heterogen katalysierte Gas-Flüssig-Reaktion* Hydrierende Entschwefelung, Fetthydrierung, Reduktion von Nitrilen
s l g	s ist Reaktand: *Dreiphasen-Reaktion* Gips durch Rauchgasentschwefelung mit Kalkmilch, biologische Abwasser-reinigung

Tab. 4.3 Bezeichnungen und Beispiele für heterogene zweiphasige Reaktionssysteme.

Phasen	*Bezeichnung*; Beispiel
s s	*Feststoffreaktion* CaC_2 aus CaO und Koks, Zementherstellung
s l	s ist Katalysator: *Heterogen katalysierte Flüssigphasenreaktion* Veresterung mit Ionenaustauscher, Reaktionen mit immobilisierten Enzymen
s l	s ist Reaktand: *Fest-Flüssig-Reaktion* Ionenaustausch
s g	s ist Katalysator: *Heterogen katalysierte Gasphasenreaktion* NH_3-Synthese, NH_3-Verbrennung, Oxidation von SO_2 zu SO_3, Isomerisierung von m-Xylol, Methanolsynthese, Methanoloxidation
s g	s ist Reaktand: *nichtkatalytische Gas-Feststoff-Reaktion* Verbrennung von Feststoffen, oxidierende Röstung sulfidischer Erze, Kalzinieren
l l	*Flüssig-Flüssig-Reaktion* Nitrierung, Sulfonierung organischer Substanzen, Fettverseifung, Suspensionspolymerisation von Styrol
l g	*Gas-Flüssig-Reaktion* Chlorierung, Oxidation organischer Substanzen, Gaswäsche, SO_2-Absorption in H_2SO_4

4.2.2 Temperaturführung

Die Änderung der Temperatur eines Reaktionssystems kann zwei Ursachen haben:

- es tritt *Wärmeproduktion* auf, die sich als Erzeugung oder Verbrauch einer bestimmten Wärmemenge pro Zeiteinheit durch chemische Reaktion äußert;
- es findet *Wärmeaustausch* mit der Umgebung statt, bei dem pro Zeiteinheit eine bestimmte Wärmemenge zu- oder abgeführt wird.

Je nachdem, in welchem Verhältnis Wärmeaustausch und Wärmeproduktion zueinander stehen, ergeben sich drei Situationen:

- *isotherme Reaktionsführung.* Ist der Wärmeaustausch stets vollständig in dem Sinn, dass die durch Reaktion produzierte Wärme *momentan* ausgetauscht werden kann, so wird die Temperatur sowohl räumlich einheitlich als auch zeitlich konstant sein; man spricht dann von *Isothermie*.

- *adiabatische Reaktionsführung*. In einem adiabatischen (d. h. thermisch isolierten) System fehlt der Wärmeaustausch vollständig. Die Temperaturänderung wird allein durch die Wärmeproduktion der Reaktion verursacht.
- *polytrope Reaktionsführung*. Alle anderen Fälle liegen zwischen den Extremen „adiabatisch" und „isotherm" und werden als „polytrop" bezeichnet. Die Temperaturänderung wird durch eine (zeitlich oder räumlich) unterschiedliche Größenordnung von Wärmeproduktion und Wärmeaustausch hervorgerufen.

Abb. 4.1 zeigt Temperatur-Zeit-Verläufe für eine exotherme Reaktion in einem absatzweise betriebenen Reaktor. Der maximale Temperaturanstieg wird für adiabatische Bedingungen erhalten. Ist der Endwert erreicht, bleibt die Temperatur zeitlich konstant, da die Reaktion „abgeklungen" ist. Die polytropen Verläufe liegen unterhalb des adiabatischen Verlaufs. Die Temperaturmaxima verschieben sich mit zunehmendem Wärmeaustausch zu kleineren Werten; bei vollständigem Wärmeaustausch wird als Grenzfall der isotherme Verlauf gewonnen.

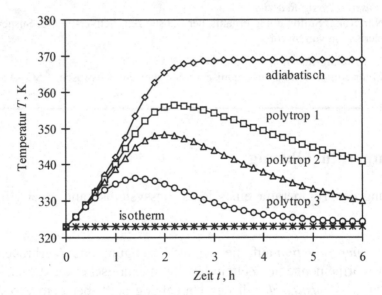

Abb. 4.1 Typische Temperatur-Zeit-Verläufe im absatzweise betriebenen Reaktor für eine exotherme Reaktion. In der Reihenfolge „polytrop 1, 2, 3" nimmt der Wärmeaustausch zu.

4.2.3 Zeitverhalten

Reaktionsvolumen, Reaktorvolumen. Das von den Komponenten eingenommene Volumen wird als das *Reaktionsvolumen* V bezeichnet. Es unterscheidet sich vom Gesamtvolumen des Apparats, dem *Reaktorvolumen* V_R, wobei $V \leq V_R$ gilt.

Zeitverhalten. Die Verhältnisse im Reaktor sind durch die Angabe des Reaktionsvolumens V, der Konzentrationen c_i der Komponenten und der Temperatur T spezifiziert. Ein Zulaufstrom und ein Ablaufstrom dienen gegebenenfalls dazu, die Ausgangsstoffe zuzuführen und die Produkte sowie nicht umgesetztes Ausgangsmaterial aus dem Reaktor zu entfernen, wie in Abb. 4.2 schematisch dargestellt ist. Ein solcher Strom lässt sich durch die Größen Gesamtvolumenstrom, Zusammensetzung und Temperatur charakterisieren.

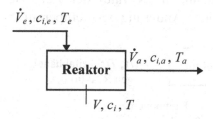

Abb. 4.2 Charakterisierung der Verhältnisse im Reaktor sowie des Zulaufstroms (Index „$_e$") und Ablaufstroms (Index „$_a$") bei einem kontinuierlich betriebenen Reaktor.

Hinsichtlich des Zeitverhaltens unterscheidet man zwischen

- *stationärer Betriebsweise*, bei der Volumenströme, Konzentrationen, Temperaturen und Reaktionsvolumen *zeitlich konstant* sind;
- *instationärer Betriebsweise*, bei der alle oder ein Teil dieser Größen *zeitlich veränderlich* sind.

Mathematisch bedeutet Stationarität, dass die zeitliche Ableitung einer Größe Null ist, z. B $dy/dt = 0$; bei Instationarität gilt entsprechend $dy/dt \neq 0$.

Kontinuierlicher Betrieb. Bei dem *kontinuierlich betriebenen Reaktor* wird ein Zulaufstrom ständig zugeführt und ein Ablaufstrom ständig entnommen, wie Abb. 4.2 schematisch zeigt. Kontinuierlicher Betrieb erfolgt stationär oder instationär.

Der *stationäre kontinuierliche Betrieb* kann als „Standardbetriebsweise" angesehen werden; er dient vornehmlich dazu, relativ große Mengenströme bestimmter Produkte über eine gegebene Reaktion in gleichbleibender Qualität herzustellen. *Instationären kontinuierlichen Betrieb* findet man dagegen

- beim Anfahren und Abstellen eines Reaktors;
- bei Veränderungen der Reaktorleistung;
- bei Betriebsstörungen;
- als gezielt eingesetzte Betriebsweise, um Umsatzgrade und Ausbeuten gegenüber der stationären Betriebsweise zu verbessern [3].

Absatzweiser Betrieb. Bei einem *absatzweise betriebenen Reaktor* (auch: *diskontinuierlich betriebener Reaktor, Batch-Reaktor*) werden sämtliche Komponenten zum selben Zeitpunkt in den Reaktor gegeben, in dem sie unter bestimmten Bedingungen reagieren. Während der Reaktionsdauer werden Komponenten weder zu- noch abgeführt, d. h. ein Zulauf- oder ein Ablaufstrom ist nicht vorhanden, wie in Abb. 4.3 schematisch gezeigt ist. Ein absatzweise betriebener Reaktor weist immer *instationäres Verhalten* auf: laufen chemische Reaktionen ab, so ändert sich die Zusammensetzung im Verlauf der Zeit. Bei nichtsiothermer Betriebsweise kommt die zeitliche Änderung der Temperatur hinzu.

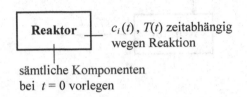

Abb. 4.3 Schematische Darstellung eines absatzweise betriebenen Reaktors.

Beim absatzweisen Reaktorbetrieb treten *Produktionszyklen* auf, wie Abb. 4.4 veranschaulicht. Ausgangszustand ist der leere Reaktor. Typische Operationen wie Füllen des Reaktors, Aufheizen auf Reaktionstemperatur, Durchführen der Reaktion mit Wärmeaustausch, Kühlen des Reaktorinhalts, Entleeren und Reinigen folgen einander, bis der Ausgangszustand wieder erreicht ist. Der Reaktor steht dann zur Durchführung derselben oder einer anderen Reaktion zur Verfügung. Absatzweise betriebene Reaktoren zeichnen sich insofern durch ihre Flexibilität hinsichtlich der Produkte, der Reaktionen und der Verfahrensgestaltung aus. Diskontinuierlicher Reaktorbetrieb wird vorzugsweise für die technische Herstellung von Produkten eingesetzt, die nur in vergleichsweise kleinen Mengen benötigt werden (sogenannte *Feinchemikalien*).

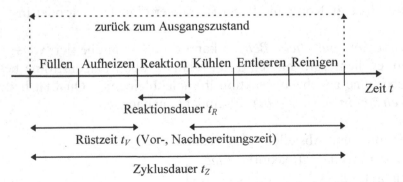

Abb. 4.4 Beispiel eines Produktionszyklus beim absatzweise betriebenen Reaktor.

Die Umwandlung der Ausgangsstoffe in Wertprodukte erfolgt im Wesentlichen während der *Reaktionsdauer* t_R. Alle anderen, wenngleich verfahrenstechnisch notwendige Schritte verursachen Kosten. Die Zeitdauern für die verschiedenen Schritte der Vor- und Nachbereitung werden zur *Rüstzeit* t_V zusammengefasst. Die *Zyklusdauer* t_Z ergibt sich als Summe von Reaktionsdauer und Rüstzeit,

$$t_Z = t_R + t_V. \tag{4.1}$$

Halbkontinuierlicher Betrieb. Wenn man bestimmte Komponenten zum Zeitpunkt Null im Reaktor vorlegt und während der Reaktionsdauer zusätzlich gewisse Komponenten zu- oder abführt, liegt ein *halbkontinuierlich betriebener Reaktor* (auch: *Semibatch-Reaktor, Feedbatch-Reaktor*) vor. Beim halbkontinuierlichen Betrieb wird der Reaktor während der Reaktionsdauer bezüglich eines Teils der Komponenten absatzweise und bezüglich bestimmter Komponenten kontinuierlich betrieben. Welche Komponenten vorgelegt und welche zu- oder abgeführt werden, hängt von den spezifischen Bedingungen des Reaktorbetriebs und den Zielsetzungen ab. Ein halbkontinuierlich betriebener Reaktor weist immer *instationäres Verhalten* auf. Sowohl durch die chemische Reaktion als auch durch die Zufuhr oder die Entnahme ändert sich die Zusammensetzung, bei nichtisothermen Verhältnissen zusätzlich die Temperatur im Verlauf der Zeit. Abb. 4.5 zeigt schematisch einen halbkontinuierlich betriebenen Reaktor.

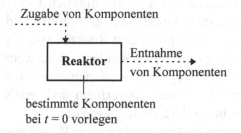

Abb. 4.5 Schematische Darstellung eines halbkontinuierlich betriebenen Reaktors.

Halbkontinuierlicher Reaktorbetrieb wird ähnlich wie der diskontinuierliche für die technische Herstellung von Feinchemikalien benutzt, wobei ebenfalls Produktionszyklen auftreten. Aufgrund der Möglichkeit, bestimmte Komponenten während der Reaktion zuzuführen oder zu entnehmen, kann die Reaktionsführung im Hinblick auf die Konzentrationsverhältnisse und die Wärmeumsätze besonders variabel gestaltet werden.

4.3 Typen chemischer Reaktoren

Der Vielzahl der Reaktionssysteme, die in den Tabellen 4.1, 4.2, 4.3 zusammengestellt sind, entspricht eine Vielfalt von Reaktortypen, die in verschiedenen Varianten zur technischen Durchführung chemischer Reaktionen eingesetzt werden. Welchen Reaktortyp man für eine Reaktion auswählt, hängt aber nicht allein von den Phasenverhältnissen, der Temperaturführung und dem angestrebten Zeitverhalten ab. Wirtschaftliche und verfahrenstechnische Nebenbedingungen oder Besonderheiten des Reaktionssystems sind zu beachten. Daher wird im Folgenden lediglich der *prinzipielle Aufbau einiger Grundtypen chemischer Reaktoren* vorgestellt, ohne auf Details der Betriebsweise und Varianten der apparativen Gestaltung einzugehen. Diese sind z. B. in [2, 9, 11, 13] näher beschrieben.

4.3.1 Einphasige Reaktionssysteme

Für einphasige Reaktionssysteme werden bevorzugt zwei Grundtypen von Reaktoren benutzt: der *Rührkessel* und das *Strömungsrohr*.

Rührkessel. Ein Rührkessel kann kontinuierlich, halbkontinuierlich oder absatzweise betrieben werden. Hauptaufgabe des Rührkessels ist es,

- *den Reaktorinhalt zu homogenisieren.* Eine möglichst vollständige Durchmischung soll dafür sorgen, dass keine Konzentrations- und Temperaturunterschiede auftreten, um einen gleichmäßigen Reaktionsverlauf im gesamten Reaktionsvolumen zu gewährleisten. Insbesondere dann, wenn aufgrund der gewählten Betriebsweise Stoffe zugeführt und eingemischt werden müssen, ist dies zu beachten. Daher kommt der Rührerform und -größe sowie dem Leistungseintrag des Rührers besondere Bedeutung zu;
- *den Wärmeaustausch zu intensivieren.* Um den Reaktorinhalt zu kühlen, zu heizen oder um Reaktionswärme zu- oder abzuführen, bedient man sich eines Wärmetauschers, der konstruktiv als Mantelwärmetauscher und/oder als im Reaktorinneren eingebauter Wärmetauscher ausgeführt sein kann. Gegenüber dem ungerührten Zustand wird der Wärmeaustausch mit zunehmender Durchmischung deutlich verbessert [12].

In Abb. 4.6 ist der prinzipielle Aufbau eines kontinuierlich betriebenen Rührkesselreaktors gezeigt. Wegen ihres häufigen Einsatzes sind genormte Rührkesselreaktoren erhältlich [6].

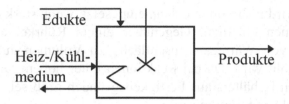

Abb. 4.6 Prinzipieller Aufbau eines kontinuierlich betriebenen Rührkesselreaktors.

Rührkesselkaskade. Eine *Rührkesselkaskade* entsteht durch Hintereinanderschaltung mehrerer Rührkessel, wie Abb. 4.7 veranschaulicht. Gegenüber dem Einzelkessel weist eine Kaskade unter Umständen Vorteile auf, die durch die Aufteilung des Gesamtvolumens auf mehrere Kessel, in denen unterschiedliche Reaktionsbedingungen herrschen können, bedingt sind. Eine Kaskade kann jedoch nur kontinuierlich betrieben werden.

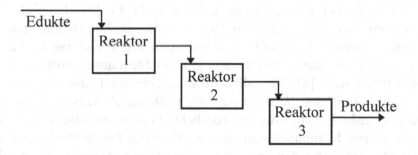

Abb. 4.7 Schematischer Aufbau einer Rührkesselkaskade aus drei Kesseln.

Strömungsrohr. Wie Abb. 4.8 schematisch zeigt, besteht ein Strömungsrohr aus zwei konzentrischen Rohren. Der Eduktstrom wird kontinuierlich am Eingang des inneren Rohrs aufgegeben, die Umsetzung erfolgt während der Durchströmung. Der Ausgangsstrom enthält die Produkte und die nichtumgesetzten Edukte. Um Wärmeaustausch zu ermöglichen, fließt das Heiz- oder Kühlmedium im Kreisring zwischen beiden Rohren (im Gleich- oder Gegenstrom), bei adiabatischer Betriebsweise kann der Wärmeaustauscher entfallen.

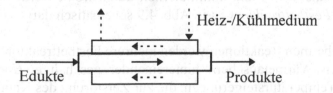

Abb. 4.8 Prinzipieller Aufbau eines Strömungsrohrs mit Wärmetauscher.

Ein Strömungsrohr wird insbesondere dann eingesetzt, wenn stark exotherme oder endotherme Reaktionen ablaufen. Gegenüber einem Rührkessel weist es ein größeres Verhältnis von Wärmeaustauschfläche zu Volumen auf, wodurch der Wärmeaustausch erhöht wird. Da bei Reaktionen unter hohem Druck die Wandstärke eines gerührten Behälters aus Festigkeitsgründen groß sein müsste, bevorzugt man in der Regel das Strömungsrohr.

Strömungsrohre sollen im turbulenten Bereich betrieben werden und ein großes Verhältnis von Länge zu Durchmesser aufweisen, um unerwünschte Vermischungseffekte zu unterbinden (vgl. Abschnitt 6.7.2). Für langsame Reaktionen, die eine große Aufenthaltsdauer der Reaktanden erfordern, kann es wegen der resultierenden großen Reaktorlängen ungeeignet sein.

4.3.2 Mehrphasige Reaktionssysteme

Charakteristisch für mehrphasige Systeme ist, dass die Reaktanden nicht in einer einzigen, sondern in unterschiedlichen Phasen vorliegen. Um miteinander reagieren zu können, müssen bestimmte Komponenten die Phase wechseln. Dieser Stofftransport ist umso stärker ausgeprägt, je mehr Stoffaustauschfläche (Phasengrenzfläche) bereit steht [8]. Deshalb wird man eine der Phasen als *zusammenhängende Phase* (*kontinuierliche Phase*), die weiteren als *verteilte Phasen* (*disperse Phasen*) ausbilden, um die erforderliche Phasengrenzfläche zu schaffen. Beispiele für solche Kombinationen sind: zerkleinerte Feststoffe in Gas oder in Flüssigkeit; Flüssigkeitstropfen in Gas oder in einer anderen, nicht mischbaren Flüssigkeit; Gasblasen in einer Flüssigkeit. Reaktoren für mehrphasige Systeme müssen entweder in der Lage sein, die verteilten Phasen stabil aufzunehmen, oder die Dispersion der Phasen durch konstruktive Maßnahmen zu bewirken.

Fluid-Feststoff-Systeme. Folgende Fälle können eintreten, wenn die Reaktion eines Fluids (Gas oder Flüssigkeit) unter Beteiligung eines Feststoffs stattfindet:

- *der Feststoff ist ein Katalysator, der lange Zeit im Reaktor bleibt*. Man verwendet dann ruhende Feststoffschüttungen, die z. B. in zylindrischen Behältern angeordnet sind und vom Fluid kontinuierlich durchströmt werden. Der Aufbau eines solchen *Festbettreaktors* ist in Abb. 4.9 schematisch dargestellt.

Bei stark exothermen Reaktionen werden mehrere Festbettreaktoren mit dazwischenliegenden Wärmetauschern hintereinander geschaltet (*Hordenreaktor*), um zu große Temperatursteigerungen, die zur Zerstörung des Katalysators oder zu einer ungünstigen Verschiebung des chemischen Gleichgewichts (vgl. Abschnitt 3.2) führen können, zu vermeiden. Bei extrem exothermen Reaktionen wird dagegen der Katalysator in den Rohren eines wie ein Wärmetauscher aufgebauten Reaktors (*polytroper Festbettreaktor, Rohrbündelreaktor*) angeordnet, um die Reaktionswärme im Außenraum der Rohre abzuführen.

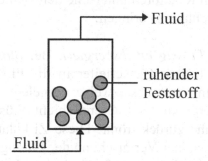

Abb. 4.9 Prinzipieller Aufbau eines Festbettreaktors.

- *der Feststoff ist Katalysator, der nach kurzer Zeit desaktiviert.* Verliert ein Katalysator vergleichsweise schnell seine Aktivität, so werden mehrere *parallel geschaltete Festbettreaktoren* verwendet, die sich in unterschiedlichen Betriebszuständen (z. B. Reaktion am Katalysator oder Regeneration des Katalysators) befinden.
- *der Feststoff ist Reaktand.* Mit beweglich angeordnetem Feststoff lässt sich die kontinuierliche Zufuhr und Abfuhr fester Edukte und Produkte realisieren. Neben dem mechanischen Transport des Feststoffs über Böden, die vom Gas überströmt werden (*Wanderbettreaktor*), eignen sich *Wirbelschichten*. In einer Wirbelschicht wird ein feinkörniger Feststoff durch das kontinuierlich über einen Gasverteiler einströmende Gas „fluidisiert". Die aufsteigenden Gasblasen verursachen eine starke Vermischung und daher einen intensiven Wärme- und Stoffaustausch [10]. Abb. 4.10 stellt den prinzipiellen Aufbau einer Wirbelschicht dar.

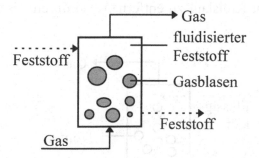

Abb. 4.10 Prinzipieller Aufbau eines Wirbelschichtreaktors.

Fluid-Fluid-Systeme. Da Systeme aus zwei nicht mischbaren Flüssigkeiten seltener als Gas-Flüssigkeits-Systeme anzutreffen sind, werden nur letztere betrachtet. Die in Frage kommenden Reaktoren unterscheiden sich durch die Art, die beiden Phasen miteinander in Kontakt zu bringen:

- *das Gas wird in der Flüssigkeit dispergiert.* Bei *Blasensäulenreaktoren* wird das Gas kontinuierlich über Gasverteiler in die Flüssigkeit eingebracht, die kontinuierlich zuströmt oder absatzweise vorgelegt wird. Die aufsteigenden Gasblasen transportieren in ihrer Grenzschicht Flüssigkeit von unten nach oben, die in Wandnähe zurückströmt. Diese Zirkulationsströmung führt - je nach Gasbelastung - zu einer Vermischung der Flüssigkeit. Abb. 4.11 zeigt den prinzipiellen Aufbau einer Blasensäule. Varianten sind in [5] dargestellt.

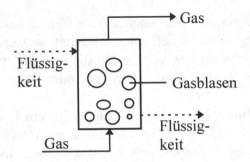

Abb. 4.11 Prinzipieller Aufbau eines Blasensäulenreaktors.

- *die Flüssigkeit wird im Gas dispergiert.* In *Sprühtürmen* bzw. *Gaswäschern* wird Flüssigkeit über Verteiler (z. B. Sprühdüsen) tropfenförmig in das kontinuierlich strömende Gas eingebracht, wie Abb. 4.12 schematisch zeigt. Die Flüssigkeit kann auch im Kreislauf geführt werden; hierzu ist beladenes Waschmittel aus dem Kreislauf zu entfernen und durch frische Waschflüssigkeit zu ersetzen.

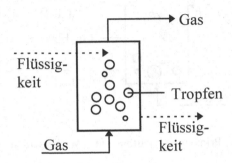

Abb. 4.12 Prinzipieller Aufbau eines Sprühturmes.

- *die Flüssigkeit wird als Film mit dem Gas in Kontakt gebracht.* Wird eine inerte Feststoffschüttung (z. B. aus Füllkörpern) von einer Flüssigkeit kontinuierlich durchströmt, so bilden sich je nach Flüssigkeitsbelastung ein Flüssigkeitsfilm und -tropfen aus, welche die erforderliche Oberfläche für den Stoffaustausch mit dem Gas zur Verfügung stellen. Der Gasstrom kann im Gleich- oder im Gegenstrom kontinuierlich aufgegeben werden. In Abb. 4.13 ist der prinzipielle Aufbau einer solchen *Rieselkolonne* gezeigt.

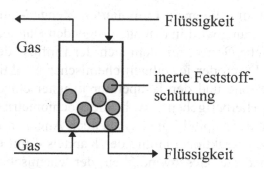

Abb. 4.13 Prinzipieller Aufbau einer Rieselkolonne.

Gas-Flüssig-Fest-Systeme. Reaktoren für dreiphasige Systeme lassen sich im Wesentlichen auf die für zweiphasige Systeme benutzten zurückführen. So kann man eine Rieselkolonne (wie in Abb. 4.13 gezeigt) verwenden, wenn man die inerte Feststoffschüttung durch die Schüttung des Katalysators oder des reagierenden Feststoffs ersetzt. Bei Blasensäulen (wie in Abb. 4.11) oder begasten Rührkesseln wird anstelle der Flüssigkeit die Suspension des Katalysators oder des reagierenden Feststoffs zugeführt. Details hierzu finden sich in [11].

5   Mengen- und Wärmebilanzen

5.1   Einführung

Ziel dieses Kapitels ist, die allgemein formulierten Mengen- und Wärmebilanzen herzuleiten (ihre Anwendung wird in den nachfolgenden Kapiteln dargestellt). Sie bilden das mathematische Gerüst, mit dem sich der Einfluss des Reaktors sowie der charakteristischen Daten der jeweiligen chemischen Reaktion auf die Änderung der Zusammensetzung und der Temperatur in unterschiedlichsten Situationen beschreiben lässt. Hierbei gehen sowohl die stöchiometrischen und thermodynamischen Resultate der Kapitel 2 und 3, als auch Angaben zur Art des eingesetzten Reaktors und zur Reaktionsführung des Kapitels 4 mit ein. Von besonderer Bedeutung ist aber die Geschwindigkeit der chemischen Reaktion: ihre Zusammensetzungs- und Temperaturabhängigkeit beeinflusst die Erzeugung oder den Verbrauch an Stoff und Wärme maßgeblich. Daneben wird ausgeführt, wie sich kinetische Parameter (Geschwindigkeitskonstante, Stoßfaktor, Aktivierungsenergie, Reaktionsordnung) aus Messwerten der Reaktionsgeschwindigkeit durch lineare Regression - einem statistisch begründeten Verfahren - ermitteln lassen.

5.2   Reaktionsgeschwindigkeit

5.2.1 Stoffproduktion durch Reaktion

Eine einzige Reaktion. Findet die Reaktion $\sum v_i A_i = 0$ statt, so ist der Zusammenhang zwischen der Stoffmenge n_i einer Komponente A_i, $i = 1, ..., N$, und der Reaktionslaufzahl durch die bereits angeführte Beziehung (2.27) gegeben,

$$n_i = n_{i0} + v_i \xi \quad (\text{für } i = 1, ..., N). \tag{5.1}$$

Wird (5.1) nach der Zeit differenziert, so erhält man

$$\dot{n}_{i,R} = \frac{dn_i}{dt} = v_i \frac{d\xi}{dt}. \tag{5.2}$$

Dies besagt: *die durch Reaktion pro Zeiteinheit produzierte Stoffmenge einer Komponente* $\dot{n}_{i,R}$ *ist ihrem stöchiometrischen Koeffizienten und der Anzahl der Formelumsätze pro Zeiteinheit proportional.* Aufgrund der Vorzeichenfestlegung der stöchiometrischen Koeffizienten (2.1) gilt für Edukte $\dot{n}_{i,R} < 0$, für Produkte $\dot{n}_{i,R} > 0$ und für Begleitstoffe $\dot{n}_{i,R} = 0$.

Man definiert die *Reaktionsgeschwindigkeit r* als

$$r = \frac{1}{V}\frac{d\xi}{dt},$$ (5.3)

d. h. als *Anzahl der Formelumsätze pro Zeit- und Volumeneinheit.* Mit (5.3) resultiert für die Stoffproduktion nach (5.2)

$$\dot{n}_{i,R} = v_i V r.$$ (5.4)

Dies besagt: *die durch Reaktion produzierte Stoffmenge einer Komponente ist ihrem stöchiometrischen Koeffizienten, dem Reaktionsvolumen und der Reaktionsgeschwindigkeit proportional.* Je größer die Reaktionsgeschwindigkeit ist, umso mehr wird von einer Komponente produziert.

Beispiel. Für die Reaktion $A_1 = 2A_2$ ergibt sich die Stoffproduktion der Komponenten nach (5.4) zu $\dot{n}_{1,R} = -Vr$, $\dot{n}_{2,R} = 2Vr$. Eliminiert man das Produkt Vr, so folgt $\dot{n}_{2,R} = -2\dot{n}_{1,R}$. Diese Gleichung ist analog zur stöchiometrischen Beziehung (2.28) aufgebaut, in der aber die Stoffmengenänderungen auftreten. Wird beispielsweise 1 mol/h an A_1 verbraucht, so bilden sich 2 mol/h an A_2.

Mehrere Reaktionen. In diesem Fall lauten die Reaktionsgleichungen

$$\sum_{i=1}^{N} v_{i1} A_i = 0, \quad \sum_{i=1}^{N} v_{i2} A_i = 0, \quad ...,$$

worin v_{i1}, v_{i2}, ... den stöchiometrischen Koeffizienten der Komponente A_i bei der ersten, zweiten, ...-ten Reaktion bezeichnet. Man ordnet jeder einzelnen Reaktion eine eigene Reaktionslaufzahl ξ_1, ξ_2, ... (vgl. Abschnitt 2.5) und analog zu (5.3) eine individuelle Reaktionsgeschwindigkeit r_1, r_2, ... zu,

$$r_1 = \frac{1}{V}\frac{d\xi_1}{dt}, \quad r_2 = \frac{1}{V}\frac{d\xi_2}{dt}, \quad .... $$ (5.5)

Die gesamte, durch chemische Reaktionen produzierte Stoffmenge einer Komponente $\dot{n}_{i,R}$ setzt sich additiv aus den Beiträgen der Einzelreaktionen zusammen,

$$\dot{n}_{i,R} = \nu_{i1}Vr_1 + \nu_{i2}Vr_2 + \dots \qquad (5.6)$$

Beispiel. Für die beiden Reaktionsgleichungen $A_1 = 2A_2$ mit Geschwindigkeit r_1, $A_2 = 3A_3$ mit Geschwindigkeit r_2 erhält man die Stoffproduktion der Komponenten entsprechend (5.6) zu $\dot{n}_{1,R} = -Vr_1$, $\dot{n}_{2,R} = 2Vr_1 - Vr_2$, $\dot{n}_{3,R} = 3Vr_2$.

Rechenbeispiel 5.1 *Stoffproduktion durch Reaktion.* Eine Mischung aus Ethan und Propan werde kontinuierlich mit Luft gemäß

$$C_2H_6 + 3{,}5O_2 = 2CO_2 + 3H_2O \;\; \text{bzw.}\;\; A_1 + 3{,}5A_3 = 2A_4 + 3A_5,$$
$$C_3H_8 + \;\; 5\,O_2 = 3CO_2 + 4H_2O \;\; \text{bzw.}\;\; A_2 + \;\; 5\,A_3 = 3A_4 + 4A_5,$$

vollständig verbrannt. Die Stoffproduktionen der Komponenten (einschließlich N_2 bzw. A_6) und der Mindestluftbedarf (20,5 Vol% O_2, 79,5 Vol% N_2) ist zu berechnen, falls 0,62 mol/h Ethan und 0,38 mol/h Propan eingesetzt werden.

Lösung. Da Ethan nur an der ersten und Propan nur an der zweiten Reaktion teilnimmt, lautet (5.6) mit den angegebenen Zahlenwerten

$$\dot{n}_{1,R} = -Vr_1 = -0{,}62 \text{ mol/h}, \;\; \dot{n}_{2,R} = -Vr_2 = -0{,}38 \text{ mol/h}.$$

Für die restlichen Komponenten folgt mit den Werten für Vr_1 und Vr_2 aus (5.6):

$$\dot{n}_{3,R} = -3{,}5Vr_1 - 5Vr_2 = -3{,}5\cdot0{,}62 - 5\cdot0{,}38 = -4{,}07 \text{ mol/h},$$
$$\dot{n}_{4,R} = \quad 2Vr_1 + 3Vr_2 = \quad 2\cdot0{,}62 + 3\cdot0{,}38 = \quad 2{,}38 \text{ mol/h},$$
$$\dot{n}_{5,R} = \quad 3Vr_1 + 4Vr_2 = \quad 3\cdot0{,}62 + 4\cdot0{,}38 = \quad 3{,}38 \text{ mol/h},$$
$$\dot{n}_{6,R} = 0.$$

Die Bildung der Produkte CO_2, H_2O und der Verbrauch des Edukts O_2 hängt von den Geschwindigkeiten der beiden Reaktionen ab; eine Produktion der Inertkomponente N_2 tritt nicht auf. Da der gesamte verbrauchte Sauerstoff aus der eingesetzten Luft stammen muss, beträgt der minimale Stoffmengenstrom

$$\dot{n}_{Luft} = -\dot{n}_{3,R}/0{,}205 = 4{,}07/0{,}205 \text{ mol/h} = 19{,}85 \text{ mol/h}.$$

5.2.2 Konzentrationsabhängigkeit

Die empirische Untersuchung und die theoretische Behandlung reagierender Systeme [4] zeigt, dass die Geschwindigkeit einer chemischen Reaktion von der Temperatur und der Zusammensetzung abhängig ist, formal

$$r = r(T, c). \tag{5.7}$$

„c" drückt hierin aus, dass - je nach Reaktion - *alle oder nur ein Teil der Konzentrationen* der $i = 1, ..., N$ Komponenten A_i auftreten. Anschaulich lässt sich (5.7) so interpretieren, dass die Anzahl der reaktiven molekularen (oder atomaren) Stöße von der Anzahl der Teilchen pro Volumen, d. h. der Konzentration und von der Stoßenergie, die hier in Form der Temperatur eingeht, abhängt.

Geschwindigkeitskonstanten. Die Temperaturabhängigkeit der Reaktionsgeschwindigkeit in (5.7) wird stets über die Temperaturabhängigkeit sogenannter *Geschwindigkeitskonstanten k* ausgedrückt (und im Abschnitt 5.2.3 behandelt). Im Hinblick auf die Konzentrationsabhängigkeit dient eine Geschwindigkeitskonstante als *Proportionalitätsfaktor*, der den Zusammenhang zwischen der Reaktionsgeschwindigkeit und einem konzentrationsabhängigen Term herstellt, formal

$$r = k(T) \cdot (\text{konzentrationsabhängiger Term}). \tag{5.8}$$

In diesem Sinn ist die Bezeichnung Geschwindigkeits-"Konstante" für k zu verstehen, die trotz der Temperaturabhängigkeit beibehalten wird.

Konzentrationsabhängigkeit. Welche Konzentrationsabhängigkeit (5.8) für eine konkrete Reaktion vorliegt, kann nur durch eine Überprüfung anhand experimenteller Daten festgestellt werden. Hierzu wird ein Geschwindigkeitsansatz postuliert, den man dann akzeptiert, wenn sich mit ihm die experimentellen Werte - innerhalb bestimmter Fehlergrenzen - wiedergeben lassen. Die Zuordnung eines Geschwindigkeitsansatzes zu einer Reaktionsgleichung wird im Folgenden erläutert.

Eine *irreversible Reaktion* verläuft nur „von links nach rechts", d. h. nur von den Edukten zu den Produkten. Beispielsweise kann man der irreversiblen Reaktion

$$A_1 + 3A_2 \rightarrow 2A_3 \tag{5.9}$$

den Geschwindigkeitsansatz

$$r = k c_1 c_2^3 \tag{5.10}$$

zuordnen. (5.10) enthält die temperaturabhängige Geschwindigkeitskonstante k; die Konzentrationsabhängigkeit wird wegen der Irreversibilität nur mit Eduktkonzentrationen formuliert. Der Exponent der jeweiligen Konzentration wird als *Reaktionsordnung bezüglich dieser Komponente* bezeichnet und ergibt sich aus dem stöchiometrischen Koeffizient. (5.10) ist erster Ordnung bezüglich A_1 (wegen $\nu_1 = -1$) und dritter Ordnung bezüglich A_2 (wegen $\nu_2 = -3$).

Verliefe (5.9) nur von rechts nach links, so läge die irreversible Reaktion

$$2A_3 \to A_1 + 3A_2 \qquad\qquad (5.11)$$

vor, für die man den Geschwindigkeitsansatz

$$r' = k' c_3^2 \qquad\qquad (5.12)$$

benutzt. Die Reaktionsgeschwindigkeit ist zweiter Ordnung bezüglich des Edukts A_3 (wegen $\nu_3 = -2$), die Konzentrationen der Produkte treten wegen der Irreversibilität der Reaktion nicht auf. Die Geschwindigkeitskonstante k' ist von k in (5.10) zu unterscheiden.

Laufen die beiden Reaktionen (5.9) und (5.11) nebeneinander ab, so liegt eine *Gleichgewichtsreaktion* vor, die man auch als *reversible Reaktion* bezeichnet[1],

$$A_1 + 3A_2 \leftrightarrow 2A_3 \,. \qquad\qquad (5.13)$$

Dieser Reaktionsgleichung wird man den Geschwindigkeitsansatz

$$r = k_{hin} c_1 c_2^3 - k_{rück} c_3^2 \qquad\qquad (5.14)$$

zuordnen, der sich aus der Geschwindigkeit der *Hinreaktion* (5.10) und der Geschwindigkeit der *Rückreaktion* (5.12) zusammensetzt. Zur Verdeutlichung sind die beiden Geschwindigkeitskonstanten in k_{hin} und $k_{rück}$ umbenannt. Die Reaktionsgeschwindigkeit (5.14) hängt im Unterschied zu (5.10) und (5.12) von den Konzentrationen aller Komponenten ab.

Charakteristisch für *alle* Gleichgewichtsreaktionen ist der Zusammenhang zwischen den Geschwindigkeitskonstanten der Hin- und der Rückreaktion und der Gleichgewichtskonstante. Aus der *Bedingung für chemisches Gleichgewicht* [4],

---

[1] Bei irreversiblen Reaktionen wird der Reaktionspfeil „→", bei reversiblen Reaktionen das Symbol „↔" benutzt. Bei stöchiometrischen Reaktionsgleichungen steht stets „=".

$$r = 0 \quad \text{(chemisches Gleichgewicht)}, \tag{5.15}$$

folgt für die Reaktion (5.13) aus (5.14)

$$k_{hin} c_1 c_2^3 - k_{rück} c_3^2 = 0,$$

wobei die Konzentrationen als *Gleichgewichtskonzentrationen* zu verstehen sind. Der Vergleich mit dem Massenwirkungsgesetz (3.8) für die Reaktion (5.13),

$$K = \frac{c_3^2}{c_1 c_2^3},$$

liefert das für alle Gleichgewichtsreaktionen gültige Resultat

$$K = \frac{k_{hin}}{k_{rück}}. \tag{5.16}$$

Dies besagt: *die Gleichgewichtskonstante einer Reaktion ist gleich dem Verhältnis der Geschwindigkeitskonstante von Hin- und Rückreaktion.*

Typische Geschwindigkeitsansätze. In Tab. 5.1 sind wichtige Reaktionstypen mit den zugehörigen Geschwindigkeitsgleichungen zusammengestellt.

Tab. 5.1 Geschwindigkeitsansätze für typische Reaktionsgleichungen.

Bezeichnung	Reaktionsgleichung	Geschwindigkeitsansatz
Irreversible Reaktion n-ter Ordnung	$A_1 \rightarrow A_2 \, (+ \dots)$	$r = k c_1^n$
Gleichgewichtsisomerisierung	$A_1 \leftrightarrow A_2$	$r = k_{hin} c_1 - k_{rück} c_2$
Irreversible bimolekulare Reaktion	$A_1 + A_2 \rightarrow A_3 \, (+ \dots)$	$r = k c_1 c_2$
Autokatalytische Reaktion	$A_1 + A_2 \rightarrow 2A_1 + A_3$	$r = k c_1 c_2$
Folgereaktion	$A_1 \rightarrow A_2$ $A_2 \rightarrow A_3$	$r_1 = k_1 c_1$ $r_2 = k_2 c_2$
Parallelreaktion	$A_1 \rightarrow A_2$ $A_1 \rightarrow A_3$	$r_1 = k_1 c_1$ $r_2 = k_2 c_1$

Für die irreversible (Zerfalls-)Reaktion $A_1 \rightarrow \dots$ würde man zunächst den Ansatz erster Ordnung bezüglich A_1, $r = k c_1$, wählen. Der allgemeinere Geschwindigkeitsansatz n-ter Ordnung ist wegen des zusätzlichen Parameters „Reaktionsordnung n" wesentlich flexibler bei der Wiedergabe experimenteller Daten einzusetzen. Die angeführte *Gleichgewichtsisomerisierung* ist das einfachste Beispiel einer Gleichgewichtsreaktion, da nur ein Edukt und ein Produkt beteiligt sind. *Bimolekulare Reaktionen* treten auf, wenn zwei Edukte miteinander reagieren. *Autokatalytische Reaktionen* finden sich vor allem im Bereich der Biotechnologie; als Beispiel sei hier (schematisch) *Hefe + Substrat → 2 Hefe + Stoffwechselprodukte* genannt. Charakteristisch für diesen Reaktionstyp ist, dass eine Komponente Ausgangsstoff und zugleich Produkt ist. *Folge- und Parallelreaktion* stellen einfache Beispiele für Reaktionsschemata dar, die aus mehreren (hier zwei) Einzelreaktionen aufgebaut sind. Meist ist eine der Reaktionen die erwünschte Reaktion, die zum erwünschten Produkt führt, während die weitere Reaktionsgleichung die Bildung des unerwünschten Nebenprodukts beschreibt. Bei der Folgereaktion geschieht die Bildung des Nebenprodukts A_3 über das erwünschte Produkt A_2. Bei der Parallelreaktion wird der Ausgangsstoff A_1 direkt zum erwünschten Produkt A_2 und zum Nebenprodukt A_3 umgesetzt.

Rechenbeispiel 5.2 *Bestimmung von Geschwindigkeitskonstante und Reaktionsordnung durch lineare Regression.* Für die irreversible Reaktion $A \rightarrow \dots$ werden die in Tab. 5.2 zusammengestellten Messwerte der Reaktionsgeschwindigkeit r_{exp} in Abhängigkeit von der Konzentration c_A des Edukts (bei konstanter Temperatur) gefunden. Zu bestimmen sind die Geschwindigkeitskonstante k und die Reaktionsordnung n des Geschwindigkeitsansatzes n-ter Ordnung $r = k c_A^n$.

Tab. 5.2 Experimentelle Werte der Reaktionsgeschwindigkeit in Abhängigkeit von der Konzentration für Rechenbeispiel 5.2.

c_A	kmol/m^3	0,245	0,335	0,401	0,552	0,667	0,721
r_{exp}	kmol/m^3 h	0,172	0,259	0,321	0,461	0,594	0,659

Lösung. Da experimentelle Werte stets mit einem mehr oder weniger großen Messfehler behaftet sind, werden statistisch fundierte Verfahren zur Bestimmung der sogenannten *Modellparameter* verwendet [1, 3]. In der vorliegenden Aufgabe sind dies die Geschwindigkeitskonstante und die Reaktionsordnung. Das üblicherweise eingesetzte Verfahren ist die *lineare Regression*, die an dieser Stelle aufgrund weiterer Anwendungen in den folgenden Kapiteln näher betrachtet wird.

Lineare Regression. Bei einem Experiment werden zu den $m = 1, \dots, M$ Werten x_m der unabhängigen Variablen (der *Einstellgröße*) die Messwerte $y_{exp,m}$ der abhängigen Variablen (der *Versuchsantwort*) gewonnen. Das Ergebnis eines Experiments besteht zunächst in einer Messwerttabelle (wie z. B. Tab. 5.2), welche die Wertepaare $(x_m, y_{exp,m})$ der „Versuchspunkte" enthält. Gesucht wird ein *Modell*, d. h. ein mathematisch-funktionaler Zusammenhang, mit dem man zu jedem Versuchspunkt x_m einen *berechneten Wert der Versuchsantwort* $y_{ber,m}$ angeben kann. Ein solches Modell besitzt den allgemeinen Aufbau

$$y_{ber,m} = f(x_m;\ Parameter).\tag{5.17}$$

Unter „*Parameter*" sind dabei *modellspezifische Zahlenwerte* zu verstehen. Bei der Modellierung experimenteller Daten treten zwei Problemkreise auf:

- *Modelldiskriminierung.* Für alternative Modelle ist zu entscheiden, welches die experimentellen Daten am besten wiedergibt.
- *Parameterbestimmung.* Für *ein* vorgegebenes Modell ist zu bestimmen, mit welchen Zahlenwerten der Parameter die beste Wiedergabe der experimentellen Werte zu erzielen ist.

Die Modelldiskriminierung ist nur mit statistischen Methoden, auf deren Erläuterung hier nicht eingegangen werden kann, durchzuführen; vgl. etwa [1, 3]. Für die Bestimmung der Modellparameter fordert man aus statistischen Gründen, dass die *Fehlerquadratsumme*,

$$\varphi = \sum_{m=1}^{M} \left(y_{ber,m} - y_{exp,m} \right)^2,\tag{5.18}$$

minimal bezüglich der Parameterwerte ist. Unter dem *Fehler* bzw. der *Abweichung* versteht man die Differenz $y_{ber,m} - y_{exp,m}$ von berechneter und experimenteller Antwort am jeweiligen Versuchspunkt, die größer oder kleiner Null ausfallen kann. Um den Einfluss des Vorzeichens zu eliminieren, werden sämtliche Fehler quadriert und summiert, woraus die Bezeichnung „Fehlerquadratsumme" resultiert. Die auf (5.18) anzuwendende „Vorschrift" lautet: *bestimme die Zahlenwerte der Modellparameter so, dass die Summe der Fehlerquadrate minimal wird*. Die Anzahl der Messwerte muss dabei größer als die Anzahl der zu ermittelnden Parameter sein.

Ein *bezüglich der Parameter lineares Modell*[2] weist die zwei Parameter Achsenabschnitt a und Steigung b auf,

$$y_{ber,m} = a + bx_m.\tag{5.19}$$

In diesem Fall lautet die Fehlerquadratsumme (5.18)

$$\varphi(a,b) = \sum_{m=1}^{M} \left(y_{ber,m} - y_{exp,m} \right)^2 = \sum_{m=1}^{M} \left(a + bx_m - y_{exp,m} \right)^2;\tag{5.20}$$

man spricht von *linearer Regression* der experimentellen Werte y_{exp} gegen die Variable x. Das Minimum der Fehlerquadratsumme liegt vor, wenn die Ableitungen der Quadratsumme nach den Parametern $\partial\varphi/\partial a = \partial\varphi/\partial b = 0$ betragen. Aus (5.20) folgt hierfür das *lineare* Gleichungssystem

$$a\,M\ \ + b\,\sum x_m = \sum y_{exp,m},\tag{5.21a}$$
$$a\sum x_m + b \sum x_m^2 = \sum x_m y_{exp,m},\tag{5.21b}$$

---

[2] Modellparameter lassen sich auch für *bezüglich der Parameter nichtlineare Modelle* bestimmen. Allerdings ist ein wesentlich höherer mathematischer Aufwand notwendig, um das Minimum der Quadratsumme durch *nichtlineare Regression* zu ermitteln [1, 3].

aus dem sich die Regressionsparameter *a, b* berechnen lassen. Als Koeffizienten dieses Gleichungssystems treten nur Zahlenwerte auf, die aus den Werten der Einstellvariablen x_m und der
Versuchsantwort $y_{exp,m}$ zu bestimmen sind. „Σ" bedeutet Summation über die $m = 1, ..., M$ Versuchspunkte.

Für die Aufgabenstellung ist zunächst der Geschwindigkeitsansatz *n*-ter Ordnung
durch Logarithmieren auf die (5.19) entsprechende *Linearform* zu bringen,

$$ln\ r = ln\ k + n\ ln\ c_A \ \text{bzw.}\ y = a + bx.$$

Wie der Vergleich mit (5.20) zeigt, ist eine lineare Regression von $y = ln\ r_{exp}$ gegen $x = ln\ c_A$ durchzuführen, um aus den Regressionsparametern *a, b* die gesuchten Modellparameter *k, n* zu berechnen. Da auf wissenschaftlichen Taschenrechnern und in Tabellenkalkulationsprogrammen für PC's lineare Regression verfüg-
bar ist, wird auf die Angabe der Zwischenergebnisse (d. h. der Summen im Gleichungssystem (5.21)) verzichtet. Man findet als Ergebnis

$$a = -0{,}023454 \quad \text{und} \quad k = e^a = 0{,}9768\ (\text{kmol/m}^3)^{1-n}\ \text{h}^{-1},$$
$$b = 1{,}22759 \quad\quad \text{und} \quad n = b = 1{,}22759.$$

Die Einheit der Geschwindigkeitskonstante ist von der Reaktionsordnung abhängig; z. B. mit $[r] =$
kmol/m^3 h und $[c_A] =$ kmol/m^3 folgt für beliebiges *n*

$$[k] = [r]\ [c_A]^{-n} = \left(\frac{kmol}{m^3}\right)^{1-n}\frac{1}{h}.$$

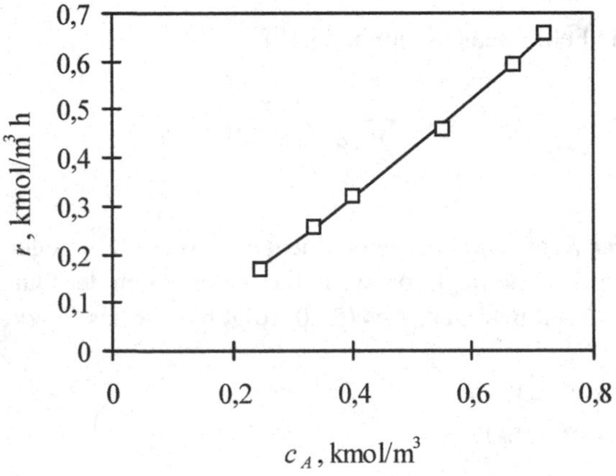

Abb. 5.1 Vergleich der experimentellen Werte (Punkte) der Reaktionsgeschwindigkeit mit den
berechneten Werten des Geschwindigkeitsansatzes *n*-ter Ordnung (Linie) für Rechenbeispiel 5.2.

In Abb. 5.1 sind die experimentellen Werte aus Tab. 5.2 und die mit den Parameterwerten k, n berechneten Werte der Reaktionsgeschwindigkeit gemäß

$$r_{ber} = 0{,}9678 \; c_A^{1{,}22759}$$

dargestellt. Die Übereinstimmung von experimentellen und berechneten Werten darf als gut bezeichnet werden.

Übungsaufgabe 5.1 *Bestimmung von Geschwindigkeitskonstanten aus experimentellen Werten durch lineare Regression.* Für manche enzymatisch oder homogen katalysierte (Zerfalls-)Reaktionen der Form $A \rightarrow$ ... eignet sich die sogenannte *Michaelis-Menten-Kinetik* [5], die durch den Geschwindigkeitsansatz

$$r = \frac{k\,c_A}{K_M + c_A} \tag{5.22}$$

gegeben ist. k stellt eine Geschwindigkeitskonstante dar, während die *Michaelis-Menten-Konstante* K_M als Gleichgewichtskonstante aufzufassen ist. Aus den Messwerten der Reaktionsgeschwindigkeit r_{exp} in Abhängigkeit von der Konzentration c_A der Tab. 5.3 sind die Modellparameter k und K_M zu bestimmen.

Tab. 5.3 Experimentelle Werte der Reaktionsgeschwindigkeit in Abhängigkeit von der Konzentration des Edukts für Übungsaufgabe 5.1.

c_A	kmol/m^3	0,11	0,23	0,36	0,50	0,65	0,79
r_{exp}	kmol/m^3 h	0,18	0,31	0,41	0,51	0,54	0,61

Lösungshinweis, Ergebnis: Um lineare Regression verwenden zu können, muss der bezüglich der Parameter nichtlineare Geschwindigkeitsansatz (5.22) so umgeformt werden, dass ein linearer Zusammenhang resultiert. Dies kann im betrachteten Fall auf verschiedene Weisen geschehen:

$$\frac{1}{r} = \frac{1}{k} + \frac{K_M}{k}\frac{1}{c_A} \qquad \text{(„Lineweaver-Plot" [5])}, \tag{5.23}$$

$$r = k + (-K_M)\frac{r}{c_A} \qquad \text{(„Eadie-Plot" [5])}, \tag{5.24}$$

$$\frac{c_A}{r} = \frac{K_M}{k} + \frac{1}{k}c_A \qquad \text{(„No Name"-Plot)}. \tag{5.25}$$

Für (5.23) ist daher eine lineare Regression von $y = 1/r_{exp}$ gegen $x = 1/c_A$, für (5.24) die Regression von $y = r_{exp}$ gegen $x = r_{exp}/c_A$ und für (5.25) die Regression von $y = c_A/r_{exp}$ gegen $x =$

c_A durchzuführen. Aus den für das jeweilige Modell ermittelten Regressionsparametern a, b lassen sich die Größen k, K_M berechnen. Zwischen- und Endergebnisse sind in Tab. 5.4 zu finden.

Tab. 5.4 Zusammenfassung der Regressionsergebnisse für Übungsaufgabe 5.1.

Größe	Linearisiertes Modell		
	(5.23)	(5.24)	(5.25)
a	1,0313 m³ h/kmol	0,9729 kmol/m³ h	0,5016 h
b	0,4988 h	0,4858 kmol/m³	1,0230 m³ h/kmol
Berechnung k	= 1/a	= a	= 1/b
Berechnung K_M	= b/a	= −b	= a/b
k, kmol/m³ h	0,9696	0,9729	0,9776
K_M, kmol/m³	0,4836	0,4858	0,4904

Nicht nur die Modellparameter, sondern auch die Regressionsparameter können dimensionsbehaftet sein. Die erhaltenen Zahlenwerte der Modellparameter sind von der Art der Linearisierung des ursprünglichen Modells abhängig, wenngleich die Unterschiede der Zahlenwerte für die betrachtete Aufgabenstellung nur relativ klein ausfallen. Als Ursache ist die mit jeder Umformung des Modells einhergehende „Fehlertransformation" zu nennen, die sich in differierenden Zahlenwerten der Modellparameter niederschlägt [1]. Um die Qualität der Regressionsergebnisse zu veranschaulichen, sind in Abb. 5.2 die experimentellen Werte aus Tab. 5.3 und die unter Verwendung der für Modell (5.23) ermittelten Parameterwerte k, K_M aus

$$r_{ber} = 0{,}9696 c_A / (0{,}4836 + c_A)$$

berechneten Werte der Reaktionsgeschwindigkeit dargestellt. Die Übereinstimmung von experimentellen und berechneten Werten kann als gut bezeichnet werden.

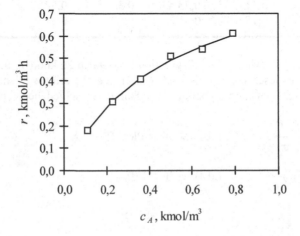

Abb. 5.2 Michaelis-Menten-Kinetik: Vergleich der experimentellen Werte (Punkte) der Reaktionsgeschwindigkeit mit berechneten Werten (Linie) für Modell (5.23) für Übungsaufgabe 5.1.

5.2.3 Temperaturabhängigkeit

Die Temperaturabhängigkeit der Geschwindigkeitskonstante k ist durch die Beziehung von *Arrhenius* gegeben,

$$k = k_0\, e^{-\frac{E}{RT}}. \tag{5.26}$$

Diese besagt: *die Geschwindigkeitskonstante k bei beliebiger Temperatur T berechnet sich aus dem Stoßfaktor k_0 und einem Exponentialterm, in dem die Aktivierungsenergie E, die Gaskonstante R und die reziproke absolute Temperatur T enthalten sind.* Bei Stoßfaktor und Aktivierungsenergie handelt es sich um charakteristische Größen einer Reaktion, die für verschiedene Reaktionen in der Regel unterschiedliche Werte annehmen. Jedoch gilt: *bei der Mehrzahl chemischer Reaktionen ist die Aktivierungsenergie E > 0.*

Werte der Aktivierungsenergie finden sich im Bereich $E = 30\ ...\ 250$ kJ/mol, wobei typische Werte um ca. 100 kJ/mol liegen. Man beachte, dass die (üblicherweise benutzte) Einheit kJ/mol der Aktivierungsenergie *nicht* mit der üblichen Einheit der Gaskonstante R (kJ/kmol K oder J/mol K) kompatibel und daher für die Berechnung von E/RT in (5.17) in kJ/kmol oder J/mol umzuwandeln ist. Beispielsweise errechnet man mit dem Zahlenwert $E = 60$ kJ/mol = 60000 kJ/kmol und der Temperatur $T = 523$ K für den Exponentialterm: $exp(-E/RT) = exp(-60000/8{,}314/523) \approx 10^{-6}$. Nimmt man zur Veranschaulichung an, dass der Stoßfaktor k_0 proportional zur Anzahl der molekularen Stöße, die Geschwindigkeitskonstante k hingegen proportional zur Zahl der reaktiven Stöße ist, so führt nur jeder 10^6-te molekulare Stoß zur chemischen Reaktion.

Tab. 5.5 Aussagen zur Temperaturabhängigkeit der Geschwindigkeitskonstante k und der Reaktionsgeschwindigkeit r für verschiedene Werte der Aktivierungsenergie E.

Aktivierungsenergie	Aussage
$E > 0$	k und r nehmen bei steigender Temperatur *zu*
$E < 0$	k und r nehmen bei steigender Temperatur *ab*
$E = 0$	k und r sind temperatur*un*abhängig

Differenziert man die Arrhenius-Gleichung (5.26) nach der Temperatur, so folgt

$$\frac{d\ln k}{dT} = \frac{E}{RT^2}. \tag{5.27}$$

Mit der in (5.8) angegebenen allgemeinen Form eines Geschwindigkeitsansatzes,

$$r = k(T) \cdot (\text{konzentrationsabhängiger Term}),$$

gewinnt man die in Tab. 5.5 zusammengestellten Aussagen zur Temperaturabhängigkeit der Geschwindigkeitskonstante k und der Reaktionsgeschwindigkeit r. Im Hinblick auf diese Aussagen kann die Aktivierungsenergie als ein Maß für die *Temperatursensitivität* einer chemischen Reaktion aufgefasst werden.

Abb. 5.3 zeigt die Temperaturabhängigkeit der Geschwindigkeitskonstante nach der Arrhenius-Gleichung (5.26), wobei die Fälle der Tab. 5.5 berücksichtigt sind.

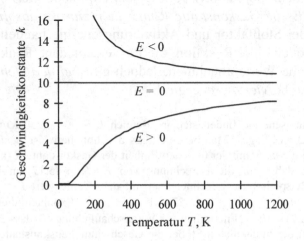

Abb. 5.3 Abhängigkeit der Geschwindigkeitskonstante k von der Temperatur T nach der Arrhenius-Gleichung (5.26); Kurvenparameter: Aktivierungsenergie E.

Aus Abb. 5.3 ist ersichtlich, dass - unabhängig vom Wert der Aktivierungsenergie - k gegen k_0 strebt, wenn die Temperatur T sehr groß wird. Im Fall $E = 0$ ist die Geschwindigkeitskonstante temperaturunabhängig, $k = k_0$. Das Verhalten bei niedrigen Temperaturen, d. h. für $T \to 0$, ist zu unterscheiden: für $E > 0$ wird $k \to 0$, für $E < 0$ gilt $k \to \infty$.

Logarithmiert man (5.26), so erhält man die *Linearform der Arrhenius-Gleichung,*

$$ln\ k = ln\ k_0 + \left(-\frac{E}{R}\right)\frac{1}{T}. \tag{5.28}$$

Dies besagt: *in einer Auftragung von $y = ln\ k$ gegen $x = 1/T$ erhält man eine Gerade mit dem Achsenabschnitt $a = ln\ k_0$ und der Steigung $b = -E/R$*. Diese Art der Darstellung wird als *Arrhenius-Diagramm* bezeichnet. Abb. 5.4 zeigt das Arrhenius-Diagramm, welches mit denselben Werten für Stoßfaktoren und Aktivierungsenergien wie Abb. 5.3 berechnet ist.

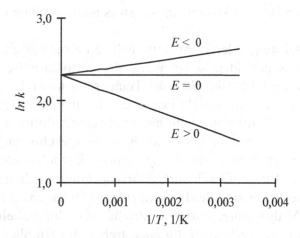

Abb. 5.4 Arrhenius-Diagramm (Auftragung von *ln k* gegen $1/T$). Im Unterschied zu Abb. 5.3 liegen hohe Temperaturen in Richtung $1/T = 0$, niedrige Temperaturen in Richtung $1/T \to \infty$.

Anwendungsbeispiel. Ein Reaktionsschema der Form

$$A_1 \to A_2 \text{ mit } r_1 = k_1 c_1, \quad A_2 \to A_3 \text{ mit } r_2 = k_2 c_2,$$

bezeichnet man (vgl. Tab. 5.1) als *Folgereaktion*, da sich aus dem Edukt A_1 das *Zwischenprodukt* A_2 bildet, welches aber nach der zweiten Reaktion zum unerwünschten Produkt A_3 weiterreagiert. Welche Reaktionstemperatur ist am besten geeignet, um möglichst viel Zwischenprodukt A_2 zu gewinnen?

Offenbar muss angestrebt werden, die Geschwindigkeitskonstante k_1 groß und k_2 klein zu halten; dann entsteht A_2 aus A_1 ohne ausgeprägte Weiterreaktion. Nach der Arrhenius-Beziehung (5.26) kommt als einzige Größe die Temperatur in Frage, um die Geschwindigkeitskonstanten zu beeinflussen.

Aus den Arrhenius-Ansätzen $k_1 = k_{10} exp[-E_1/RT]$, $k_2 = k_{20} exp[-E_2/RT]$ findet man für das Verhältnis der Geschwindigkeitskonstanten $k_2/k_1 \propto exp[-(E_2 - E_1)/RT]$. Über Tab. 5.5 ergibt sich, dass bei steigender Temperatur (1) k_2/k_1 steigt, wenn $E_2 > E_1$ ist; (2) k_2/k_1 unverändert bleibt, wenn $E_2 = E_1$ gilt; (3) k_2/k_1 abnimmt, wenn $E_2 < E_1$ ist.

Sind die Aktivierungsenergien größer Null, ergeben sich folgende Fälle:

- $E_1 > E_2 > 0$. Bei steigender Temperatur nehmen - wie in Tab. 5.5 dargestellt - beide Geschwindigkeitskonstanten zu; da $E_1 > E_2$ ist, wächst k_1 stärker als k_2. Im Hinblick auf die Produktverteilung ist eine möglichst hohe Temperatur am besten geeignet. Dies bietet darüber hinaus den Vorteil, dass die beiden Reaktionsgeschwindigkeiten hoch werden und damit kurze Reaktionsdauern, die sich in niedrigen Betriebskosten des Reaktors niederschlagen würden, zu erzielen sind.

- $E_1 = E_2 > 0$. Bei steigender Temperatur nehmen zwar beide Geschwindigkeitskonstanten zu, wegen identischer Werte der Aktivierungsenergien jedoch in gleichem Ausmaß. Über die Wahl der Temperatur kann die Produktverteilung *nicht* beeinflusst werden. Bezieht man aber wie zuvor die erforderliche Reaktionsdauer in die Argumentation mit ein, so ist eine möglichst hohe Temperatur am besten geeignet, da dann bei hohen Reaktionsgeschwindigkeiten die Reaktionsdauer kurz wird und infolgedessen niedrige Betriebskosten entstehen.

- $E_2 > E_1 > 0$. Beide Geschwindigkeitskonstanten nehmen bei steigender Temperatur wiederum zu; allerdings wächst im Unterschied zum ersten Fall k_2 stärker als k_1. Mithin wäre, sofern die Produktverteilung allein betrachtet wird, eine möglichst niedrige Temperatur anzustreben. Im Hinblick auf die Betriebskosten wäre allerdings wieder eine hohe Temperatur zu wählen, um kurze Reaktionsdauern zu erhalten. Werden beide, einander widersprechende Forderungen berücksichtigt, so ergibt sich eine Optimierungsaufgabe, deren Lösung diejenige Temperatur liefert, bei der minimale Produktionskosten entstehen.

Rechenbeispiel 5.3 *Bestimmung von Aktivierungsenergie und Stoßfaktor aus experimentellen Daten durch lineare Regression.* Aus den experimentellen Daten der Geschwindigkeitskonstante k_{exp} in Abhängigkeit von der Temperatur T der Tab. 5.6 sind Stoßfaktor und Aktivierungsenergie zu ermitteln.

Tab. 5.6 Experimentelle Werte der Geschwindigkeitskonstante in Abhängigkeit von der Temperatur für Rechenbeispiel 5.3.

T, K	300	310	320	330	340	350
k_{exp}, 1/h	0,0021	0,0067	0,0184	0,0471	0,110	0,262

T, K	360	370	380	390	400
k_{exp}, 1/h	0,609	1,170	2,580	5,028	9,127

Lösung. Vergleicht man die Linearform der Arrhenius-Gleichung (5.27) mit dem linearen Modell (5.22), so ist offensichtlich, dass für die Aufgabe eine *lineare Regression* von $y = ln\ k_{exp}$ gegen $x = 1/T$ durchzuführen ist. Aus den Parametern der Regression, dem Achsenabschnitt $a = ln\ k_0$ und der Steigung $b = -E/R$, lassen sich die gesuchten Arrhenius-Parameter zu $k_0 = e^a$ und $E = -bR$ berechnen. Mit den Zahlenwerten der Tabelle resultiert

$a = 27,309$ und $k_0 = e^a = 7,244 \cdot 10^{11} \, \text{h}^{-1}$;

$b = -10026,492 \, 1/\text{K}$ und $E = -Rb = 83360,26 \, \text{kJ/kmol} \approx 83,4 \, \text{kJ/mol}$.

Die berechneten Werte der Geschwindigkeitskonstante zu jedem Temperaturwert ergeben sich aus

$$ln \, k_{ber} = ln \, k_0 + (-E/R)(1/T) = 27,309 - 10026,492 \cdot (1/T). \tag{5.29}$$

Um die Qualität der Regression quantitativ zu beurteilen, bedient man sich statistischer Kennzahlen [1, 3], auf deren Anwendung hier wegen der benötigten mathematisch-statistischen Voraussetzungen verzichtet wird. Eine visuelle Veranschaulichung erhält man, wenn in ein Arrhenius-Diagramm die experimentellen Werte der Tabelle 5.6 und die Regressionsgerade gemäß (5.29) einzeichnet werden. In Abb. 5.5 ist dies für die Zahlenwerte der Aufgabe dargestellt.

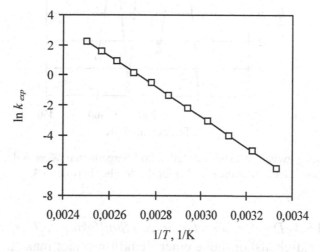

Abb. 5.5 Arrhenius-Diagramm für die Werte des Rechenbeispiels 5.3. Punkte: experimentelle Werte aus Tab. 5.6; durchgezogene Linie: Regressionsgerade nach (5.29).

Die Abweichungen zwischen den fehlerbehafteten experimentellen Werten und den über die Regressionsparameter berechneten Werten der Geschwindigkeitskonstante, die bis zu ca. ± 6 % betragen, sind im Arrhenius-Diagramm Abb. 5.5 kaum zu erkennen. Berechnet man jedoch die Abweichung als relativen prozentualen Fehler,

$$\text{Fehler in \%} = \frac{k_{exp} - k_{ber}}{k_{exp}} \cdot 100 \, \% , \tag{5.30}$$

und trägt diesen über den Temperaturwerten auf, so lässt sich die Qualität der Regression in der Regel besser beurteilen und darüber hinaus zu diagnostischen Zwecken einsetzen. In Abb. 5.6 ist dies für die Zahlenwerte der Aufgabe wiedergegeben.

Die Auftragung der Abweichung zwischen experimentellen und berechneten Werten in der Reihenfolge, in der die Messwerte gewonnen wurden, lässt erkennen, ob ein *systematischer Fehler* vorliegt, der sich in einem „Trend" äußern würde [1]. Die (für eine genauere Beurteilung vergleichsweise wenigen) Werte der Abb. 5.6 erwecken jedoch den Eindruck einer zufälligen Fehlerverteilung im Hinblick auf die Größenordnung, das Vorzeichen und die Abfolge der Einzelfehler, da diese mehr oder weniger regellos um den Wert Null streuen.

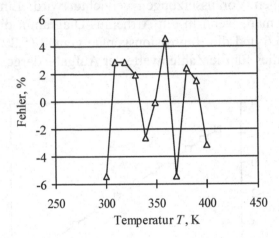

Abb. 5.6 Abweichung zwischen experimentellen und berechneten Werten der Geschwindigkeitskonstanten als prozentualer Fehler nach (5.30) für das Rechenbeispiel 5.3.

Rechenbeispiel 5.4 *Direkte Berechnung von Stoßfaktor und Aktivierungsenergie.* Für die Geschwindigkeitskonstante einer Reaktion findet man für die Temperatur $T_1 = 402$ K den Wert $k(T_1) = 0,124$ min^{-1} und für $T_2 = 411$ K den Wert $k(T_2) = 0,187$ min^{-1}. Stoßfaktor und Aktivierungsenergie sind hieraus zu berechnen.

Lösung. Liegen nur zwei Wertepaare für Geschwindigkeitskonstante und Temperatur vor, so ist eine lineare Regression nicht möglich, da die Anzahl der Parameter gleich der Anzahl der Wertepaare ist. Schreibt man die Arrhenius-Gleichung in der linearisierten Form (5.28) für die beiden Temperaturwerte auf,

$$ln\ k(T_1) = ln\ k_0 - E/RT_1,\ \ ln\ k(T_2) = ln\ k_0 - E/RT_2, \tag{5.31}$$

so verfügt man über zwei Gleichungen, aus denen sich die beiden unbekannten Größen Stoßfaktor und Aktivierungsenergie direkt ermitteln lassen. Werden beide Gleichungen voneinander abgezogen, so folgt nach Umformen zunächst

$$E = -R\left(\frac{1}{T_1} - \frac{1}{T_2}\right)^{-1} ln\frac{k(T_1)}{k(T_2)}. \tag{5.32}$$

Bei bekannter Aktivierungsenergie nach (5.32) erhält man mit der Arrhenius-Gleichung (5.26) sofort den Stoßfaktor zu

$$k_0 = k(T_1)exp(+\frac{E}{RT_1}), \tag{5.33}$$

wenn man den Wert für die erste Temperatur benutzt (dasselbe Resultat erhält man, wenn man den Wert für die zweite Temperatur einsetzt). Für die Zahlenwerte der Aufgabe errechnet man aus (5.32) und (5.33)

$$E = -8,314\left(\frac{1}{402} - \frac{1}{411}\right)^{-1} ln\frac{0,124}{0,187} = 62704 \text{ kJ/kmol} \approx 62,7 \text{ kJ/mol},$$

$$k_0 = 0,124 \text{ min}^{-1} exp(+ 62704/8,314/402) = 1,743 \cdot 10^7 \text{ min}^{-1}.$$

Übungsaufgabe 5.2 *Bestimmung kinetischer Parameter durch lineare Regression.* Aus den in Tab. 5.7 zusammengestellten experimentellen Daten der Geschwindigkeitskonstante k_{exp} in Abhängigkeit von der Temperatur T sind der Stoßfaktor und die Aktivierungsenergie durch lineare Regression zu ermitteln.

Tab. 5.7 Experimentelle Werte der Geschwindigkeitskonstante in Abhängigkeit von der Temperatur für Übungsaufgabe 5.2.

T, K	300	310	320	330	340	350
k_{exp}, 1/h	0,08	0,28	0,95	2,96	8,66	23,8

Ergebnis: Geht man wie bei Rechenbeispiel 5.3 vor, so findet man die Regressionsparameter Achsenabschnitt $a = 37,40373$, Steigung $b = -11984,099$ 1/K, womit sich die gesuchten Arrhenius-Parameter zu $k_0 = 1,7548 \cdot 10^{16}$ 1/h und $E = 99635,8$ kJ/kmol $\approx 99,6$ kJ/mol berechnen.

5.3   Wärmeproduktion durch Reaktion, Wärmetausch

Reaktionswärme. Die bei Ablauf der einzigen Reaktion $\sum v_i A_i = 0$ gebildete oder verbrauchte *Reaktionswärme* Q_R berechnet sich aus

$$Q_R = (-\Delta H_R)\xi . \tag{5.34}$$

Dies besagt: *die Reaktionswärme ist dem negativen Wert der Reaktionsenthalpie ΔH_R und der Anzahl der Formelumsätze proportional.* Das Minuszeichen vor ΔH_R wird gesetzt, um bei einer exothermen Reaktion mit $\Delta H_R < 0$ eine Zunahme, bei einer endothermen Reaktion mit $\Delta H_R > 0$ eine Abnahme des Wärmeinhalts des Reaktionssystems zu erhalten.

Treten mehrere chemische Reaktionen auf,

$$\sum_{i=1}^{N} v_{i1} A_i = 0, \quad \sum_{i=1}^{N} v_{i2} A_i = 0, \quad \dots ,$$

so wird jeder einzelnen Reaktion eine eigene Reaktionslaufzahl ξ_1, ξ_2, ..., und Reaktionsenthalpie ΔH_{R1}, ΔH_{R2}, ... zugeordnet. Die gesamte Reaktionswärme gewinnt man als die Summe der Beiträge aller Einzelreaktionen, die ihrerseits analog zu (5.34) geschrieben werden,

$$Q_R = (-\Delta H_{R1})\xi_1 + (-\Delta H_{R2})\xi_2 + \dots .$$
(5.35)

Adiabatische Temperaturerhöhung. In einem adiabatischen Reaktionssystem fehlt der Wärmeaustausch (vgl. Abschnitt 4.2.2); nur wenn chemische Reaktionen ablaufen, verändert sich die Temperatur. Falls keine Phasenänderungen[3] vorliegen, lässt sich der Wärmeinhalt Q eines homogenen Systems durch

$$Q = mc_p T \tag{5.36}$$

darstellen: *der Wärmeinhalt Q ist der Gesamtmasse m, der Temperatur T und der spezifischen Wärme c_p des Gemisches proportional.* Letztere erhält man aus den spezifischen Wärmen $c_{p,i}$ der Komponenten und der Zusammensetzung, die durch die Massenanteile w_i ausgedrückt wird, nach

---

[3] Treten Phasenänderungen auf, so sind die entsprechenden Enthalpiebeträge, z. B. die Schmelzenthalpie oder die Verdampfungsenthalpie, zu berücksichtigen.

$$c_p = \sum_{i=1}^{N} w_i c_{p,i}.$$ (5.37)

Die spezifischen Wärmen in (5.37) werden *massenbezogen*, z. B. in der Einheit kJ/kg K benutzt. Durch die freiwerdende oder verbrauchte Reaktionswärme ändert sich der ursprüngliche Wärmeinhalt Q_{Anfang} in den Wert Q_{Ende},

$$Q_{Ende} - Q_{Anfang} = Q_R.$$

Mit der Reaktionswärme nach (5.34) und dem Wärmeinhalt nach (5.36) ergibt sich

$$mc_p(T_{Ende} - T_{Anfang}) = (-\Delta H_R)\xi_{max},$$

wobei die Anfangs- und die Endtemperatur auftreten. Die *adiabatische Temperaturerhöhung* ΔT_{ad} gibt die maximal mögliche Temperaturänderung an,

$$\Delta T_{ad} = T_{Ende} - T_{Anfang} = \frac{(-\Delta H_R)\xi_{max}}{mc_p},$$ (5.38)

worin ξ_{max} den Maximalwert der Reaktionslaufzahl bezeichnet. Wird die Komponente A_1 gemäß der Reaktionsgleichung $A_1 + ... = 0$ vollständig umgesetzt, so muss, wie man aus der Gleichung (2.27) ersieht, der Maximalwert der Reaktionslaufzahl $\xi_{max} = n_{10}$ sein, d. h. gleich der eingesetzten Stoffmenge dieser Komponente. Aus (5.38) entsteht dann

$$\Delta T_{ad} = \frac{(-\Delta H_R)n_{10}}{mc_p} = \frac{(-\Delta H_R)c_{10}}{\rho c_p},$$ (5.39)

wobei (5.39 rechts) aus (5.39 Mitte) folgt, wenn Zähler und Nenner durch das Gesamtvolumen V dividiert werden. (5.39) besagt: *die adiabatische Temperaturerhöhung ist dem negativen Wert der Reaktionsenthalpie und der Anfangskonzentration proportional.* Für eine exotherme Reaktion, bei der Wärme erzeugt wird, ergibt sich somit ein positiver, für eine endotherme Reaktion, bei der Wärme verbraucht wird, folglich ein negativer Wert der adiabatischen Temperaturerhöhung. Je größer die Reaktionsenthalpie und je größer die Anfangskonzentration ist, desto größer wird der Wert der adiabatischen Temperaturerhöhung.

Rechenbeispiel 5.5 *Berechnung der adiabatischen Temperaturerhöhung.* Die adiabatische Temperaturerhöhung für die vollständige Verbrennung von $n_{10} = 1$ kmol Butan mit $n_{Luft} = 100$ kmol Luft ist abzuschätzen. Die Verbrennungsenthalpie von Butan beträgt $\Delta H_R = -2.880.300$ kJ/kmol [6].

Lösung. Die Gesamtmasse m der Mischung berechnet man mit der molaren Masse von Butan $M_1 = 56$ kg/kmol und der *mittleren* molaren Masse von Luft $M_{Luft} = 28,96$ kg/kmol [6] zu $m = 1 \cdot 56 + 100 \cdot 28,96 = 2952$ kg. Da Luftüberschuss vorliegt, kann für die spezifische Wärme des Gemisches *als Näherung* der Wert für Luft [6] mit $c_p = 35$ kJ/kmol K $= 1,24$ kJ/kg K benutzt werden. Damit folgt die adiabatische Temperaturerhöhung aus (5.39 Mitte) zu

$$\Delta T_{ad} = (2880300 \text{ kJ/kmol} \cdot 1 \text{ kmol})/(2952 \text{ kg} \cdot 1,24 \text{ kJ/kg K}) = 784,9 \text{ K}.$$

Die adiabatische Temperaturerhöhung wird positiv, da eine exotherme Reaktion vorliegt. Der hier gefundene Zahlenwert zeigt, dass (bei manchen Reaktionen) beachtliche Temperaturänderungen auftreten können. Dieser Maximalwert lässt sich verkleinern, falls dies für die Reaktionsführung z. B. aus Sicherheitsgründen erforderlich ist. Wird die Luftmenge weiter erhöht (das Butan weiter verdünnt), so steigt die Gesamtmasse m, und folglich nimmt der Wert von ΔT_{ad} ab.

Wärmeproduktion. Hierunter versteht man die pro Zeiteinheit durch Reaktion erzeugte oder verbrauchte Wärme. Differenziert man (5.33) nach der Zeit, so folgt

$$\dot{Q}_R = \frac{dQ_R}{dt} = (-\Delta H_R)\frac{d\xi}{dt}. \tag{5.40}$$

Dies besagt: *die durch Reaktion pro Zeiteinheit produzierte Wärmemenge ist dem negativen Wert der Reaktionsenthalpie und der Anzahl der Formelumsätze pro Zeiteinheit proportional.*

Gleichung (5.40) ist analog zu (5.2) aufgebaut: der Anzahl der Formelumsätze pro Zeiteinheit ist ein bestimmter Wert der Stoffproduktion *und* der Wärmeproduktion zugeordnet.

Über die Reaktionsgeschwindigkeit nach (5.3) lässt sich dies umformen zu

$$\dot{Q}_R = (-\Delta H_R)Vr. \tag{5.41}$$

Dies besagt: *die Wärmeproduktion durch Reaktion ist dem negativen Wert der Reaktionsenthalpie, dem Volumen und der Reaktionsgeschwindigkeit proportional.* Bei einer exothermen Reaktion mit $\Delta H_R < 0$ findet Wärmeerzeugung, bei einer endothermen Reaktion mit $\Delta H_R > 0$ Wärmeverbrauch statt. Je größer die Geschwindigkeit einer Reaktion und je größer ihre Reaktionsenthalpie ist, umso höher ist die Wärmeproduktion.

Gleichung (5.41) ist analog zu (5.3) aufgebaut: jedem Wert der Reaktionsgeschwindigkeit ist ein bestimmter Wert der Stoffproduktion jeder Komponente *und* der Wärmeproduktion zugeordnet.

Für den Fall mehrerer Reaktionen setzt sich die gesamte Wärmeproduktion additiv aus den nach (4.6) formulierten Anteilen aller Einzelreaktionen zusammen,

$$\dot{Q}_R = (-\Delta H_{R1})Vr_1 + (-\Delta H_{R2})Vr_2 + \dots, \tag{5.42}$$

wobei der zusätzliche Index 1, 2, ... bei Reaktionsenthalpie und Reaktionsgeschwindigkeit die Werte der ersten, zweiten, ...-ten Reaktion bezeichnet.

Rechenbeispiel 5.6 *Wärmeproduktion durch Reaktion.* Eine Mischung aus Ethan und Propan werde kontinuierlich mit Luft gemäß

$$C_2H_6 + 3{,}5O_2 = 2CO_2 + 3H_2O, \quad \Delta H_{R1} = -1560{,}9 \text{ kJ/mol,}$$
$$C_3H_8 + 5O_2 = 3CO_2 + 4H_2O, \quad \Delta H_{R2} = -2241{,}4 \text{ kJ/mol,}$$

vollständig verbrannt. Die Wärmeproduktion ist für die eingesetzten Stoffmengenströme 0,62 mol/h Ethan und 0,38 mol/h Propan zu berechnen.

Lösung. Die Stoffproduktion für Ethan und Propan nach (5.6) wird

$$\dot{n}_{Ethan,R} = -Vr_1 = -0{,}62 \text{ mol/h}, \quad \dot{n}_{Propan,R} = -Vr_2 = -0{,}38 \text{ mol/h}.$$

Die Wärmeproduktion nach (5.42) beträgt

$$\dot{Q}_R = (-\Delta H_{R1})Vr_1 + (-\Delta H_{R2})Vr_2,$$

woraus nach Substitution der Reaktionsgeschwindigkeiten

$$\dot{Q}_R = \Delta H_{R1} \dot{n}_{Ethan,R} + \Delta H_{R2} \dot{n}_{Propan,R}$$

entsteht. Mit den Zahlenwerten berechnet sich die Wärmeerzeugung zu

$$\dot{Q}_R = (-1560{,}9)(-0{,}62) + (-2241{,}4)(-0{,}38) = 1819{,}5 \text{ kJ/h}.$$

Wärmetausch. Reaktoren werden mit Wärmeaustauschern ausgestattet, um über die Zu- oder Abfuhr von Wärme die Temperatur eines Reaktionssystems zu beeinflussen. In Abb. 4.6 ist dies für einen Rührkessel, in Abb. 4.8 für ein Strömungsrohr schematisch gezeigt. Der ausgetauschte *Wärmestrom*, d. h. die pro Zeiteinheit ausgetauschte Wärmemenge, berechnet sich nach

$$\dot{Q}_W = k_W A_W (T_W - T). \tag{5.43}$$

Dies besagt: *die pro Zeiteinheit ausgetauschte Wärmemenge ist dem Wärmedurchgangskoeffizienten k_W, der Wärmeaustauschfläche A_W und der Differenz von mittlerer Temperatur T_W des Wärmeübertragungsmediums und Temperatur T im Reaktor proportional.* Ist die Temperatur T im Reaktorinneren niedriger (bzw. höher) als die mittlere Temperatur T_W des Heiz- oder Kühlmediums, so ist der ausgetauschte Wärmestrom > 0 (bzw. < 0), und dem Reaktionssystem wird Wärme zugeführt (bzw. entnommen).

Die Werte des Wärmedurchgangskoeffizienten k_W hängen u. a. von der apparativen Gestaltung des Wärmeaustauschers und des Reaktors, von den Strömungsverhältnissen im und um den Wärmeaustauscher und von den Eigenschaften der beteiligten Stoffe ab. Verfahren zur Berechnung oder Abschätzung der k_W-Werte, die zumeist auf Korrelationsbeziehungen zwischen dimensionslosen Kennzahlen beruhen, sind für die unterschiedlichsten Bedingungen in [6] erläutert.

Übungsaufgabe 5.3 *Berechnung der adiabatischen Temperaturerhöhung.* Mit den Werten der Reaktionsenthalpien (vgl. Übungsaufgabe 3.1) für die Reaktionen

> (a) m-Xylol = p-Xylol , $\Delta H_{R1} = -2032{,}48$ kJ/kmol,
> (b) m-Xylol = Ethylbenzol , $\Delta H_{R2} = 19851{,}09$ kJ/kmol,

sind die zugehörigen Werte der adiabatischen Temperaturerhöhung zu berechnen, falls 1 kmol m-Xylol vollständig umgesetzt wird. Die mittlere spezifische Wärme lässt sich aus den Daten der Tab. 3.2 zu $c_p = 532{,}5$ kJ/kmol K abschätzen.

Ergebnis: (a) $\Delta T_{ad} = +3{,}8$ K (exotherme Reaktion); (b) $\Delta T_{ad} = -37{,}3$ K (endotherme Reaktion). Im Unterschied zum Rechenbeispiel 5.5, bei dem eine stark exotherme Verbrennungsreaktion betrachtet wird, finden sich - bedingt durch die niedrigen Werte der Reaktionsenthalpien - vergleichsweise kleine Werte der adiabatischen Temperaturerhöhung.

5.4 Mengen- und Wärmebilanzen

Bilanzraum. Bilanzgleichungen werden für einen im Hinblick auf die Fragestellung definierten *Bilanzraum*, d. h. für ein bestimmtes Volumengebiet, aufgestellt. Interessiert man sich für die Verbräuche an Rohstoffen, Betriebsmitteln und die erzeugten Produktmengenströme einer Chemieanlage, so wird man die gesamte Anlage als Bilanzraum wählen. Um Vorgänge in Reaktoren, Rohrleitungen, Trennkolonnen usw. zu beschreiben, beschränkt man sich auf den jeweiligen Apparat als Bilanzraum. Schließlich kann auch ein differenzielles Volumenelement innerhalb eines Apparats oder einer Rohrleitung als Bilanzraum benutzt werden, wenn man z. B. Aspekte der Vermischung, der Strömung oder des Wärmeaustausches in Wandnähe untersucht.

Bilanzgrößen. Da es in reaktionstechnischen Zusammenhängen oft ausreicht, die Änderung der Zusammensetzung und der Temperatur zu bestimmen, sind folgende Bilanzen erforderlich:

- die Gesamtmassenbilanz;
- die Stoffmengenbilanzen der $i = 1, ..., N$ Komponenten A_i;
- die Wärmebilanz.

Da Wärme nur eine Energieform darstellt, müsste eigentlich eine *Gesamtenergiebilanz* formuliert werden, um alle Energieformen zu berücksichtigen. Bei Ablauf chemischer Reaktionen dürfen jedoch oft andere Energiebeiträge (wie potentielle und kinetische Energie, Strahlung, usw.) aufgrund ihrer gegenüber den Wärmeumsätzen geringen Größenordnung vernachlässigt werden; eine Wärmebilanz reicht daher aus [2]. Diese Annahme wird für die im Folgenden betrachteten Reaktionssysteme beibehalten. Weitere Bilanzgleichungen lassen sich für die elektrische Ladung (z. B. bei elektrochemischen Reaktionen) oder den Impuls (z. B. bei der Untersuchung von Strömungsvorgängen) angeben [2].

Prinzip der Bilanzierung. Das allgemeine Prinzip der Bilanzierung lautet [2]: *die zeitliche Änderung der im Bilanzraum vorhandenen „Menge" wird dadurch verursacht, dass „Ströme" durch die Oberfläche des Bilanzraums ein- und austreten und im Bilanzraum eine „Produktion" durch chemische Reaktion stattfindet.*

Die Schreibweise „*Menge*", „*Ströme*", „*Produktion*" soll ausdrücken, dass Menge, Ströme und Produktion der jeweils bilanzierten Größe einzusetzen sind, beispielsweise für die Wärmebilanz: Wärmemenge, Wärmeströme und Wärmeproduktion. Unter Produktion wird auch hier eine Erzeugung oder ein Verbrauch verstanden.

In einer Bilanzgleichung treten vier Terme auf:

$$\begin{bmatrix} Zeitliche \\ \ddot{A}nderung \\ der\ Menge \end{bmatrix} = \begin{bmatrix} Mengen\text{-} \\ strom, \\ ein \end{bmatrix} - \begin{bmatrix} Mengen\text{-} \\ strom, \\ aus \end{bmatrix} + \begin{bmatrix} Produktion \\ durch\ chemische \\ Reaktion \end{bmatrix}. \qquad (5.44)$$

Für den Term „Zeitliche Änderung der Menge" ist die Bezeichnung *Akkumulationsterm* gebräuchlich, während „Produktion durch chemische Reaktion" auch *Quellterm* genannt wird.

Gesamtmassenbilanz. (5.44) lautet[4] für die Gesamtmasse m

$$\frac{dm}{dt} = \dot{m}_e - \dot{m}_a. \qquad (5.45)$$

Dies besagt: *die zeitliche Änderung der Gesamtmasse im Bilanzraum kann nur durch den eintretenden und den ausgehenden Gesamtmassenstrom hervorgerufen werden.* Der Produktionsterm entfällt, da die Gesamtmasse eine *Erhaltungsgröße* ist, die bei Ablauf chemischer Reaktionen stets unverändert bleibt. Die Gesamtmassenströme in (5.45) lassen sich oft vorteilhaft schreiben als

$$\dot{m}_e = \dot{V}_e \rho_e, \quad \dot{m}_a = \dot{V}_a \rho_a, \qquad (5.46)$$

d. h. *der Gesamtmassenstrom ist dem Volumenstrom und der Gesamtdichte proportional.*

Stoffmengenbilanzen der Komponenten. Für die Stoffmenge einer beliebigen Komponente A_i, $i = 1, ..., N$, nimmt (5.44) folgende Form an:

$$\frac{dn_i}{dt} = \dot{n}_{i,e} - \dot{n}_{i,a} + \dot{n}_{i,R}. \qquad (5.47)$$

Dies besagt: *die zeitliche Änderung der Stoffmenge einer Komponente wird durch die ein- und ausgehenden Stoffmengenströme und die Stoffproduktion durch Reaktion bedingt.* Die Stoffmengenströme in (5.47) entstehen durch Diffusionsprozesse (Stofftransport aufgrund von Konzentrationsunterschieden) oder durch Strömung (konvektiver Stofftransport). Im letzteren Fall lässt sich

$$\dot{n}_{i,e} = \dot{V}_e c_{i,e}, \quad \dot{n}_{i,a} = \dot{V}_a c_{i,a} \qquad (5.48)$$

---

[4] In den Bilanzraum *eintretende* Ströme werden mit dem Index „e", *austretende* Ströme mit „a" gekennzeichnet.

setzen: *der Stoffmengenstrom $\dot{n}_i$ einer Komponente ergibt sich als Produkt aus dem Gesamtvolumenstrom $\dot{V}$ und der Konzentration c_i dieser Komponente.* Der Produktionsterm in (5.47) ist über die Reaktionsgeschwindigkeiten auszudrücken; für eine einzige Reaktion wird die Gleichung (5.4), für mehrere Reaktionen dagegen Gleichung (5.6) substituiert:

$$\dot{n}_{i,R} = \nu_i V r \qquad \text{(eine Reaktion)},$$
$$\dot{n}_{i,R} = \nu_{i1} V r_1 + \nu_{i2} V r_2 + \dots \qquad \text{(mehrere Reaktionen)}.$$

Da die Gesamtmasse m eines Reaktionssystems nach (2.18) gleich der Summe der Massen m_i der Komponenten ist, kann aus N Komponentenmengenbilanzen die Gesamtmassenbilanz hergeleitet werden: wird (5.47) mit der molaren Masse M_i der jeweiligen Komponente multipliziert, so folgt mit $m_i = M_i n_i$

$$\frac{dm_i}{dt} = \dot{m}_{i,e} - \dot{m}_{i,a} + M_i \dot{n}_{i,R}.$$

Summiert man alle N Gleichungen, so entsteht

$$\frac{dm}{dt} = \dot{m}_e - \dot{m}_a + \sum_{i=1}^{N} M_i \dot{n}_{i,R}.$$

Der Vergleich mit der Gesamtmassenbilanz (5.45) zeigt, dass die Summe auf der rechten Seite gleich Null sein muss. Der Grund hierfür ist die Erhaltung der chemischen Elemente[5]. Zu überprüfen ist dies anhand von Beispielen, wenn man die Summe für eine einzige Reaktion unter Verwendung von (5.4) formuliert,

$$\sum_{i=1}^{N} M_i \dot{n}_{i,R} = V r \sum_{i=1}^{N} M_i \nu_i = 0.$$

Die rechte Teil der Gleichung besagt: *für jede Reaktion ist die Summe der Produkte aus stöchiometrischem Koeffizient und molarer Masse gleich Null.*

Zahlenbeispiel. Für die in Rechenbeispiel 5.6 betrachtete Totaloxidation von Ethan $C_2H_6 + 3,5 O_2 = 2 CO_2 + 3 H_2O$ findet man mit den stöchiometrischen Koeffizienten und den molaren Massen $\sum \nu_i M_i = (-1)(30) + (-3,5)(32) + (+2)(44) + (+3)(18) = 0$.

---

[5] Obwohl es nicht besonders schwierig ist, dies auch formal zu zeigen (vgl. [5]), wird dennoch darauf verzichtet. Erforderlich wäre (neben linearer Algebra) eine Vielzahl von Symbolen, um die Erhaltung der chemischen Elemente für beliebige Komponenten zu beschreiben, die aber an anderen Stellen nicht mehr benötigt werden.

Die Gesamtmassenbilanz ist, da sie sich als Linearkombination der Komponentenmengenbilanzen darstellen lässt, eine *linear abhängige Gleichung* (vgl. Abschnitt 2.3), und insofern überflüssig. Dennoch wird sie neben den N Mengenbilanzen verwendet, da sich manche Aussagen einfacher ableiten lassen.

Wärmebilanz. Die Wärmebilanz ergibt sich aus (5.44) zu

$$\frac{d}{dt}(mc_pT) = \dot{Q}_e - \dot{Q}_a + \dot{Q}_W + \dot{Q}_R. \tag{5.49}$$

Dies besagt: *die zeitliche Änderung des Wärmeinhalts wird durch die ein- und
ausgehenden Wärmeströme, den Wärmeaustausch und die Wärmeproduktion
durch chemische Reaktion verursacht.* Die ein- und ausgehenden Wärmeströme in
(5.49) können durch Wärmeleitung (Wärmetransport aufgrund von Temperatur-
unterschieden) oder durch Massenströme verursacht werden, wie aus

$$\dot{Q}_e = \dot{m}_e c_{p,e} T_e, \quad \dot{Q}_a = \dot{m}_a c_{p,a} T_a \tag{5.50}$$

zu ersehen ist: *der mit jedem Massenstrom gekoppelte Wärmestrom ergibt sich als
Produkt aus Gesamtmassenstrom $\dot{m}$, spezifischer Wärme c_p des Gemisches und
der Temperatur T.* (5.50) gilt nur, wenn keine Phasenänderungen zu beachten
sind. Der Wärmeaustauschterm ist nach der Gleichung (5.43) einzusetzen,

$$\dot{Q}_W = k_W A_W (T_W - T),$$

während der Wärmeproduktionsterm für eine einzige Reaktion durch Gleichung
(5.41), für mehrere Reaktionen hingegen durch (5.42) zu substituieren ist,

$$\dot{Q}_R = (-\Delta H_R)Vr \qquad\qquad \text{(eine Reaktion)},$$
$$\dot{Q}_R = (-\Delta H_{R1})Vr_1 + (-\Delta H_{R2})Vr_2 + ... \quad \text{(mehrere Reaktionen)}.$$

Der Wärmeinhalt des Bilanzraums ist in (5.49) mit $Q = mc_pT$ angenommen, wobei vorausgesetzt wird, dass keine Phasenänderungen auftreten.

Vereinfachungen der Bilanzgleichungen. Durch die Angabe von $N + 1$ Größen:
der N Konzentrationen $c_1, c_2, ..., c_N$ und der Temperatur T, ist der Zustand eines
Reaktionssystems (unter den hier getroffenen Voraussetzungen) spezifiziert.
Diese $N + 1$ Größen werden über $N + 1$ Gleichungen (die N Komponentenmengenbilanzen und die Wärmebilanz) miteinander verknüpft. Die Gesamtmassenbilanz trägt als linear abhängige Gleichung nichts bei. Da die Anzahl der Variablen
und der Gleichungen übereinstimmen, sollte aus mathematischer Sicht eine Lö-

sung der Bilanzgleichungen möglich sein. Dies gelingt erst dann, wenn bestimmte Randbedingungen und die Konzentrations- und Temperaturabhängigkeit der Reaktionsgeschwindigkeit bekannt sind. Die Bilanzgleichungen sind in Tab. 5.8 zusammengestellt, um Terme, die in allen Gleichungen auftreten, hervorzuheben.

Tab. 5.8 Zusammenstellung der Bilanzgleichungen.

Bilanzgleichung	Akkumula-tionsterm	Ströme	Produktion durch Reaktion	Wärme-tausch
Gesamtmassenbilanz	$\dfrac{dm}{dt}$	$= \dot{m}_e - \dot{m}_a$		
Komponenten-mengenbilanz	$\dfrac{dn_i}{dt}$	$= \dot{n}_{i,e} - \dot{n}_{i,a}$	$+ \dot{n}_{i,R}$	
Wärmebilanz	$\dfrac{d}{dt}(m\,c_p\,T)$	$= \dot{Q}_e - \dot{Q}_a$	$+ \dot{Q}_R$	$+ \dot{Q}_W$

Je nach Betriebsweise eines Reaktors (vgl. Abschnitt 4.2) entfallen gewisse Terme in den Bilanzgleichungen, d. h. sie können Null gesetzt werden, wodurch sich die weitere mathematische Behandlung vereinfacht. In Tab. 5.9 sind Beispiele hierfür angegeben, deren Anwendung in den folgenden Kapiteln erfolgt.

Tab. 5.9 Beispiele für Vereinfachungen der Bilanzgleichungen.

| Reaktor/Reaktions-system ist ... | Auswirkung auf | | |
	Gesamtmassenbilanz	Komponenten-mengenbilanz	Wärmebilanz
... stationär	$\dfrac{dm}{dt} = 0$	$\dfrac{dn_i}{dt} = 0$	$\dfrac{d}{dt}(m\,c_p\,T) = 0$
... diskontinuierlich (absatzweise)	$\dot{m}_e = \dot{m}_a = 0$	$\dot{n}_{i,e} = \dot{n}_{i,a} = 0$	$\dot{Q}_e = \dot{Q}_a = 0$
... isotherm	-	-	$T = \text{konst}$
... adiabatisch	-	-	$\dot{Q}_W = 0$
... ohne Reaktion	-	$\dot{n}_{i,R} = 0$	$\dot{Q}_R = 0$

Unter *stationären Bedingungen* treten nur zeitunabhängige Größen auf, so dass alle Zeitableitungen in den Bilanzgleichungen Null werden. Der *diskontinuierliche (absatzweise) Betrieb* ist dadurch gekennzeichnet, dass Gesamtmassen-, Stoffmengen- und Wärmeströme fehlen und daher gleich Null zu setzen sind. Unter *isothermen Bedingungen* bleibt die Temperatur konstant; die Wärmebilanz ist nicht erforderlich. Da in *adiabatischen Reaktionssystemen* kein Wärmeaustausch mit der Umgebung vorliegt, wird der Wärmeaustauschterm zu Null. In Systemen *ohne chemische Reaktion* tritt weder eine Stoffproduktion der Komponenten noch eine Wärmeproduktion auf.

Rechenbeispiel 5.7 *Bestimmung des Wärmedurchgangskoeffizienten mit linearer Regression.* Ein zylindrischer Behälter (Durchmesser $d_R = 10$ cm, Höhe $h = 20$ cm) mit Deckel werde vollständig mit wässriger Salzlösung (spezifische Wärme $c_p = 4{,}2$ kJ/kg K, Gesamtdichte $\rho = 1062$ kg/m^3) der Anfangstemperatur $T_0 = 82$ °C gefüllt. Die Außentemperatur betrage $T_W = 19$ °C. Wegen der Wärmeverluste nimmt die Innentemperatur im Lauf der Zeit ab. Aus den in Tab. 5.10 angegebenen Messwerten der Temperatur T im Behälter in Abhängigkeit von der Zeit t ist der Wärmedurchgangskoeffizient k_W mittels linearer Regression zu ermitteln. Man formuliere zunächst die Bilanzgleichungen für das System.

Tab. 5.10 Temperatur T in Abhängigkeit von der Zeit t für Rechenbeispiel 5.7.

t, min	0	10	20	30	40	50	60
T, °C	82	69	59	51	45	39	35

Lösung. Da es sich um ein diskontinuierliches System handelt, fehlt (vgl. Tab. 5.9) sowohl der eingehende als auch der ausgehende Gesamtmassenstrom, so dass (trivialerweise) die Gesamtmasse m zeitlich konstant bleiben muss. Dieses Resultat kann natürlich auch aus der Gesamtmassenbilanz (5.45) gewonnen werden,

$$\frac{dm}{dt} = 0 \text{ bzw. integriert: } m = \text{konst.}$$

Da Stoffströme der Komponenten (Wasser, Salz) nicht vorliegen, und chemische Reaktionen nicht stattfinden, müssen die Stoffmengen n_i der Komponenten zeitlich konstant bleiben, wie man aus den Stoffmengenbilanzen (5.47) ersieht,

$$\frac{dn_i}{dt} = 0 \text{ bzw. integriert: } n_i = \text{konst für alle Komponenten.}$$

Einzig die Wärmebilanz (5.49) nimmt die nichttriviale Form

$$\frac{d}{dt}(mc_pT) = k_WA_W\,(T_W - T) \;\; \text{mit} \; T(0) = T_0$$

an: *die zeitliche Änderung des Wärmeinhalts wird allein durch den Wärmeaustausch bedingt.* Wegen fehlender Massenströme und chemischer Reaktion treten weder Wärmeströme noch Wärmeproduktion auf; als einziger Term verbleibt der Wärmeaustausch. Unterstellt man vereinfachend, dass die spezifische Wärme c_p temperaturunabhängig ist, so folgt mit $m = V\rho$

$$\frac{dT}{dt} = a_W(T_W - T) \;\; \text{mit} \; T(0) = T_0, \tag{5.51}$$

worin als Abkürzung der *Parameter für den Wärmeaustausch* a_W,

$$a_W = \frac{k_W A_W}{V\rho c_p}, \tag{5.52}$$

gesetzt ist. Die Lösung der Differenzialgleichung (5.51) lautet

$$T = T_W + (T_0 - T_W)\,exp(-a_Wt). \tag{5.53}$$

Wie man durch Einsetzen verifiziert, erfüllt die Lösung (5.53) sowohl die lineare inhomogene Differenzialgleichung erster Ordnung (5.51) als auch die Anfangsbedingung. Um (5.53) aus (5.51) zu gewinnen, verwendet man die Methode der Variation der Konstanten zur Integration. Für große Zeitwerte nimmt die Temperatur den Wert der Außentemperatur an, d. h. für $t \to \infty$ folgt $T \to T_W$.

Schreibt man (5.53) in der *linearisierten Form*

$$ln\frac{T - T_W}{T_0 - T_W} = -a_Wt, \tag{5.54}$$

so ist zu erkennen, dass durch lineare Regression von $y = $ (5.54 links) gegen $x = -t$ der Modellparameter a_W über den Regressionsparameter Steigung ermittelt werden kann. Mit den Zahlenwerten der Tab. 5.8 berechnet sich $a_W = 0{,}0228$ min^{-1}.

Anmerkung. Im Unterschied zu den bisher betrachteten linearisierten Modellen (vgl. Rechenbeispiele 5.2, 5.3) der Form $y = a + bx$ besitzt (5.54) den Aufbau $y = bx$, in dem der Parameter Achsenabschnitt a fehlt bzw. $a = 0$ sein soll. *Man führt dennoch die lineare Regression mit dem Ansatz $y = a + bx$ durch.* Für den Achsenabschnitt a wird sich aufgrund der Messfehler ein (in der Regel) nahe an Null liegender Wert ergeben (für Rechenbeispiel 5.7 beträgt $a = 0{,}0041$). Aus statistischer Sicht ist jeder Zahlenwert, der in ein (aufgabenspezifisches) Intervall $-\varepsilon < 0 < +\varepsilon$ fällt, als „nicht signifikant von Null verschieden" zu interpretieren [1].

Aus den angegebenen Abmessungen bestimmt sich die Wärmeaustauschfläche (Deckel + Boden + Mantel) und das Volumen zu

$$A_W = 2\frac{\pi}{4}d_R^2 + \pi d_R h = 0,0785 \text{ m}^2, \quad V = \frac{\pi}{4}d_R^2 h = 0,00157 \text{ m}^3,$$

woraus über (5.52) der Wärmedurchgangskoeffizient folgt,

$$k_W = \frac{a_W V \rho c_p}{A_W} = 2,035 \text{ kJ/(m}^2 \text{ min K)} = 33,92 \text{ W/m}^2 \text{ K}.$$

In Abb. 5.7 sind sowohl die Messwerte der Tab. 5.8 als auch die mit dem gefundenen a_W-Wert über (5.53) nach

$$T_{ber} = 19 + 63 exp(-0,0228\,t)$$

berechneten Temperaturwerte eingetragen. Die Übereinstimmung kann als gut bezeichnet werden.

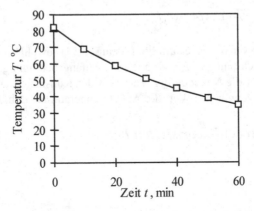

Abb. 5.7 Vergleich der experimentellen Werte aus Tab. 5.8 (Punkte) mit den berechneten Temperaturwerten (durchgezogene Linie) für Rechenbeispiel 5.7.

Rechenbeispiel 5.8 *Anwendung der Bilanzgleichungen.* Starksäure ($\dot{m}_1 = 400$ kg/h, Massenanteil Säure $w_1 = 0,89$, Temperatur $T_1 = 22$ °C) und Dünnsäure ($\dot{m}_2 = 250$ kg/h, $w_2 = 0,02$, $T_2 = 76$ °C) werden in einem kontinuierlich und stationär betriebenen Rührkessel unter adiabatischen Bedingungen miteinander vermischt. Zu bestimmen sind der Gesamtmassenstrom $\dot{m}$, der Massenanteil Säure w und die Temperatur T der entstehenden Mischsäure. Die spezifische Wärme aller Ströme betrage $c_p = 4{,}2$ kJ/kg K. Welcher Wärmestrom muss zu- oder abgeführt werden, um eine Temperatur der Mischsäure von $T = 25\,°C$ zu erhalten?

Lösung. Für stationäre adiabatische Bedingungen, also ohne Wärmeaustausch, lauten die Gesamtmassenbilanz, die Mengenbilanz der Säure und die Wärmebilanz

$$0 = \dot{m}_1 + \dot{m}_2 - \dot{m},$$
$$0 = \dot{m}_1 w_1 + \dot{m}_2 w_2 - \dot{m} w,$$
$$0 = \dot{m}_1 c_p T_1 + \dot{m}_2 c_p T_2 - \dot{m} c_p T.$$

Mit den Zahlenwerten berechnet man der Reihe nach die gesuchten Größen zu

$$\dot{m} = \dot{m}_1 + \dot{m}_2 = 400 + 250 = 650 \text{ kg/h},$$
$$w = (\dot{m}_1 w_1 + \dot{m}_2 w_2)/\dot{m} = (400{\cdot}0{,}89 + 250{\cdot}0{,}02)/650 = 0{,}5554,$$
$$T = (\dot{m}_1 T_1 + \dot{m}_2 T_2)/\dot{m} = (400{\cdot}22 + 250{\cdot}76)/650 = 42{,}77\,°C.$$

Für polytrope Bedingungen, also mit Wärmeaustausch, muss lediglich die Wärmebilanz erweitert werden,

$$0 = \dot{m}_1 c_p T_1 + \dot{m}_2 c_p T_2 - \dot{m} c_p T + \dot{Q}_W.$$

Mit den Zahlenwerten folgt

$$\dot{Q}_W = c_p(\dot{m}_1 T_1 + \dot{m}_2 T_2 - \dot{m} T) = -4{,}2(400{\cdot}22 + 250{\cdot}76 - 650{\cdot}25)$$
$$= -48510 \text{ kJ/h}.$$

Um die geforderte Ausgangstemperatur von 25 °C zu erzielen, muss ein Wärmestrom von 48510 kJ/h abgeführt werden.

6 Verweilzeitverhalten

6.1 Einführung

Phasenverhältnisse, Temperaturführung und Zeitverhalten sind wichtige Unterscheidungsmerkmale, die nicht nur zur Klassifizierung der Betriebsweise von Reaktoren dienen (vgl. Kapitel 4), sondern auch den Ablauf jeder chemischen Reaktion beeinflussen. Daneben spielt die *Vermischung* in einem Reaktor eine maßgebliche Rolle, da sie die „lokalen" (d. h. die zum betrachteten Zeitpunkt *an einer bestimmten Raumstelle* im Reaktor vorherrschenden) Konzentrations- und Temperaturverhältnisse bestimmt. Infolgedessen wird die lokale Geschwindigkeit der Reaktion, die konzentrations- und temperaturabhängig ist, und folglich die lokale Stoffmengenproduktion sowie die Wärmeproduktion, die beide dem Wert der Reaktionsgeschwindigkeit proportional sind, von der Vermischung beeinträchtigt werden. Die lokalen Reaktionsbedingungen schlagen sich in dem Ergebnis nieder, das mit dem Reaktionsapparat insgesamt erzielt werden kann: die Vermischung beeinflusst die Umsatzgrade der Edukte, die Ausbeuten der Produkte und die Reaktorleistung. Da aber Reaktionen in der Absicht ausgeführt werden, die Ausgangsstoffe weitgehend in die erwünschten Produkte zu überführen und bestimmte Mengenströme der Produkte zu erzeugen, ist die Kenntnis der Vermischung und der Möglichkeiten ihrer gezielten Veränderung erforderlich.

Da sich die Strömungsverhältnisse in Reaktoren nicht ohne größeren Aufwand bzw. überhaupt nicht beschreiben oder vorhersagen lassen [4, 7], ist man bemüht, eine quantitative Charakterisierung des Mischungsverhaltens eines vorhandenen Reaktors - sein so genanntes *Verweilzeitverhalten* - mittels experimenteller Methoden zu erreichen [3, 7]. Ziel dieses Kapitels ist es, diese Methoden und die Auswertung der mit ihnen erhaltenen Messergebnisse vorzustellen.

In Abb. 6.1 ist diese Vorgehensweise schematisch dargestellt. Reaktoren, die ein bestimmtes definiertes Mischungsverhalten aufweisen, werden als ideale Reaktoren bezeichnet (und in Abschnitt 6.2 behandelt). Nachdem für einen realen Reaktor das Verweilzeitverhalten experimentell ermittelt wurde, zeigt der Vergleich des gefundenen mit dem angestrebten Idealverhalten, ob Abweichungen auftreten. Beurteilt man den realen Reaktor nun als „hinreichend ideal", so eignet sich das entsprechende Idealmodell zur Beschreibung der Vorgänge im Reaktor. Liegen jedoch signifikante Abweichungen vor, schlägt man folgende Wege ein: entweder versucht man, durch technische (apparative) Veränderungen das Idealverhalten besser anzunähern - der Erfolg muss durch erneute Bestimmung des Verweilzeit-verhaltens überprüft werden -, oder man zieht Modelle für reale Reaktoren heran, mit denen sich die Abweichungen vom Idealverhalten rechnerisch erfassen lassen. Die mit dieser Vorgehensweise verknüpften Fragestellungen werden in den an-schließenden Abschnitten näher betrachtet.

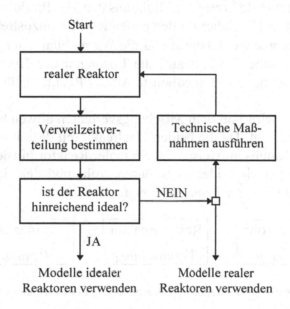

Abb. 6.1 Schematische Darstellung der Vorgehensweise zur Bestimmung des Verweilzeitverhal-tens.

6.2   Ideale Reaktoren

Im Folgenden wird unter der Bezeichnung *realer Reaktor* ein physisch vorhande-ner *Reaktionsapparat* verstanden. Ein *idealer Reaktor* ist im Unterschied hierzu lediglich ein *mathematisches Modell*, das aus den Bilanzgleichungen entsteht, wenn man ein bestimmtes Mischungsverhalten annimmt. Hinsichtlich der Vermi-schung berücksichtigt man zwei Extremfälle, die zu zwei Idealreaktoren führen:

- im *ideal durchmischten Rührkessel* liegt *vollständige Vermischung* vor;
- im *idealen Strömungsrohr* findet *keine Vermischung* in Strömungsrichtung statt.

Für diese Wahl sprechen folgende Gründe:

- das Verhalten realer Reaktoren kann oft mit ausreichender Genauigkeit durch eines (oder durch Kombinationen) der idealen Modelle beschrieben werden;
- das den idealen Reaktoren zugrundeliegende Mischungsverhalten führt in vielen Fällen auf optimale Werte der Eduktumsätze, der Produktausbeuten und der Reaktorleistung und ist daher für den realen Reaktor anzustreben;
- die Komponentenmengenbilanzen und die Wärmebilanz der idealen Reaktoren weisen eine einfache Struktur auf, die Lösungen der Bilanzgleichungen für viele Reaktionen und unterschiedlichste Art der Reaktionsführung zulässt.

Jeder reale Reaktor wird von dem Mischungsverhalten abweichen, das den Idealreaktoren zugrunde liegt. Da die beiden Idealreaktoren definitionsgemäß Extreme des Mischungsverhaltens aufweisen, ist ein realer Reaktor hinsichtlich der Vermischung stets zwischen dem idealen Strömungsrohr und dem idealen Rührkessel einzuordnen, wie Abb. 6.2 schematisch zeigt.

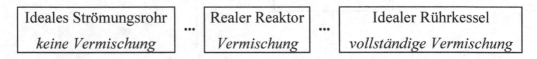

Abb. 6.2 Schematische Darstellung der Vermischung in idealen und realen Reaktoren.

Ideal durchmischter Rührkessel. Als Hauptaufgabe des Rührkessels wird angesehen, den Reaktorinhalt zu homogenisieren und den Wärmeaustausch zu intensivieren (vgl. Abschnitt 4.3.1). Man beabsichtigt damit, einen gleichmäßigen Reaktionsverlauf im gesamten Reaktionsvolumen, die gewünschte Vermischung zugeführter Ströme mit dem Reaktorinhalt bei kontinuierlicher Betriebsweise und einen ausreichenden Wärmeaustausch zu erzielen. Jeder reale Rührkessel wird diese Forderung nach vollständiger Durchmischung nur mehr oder weniger gut erfüllen.

Idealisierend nimmt man daher für das Modell des idealen Rührkessels an, dass eine vollständige Vermischung im gesamten Reaktionsvolumen vorherrscht: *in einem ideal durchmischten Rührkessel sind Zusammensetzung und Temperatur im gesamten Reaktionsvolumen gleich*, d. h. es bestehen keine Konzentrations- und Temperaturunterschiede zwischen verschiedenen Raumstellen. Hieraus folgt zum einen, dass im Reaktionsvolumen *und* im Ablaufstrom dieselben Werte der Zusammensetzung und der Temperatur vorliegen. Zum anderen muss der Zulaufstrom momentan mit dem gesamten Reaktorinhalt vermischt werden. In Abb. 6.3 sind die Verhältnisse für einen idealen Rührkessel schematisch gezeigt.

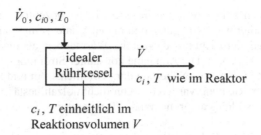

$\dot{V}_0, c_{i0}, T_0$

idealer
Rührkessel

$\dot{V}$

c_i, T wie im Reaktor

c_i, T einheitlich im
Reaktionsvolumen V

Abb. 6.3 Schematische Darstellung der Verhältnisse für einen ideal durchmischten Rührkessel.

Ideales Strömungsrohr. Ein gerades zylindrisches Rohr, das kontinuierlich von einem Fluid in axialer Richtung durchströmt wird, stellt ein reales Strömungsrohr dar. Unter stationären Bedingungen bilden sich folgende Strömungsformen aus:

- *laminare Strömung.* Eine Änderung der Strömungsgeschwindigkeit tritt in *radialer* Richtung, d. h. in Richtung der Rohrwand, auf. Die Geschwindigkeitsverteilung ist symmetrisch zur Rohrachse und parabolisch;
- *turbulente Strömung.* Bildet man die zeitlichen Mittelwerte der regellosen Geschwindigkeitsfluktuationen in den drei Raumrichtungen, so verbleibt ein *radiales* Geschwindigkeitsprofil, das sich vom laminaren unterscheidet. Bei turbulenter Strömung treten einerseits stärkere Geschwindigkeitsgradienten in Wandnähe auf, andererseits liegt eine „Kernströmung" vor, bei der sich die Hauptmenge des Fluids mit nahezu gleicher Geschwindigkeit bewegt. Bei technischen Anwendungen wird in der Regel turbulente Strömung angestrebt.

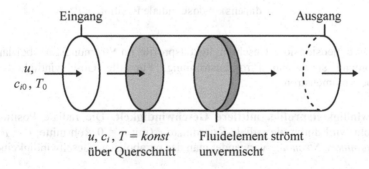

Eingang

Ausgang

$u,$
c_{i0}, T_0

$u, c_i, T = konst$
über Querschnitt

Fluidelement strömt
unvermischt

Abb. 6.4 Schematische Darstellung der Verhältnisse in einem idealen Strömungsrohr.

Daher liegt - ausgehend von turbulenter Strömung - folgende Idealisierung nahe: *in einem idealen Strömungsrohr sind die Strömungsgeschwindigkeit, die Zusammensetzung und die Temperatur über den gesamten Rohrquerschnitt konstant. Eine Änderung dieser Größen erfolgt gegebenenfalls nur in axialer Richtung.* In Abb. 6.4 sind die Verhältnisse in einem idealen Strömungsrohr veranschaulicht.

Falls chemische Reaktionen ablaufen, treten in jedem Fall Konzentrationsänderungen in axialer Richtung auf, bei nichtisothermen Bedingungen kommen axiale Temperaturgradienten hinzu. Der Wärmetausch erfolgt in radialer Richtung, da sich das Wärmeübertragungsmedium im Außenraum des Rohres befindet (vgl. Abb. 4.8). Die Annahme konstanter Strömungsgeschwindigkeit über die Reaktorlänge stellt oft eine akzeptable Näherung dar. Volumenstrom und Strömungsgeschwindigkeit können aber in axialer Richtung variieren, wenn nichtmolzahlbeständige Reaktionen stattfinden oder sich die Dichte des Fluids aufgrund axialer Temperatur- oder Druckgradienten ändert.

Man bezeichnet diese idealisierte Strömungsform anschaulich als *Pfropfenströmung*, da sich ein in den Reaktor eingetretenes Fluidelement wie ein gleichbleibender Pfropfen, d. h. vor allem *unvermischt mit früher oder später eintretenden Fluidelementen*, durch den gesamten Reaktor bewegt. In Abb. 6.5 sind die dimensionslosen radialen Geschwindigkeitsprofile für laminare und turbulente Strömung sowie für die Pfropfenströmung gezeigt.

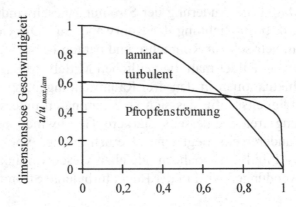

Abb. 6.5 Radiale dimensionslose Geschwindigkeitsprofile im Strömungsrohr bei laminarer und turbulenter Strömung sowie für Pfropfenströmung. Für alle Geschwindigkeitsverteilungen resultiert derselbe Volumenstrom.

Radiale Geschwindigkeitsprofile, mittlere Geschwindigkeit. Die radiale Position in einem zylindrischen Rohr wird durch die radiale Koordinate r (mit $r = 0$ Rohrmitte, $r = R$ Rohrwand) angegeben. Für *laminare Strömung* verwendet man das parabolische Geschwindigkeitsprofil [4, 5]

$$u(r) = u_{max,lam}[1 - (r/R)^2],\tag{6.1}$$

worin $u_{max,lam}$ die in der Rohrachse vorliegende maximale Geschwindigkeit bezeichnet. Um die *über den Rohrquerschnitt gemittelte Geschwindigkeit* u zu berechnen, ist

$$u = \frac{1}{\pi R^2}\int_0^R 2\pi r\, u(r)\, dr\tag{6.2}$$

zu benutzen, da die Integration über die Kreisringe der Fläche $2\pi r dr$, in denen gleiche Geschwindigkeit vorherrscht, durchzuführen ist. Für die laminare Strömung ergibt sich hieraus

$$u = 0{,}5 u_{max,lam}, \tag{6.3}$$

d. h. die mittlere Geschwindigkeit beträgt die Hälfte der Maximalgeschwindigkeit. Bei stationärer Betriebsweise folgt der Volumenstrom mit der Querschnittsfläche A aus

$$\dot{V} = Au. \tag{6.4}$$

Um denselben Volumenstrom bei laminarer und bei *Pfropfenströmung* zu erzielen, muss

$$u_{Pfropfenströmung} = 0{,}5 u_{max,lam} \tag{6.5}$$

gelten. Für *turbulente Strömung* benutzt man oft das so genannte „1/7-Potenzgesetz" [4, 5],

$$u(r) = u_{max,turb}[1 - (r/R)]^{1/7}. \tag{6.6}$$

Hierin bezeichnet $u_{max,turb}$ die in der Rohrachse vorliegende maximale Geschwindigkeit. Die über den Querschnitt gemittelte Geschwindigkeit nach (6.2) bei turbulenter Strömung beträgt

$$u = \frac{49}{60} u_{max,turb}. \tag{6.7}$$

Um denselben Volumenstrom wie bei laminarer Strömung zu erzielen, muss für die maximale Geschwindigkeit $u_{max,turb} = 60/98 u_{max,lam} \approx 0{,}62 u_{max,lam}$ gelten, wie Abb. 6.5 zeigt. Um die einheitliche Darstellung der Geschwindigkeitsprofile der Abb. 6.5 zu erreichen, ist das Verhältnis $u(r)/u_{max,lam}$ der jeweiligen Strömung über der dimensionslosen radialen Position r/R aufgetragen.

Der Umschlag laminar/turbulent erfolgt in einem horizontalen zylindrischen Rohr, wenn die dimensionslose Reynolds-Zahl $Re > 2320$ wird. Es gilt $Re = d_R u/v_F$, worin d_R den Rohrdurchmesser, u die über den Querschnitt gemittelte Geschwindigkeit und v_F die kinematische Viskosität des Fluids bezeichnet.

6.3 Experimentelle Bestimmung des Verweilzeitverhaltens

Mittlere hydrodynamische Verweilzeit. Das Volumen ΔV, das während der Zeitdauer Δt mit dem zuströmenden, zeitlich konstanten Volumenstrom $\dot{V}$ in einen Reaktor gelangt, beträgt $\Delta V = \dot{V} \Delta t$. Diejenige Zeitdauer, in der genau das dem Reaktionsvolumen V entsprechende Volumen ein- und auch ausgetragen wird, bezeichnet man als die *mittlere hydrodynamische Verweilzeit* τ. Somit gilt

$$\tau = V/\dot{V}\,,\tag{6.8}$$

d. h. *die mittlere hydrodynamische Verweilzeit ist das Verhältnis von Reaktionsvolumen und Volumenstrom*. Sie stellt einen für den jeweiligen Reaktorbetrieb charakteristischen Wert dar, der als zeitlicher Mittelwert der Aufenthaltsdauer des Fluids im Reaktor aufgefasst wird.

Für ein Strömungsrohr lässt sich das Reaktionsvolumen $V = AL$ durch die Querschnittsfläche A und die Reaktorlänge L, der Volumenstrom $\dot{V} = Au$ als Produkt von Querschnittsfläche und mittlerer Geschwindigkeit u ausdrücken. Daher gilt

$$\tau = L/u \text{ (Strömungsrohr)}.\tag{6.9}$$

Dies besagt: *die hydrodynamische Verweilzeit eines Strömungsrohrs ist gleich der Zeit, die das Fluid benötigt, um die Reaktorlänge L mit der konstanten, über den Querschnitt gemittelten Geschwindigkeit u zu durchlaufen.*

Verweilzeitverteilung. Jedes Fluidelement, das mit dem Zulaufstrom in einen kontinuierlich betriebenen Reaktor gelangt, verbringt dort eine bestimmte Zeitdauer, bevor es ihn mit dem Ablaufstrom wieder verlässt. *Unter der Verweilzeit eines Fluidelements versteht man seine individuelle Aufenthaltsdauer im Reaktor.* Da die Fluidelemente in der Regel eine unterschiedliche Verweilzeit aufweisen, liegt keine einheitliche Verweilzeit, sondern eine *Verweilzeitverteilung* vor. Welche Verweilzeitverteilung sich einstellt, hängt einerseits von der Vermischung, andererseits vom Verhältnis, in dem Reaktionsvolumen und Volumenstrom zueinander stehen, ab. Dieses Verhältnis wird durch die mittlere hydrodynamische Verweilzeit τ nach (6.8) gegeben, die aber von den individuellen Verweilzeiten der Fluidelemente zu unterscheiden ist.

Experimentelle Vorgehensweise. Um das Verweilzeitverhalten experimentell zu bestimmen, verwendet man folgende Versuchsdurchführung:

- bei konstantem Reaktionsvolumen V, also bei konstantem Füllstand des Reaktors, wird der zeitlich konstante Volumenstrom $\dot{V}$ zu- und abgeführt;
- dem Zulaufstrom des Reaktors wird eine *Markierungssubstanz* (synonym: *Tracer*, *Spurstoff*) mit bekannter zeitabhängiger Eingangskonzentration $c_0(t)$ zugesetzt;
- der Konzentrations-Zeit-Verlauf der Markierungssubstanz $c(t)$ am Reaktorausgang wird gemessen.

Die Fluidelemente werden mit dem Tracer „markiert", um sie von früher in den Reaktor gelangten Fluidelementen zu unterscheiden. Die markierten Fluidelemente verlassen nach Ablauf ihrer individuellen Verweilzeit den Reaktor und können im Ablaufstrom anhand ihrer Markierung detektiert werden.

Tracer. Als Markierungssubstanz sind alle Stoffe geeignet, die sich (vorzugsweise) mit einfachen Messmethoden quantitativ bestimmen lassen, wie Elektrolyte, Farbstoffe oder radioaktive Substanzen. Der Tracer soll chemisch inert sein und seine Zugabe darf den fluiddynamischen Zustand, z. B. durch veränderte physikalische Eigenschaften wie Dichte und Viskosität, nicht stören.

Zeitlicher Verlauf der Tracerkonzentration. Welche Zeitabhängigkeit der Konzentration der Markierungssubstanz am Reaktoreingang man wählt, ist freigestellt. Zwei spezielle Konzentrationsverläufe, die in Abb. 6.6 schematisch gezeigt sind, werden bevorzugt. Sie lassen sich experimentell einfach realisieren und führen zu einer einfachen Art der Auswertung (vgl. Abschnitt 6.6):

- *Stoßmarkierung.* Zum Zeitpunkt $t = 0$ wird dem tracerfreien Zulaufstrom die gesamte Stoffmenge des Tracers (stoßartig) zugefügt. Bei der experimentellen Durchführung ist darauf zu achten, die Zugabedauer möglichst kurz zu gestalten, um die so genannte *Pulsfunktion* möglichst gut anzunähern,

$$c_0(t) = c_0 \delta(t). \tag{6.10}$$

Die *δ-Funktion* wird in der Mathematik dazu benutzt, um einen Puls der Höhe ∞, der Breite 0 und der Fläche 1 zu beschreiben, der dann vorliegt, wenn das Argument gleich Null wird - in (6.10) also zum Zeitpunkt $t = 0$. Durch $\delta(t - t_0)$ wird ein Puls zum Zeitpunkt $t = t_0$ spezifiziert.

- *Verdrängungsmarkierung.* Zum Zeitpunkt $t = 0$ wird der tracerfreie Zulaufstrom durch einen gleichgroßen Strom mit konstanter Tracerkonzentration c_0 ersetzt, der das im Reaktor vorhandene Material „verdrängt". Dieses Zeitverhalten bezeichnet man als *Sprungfunktion*, die man darstellt durch

$$c_0(t) = c_0 H(t). \tag{6.11}$$

Die *Heavisidesche Sprungfunktion* $H(t)$ dient dazu, einen Sprung von 0 auf 1 zu beschreiben, der dann auftritt, wenn das Argument gleich Null wird - in (6.11) also zum Zeitpunkt $t = 0$. Alternativ lässt sich $H(t) = 0$ für $t < 0$ und $H(t) = 1$ für $t > 0$ schreiben. Die Schreibweise $H(t - t_0)$ bezeichnet einen Sprung von 0 auf 1 zum Zeitpunkt $t = t_0$.

Alternativ kann aber auch der tracerhaltige Strom durch einen tracerfreien ausgetauscht werden.

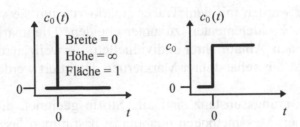

Abb. 6.6 Schematische Darstellung des zeitlichen Verlaufs der Tracerkonzentration $c_0(t)$ am Reaktoreingang bei Stoßmarkierung (Pulsfunktion nach (6.10), links) und bei Verdrängungsmarkierung (Sprungfunktion nach (6.11), rechts).

Als weitere Möglichkeiten, die zeitlichen Verläufe am Reaktoreingang zu gestalten, kommen entweder *periodische Zeitverläufe*, z. B. ein sinusförmiger Verlauf, oder so genannte *Zufallssignale*, d. h. zufällige Änderungen der Tracerkonzentration, in Frage. Gegenüber Stoß- und Verdrängungsmarkierung ist allerdings ein höherer Aufwand für die experimentelle Realisierung und die Auswertung erforderlich, vgl. etwa [3, 7].

6.4   Verweilzeitverteilungen

Darstellung der Verweilzeitverteilung. Um eine stetige Verweilzeitverteilung wiederzugeben, benutzt man zwei äquivalente Darstellungsweisen:

- *die Verweilzeitdichtefunktion E(t)*. Der Wert von $E(t)\Delta t$ gibt die Wahrscheinlichkeit an, dass ein Volumenelement eine Verweilzeit im Bereich $(t \ldots t + \Delta t)$ besitzt;
- *die Verweilzeitsummenfunktion F(t)*. Der Wert von $F(t)$ stellt den Anteil der Volumenelemente dar, die den Reaktor bis zum Zeitpunkt t nach ihrer Zugabe zum Zeitpunkt Null wieder verlassen haben.

Beispiel. Verwendet man zur Illustration anstelle der Verweilzeitverteilung die Körpergrößenverteilung einer Population, so gibt $E(h)\Delta h$ die Wahrscheinlichkeit an, dass ein Individuum eine Größe im Bereich $(h \ldots h + \Delta h)$ besitzt. $F(h)$ ist der (kumulative) Anteil der Individuen, deren Größe im Bereich $(0 \ldots h)$ liegt.

Da beiden Darstellungen dieselbe Information zugrunde liegt, können sie ineinander umgewandelt werden. $F(t)$ geht aus $E(t)$ durch Integration hervor, während in umgekehrter Richtung eine Differenziation auszuführen ist:

$$F(t) = \int_0^t E(s)ds \quad \text{bzw.} \quad E(t) = \frac{dF}{dt}. \tag{6.12}$$

Bestimmung der Verweilzeitdichtefunktion. Bei *Stoßmarkierung* werden alle Volumenelemente im Reaktor zum Zeitpunkt Null mit der Tracerstoffmenge n_0 markiert. Daher gilt

- über die Definition der Verweilzeitdichtefunktion: $n_0 E(t)\Delta t$ = Stoffmenge Tracer in den bei $t = 0$ markierten Volumenelementen, die eine Verweilzeit im Bereich $(t \ldots t + \Delta t)$ besitzen;
- für den Reaktorausgang: $\dot{n}(t)\Delta t = \dot{V} c(t)\Delta t$ = Stoffmenge Tracer, die am Reaktorausgang im Zeitbereich $(t \ldots t + \Delta t)$ gefunden wird.

Da beide Stoffmengen gleich sein müssen, resultiert für die Verweilzeitdichte

$$E(t) = \dot{n}(t)/n_0 = \dot{V} c(t)/n_0. \tag{6.13}$$

Dies besagt: *bei Stoßmarkierung erhält man die Verweilzeitdichtefunktion $E(t)$ aus dem Stoffmengenstrom des Tracers am Reaktorausgang und der am Reaktoreingang aufgegebenen Stoffmenge des Tracers.* Beziehung (6.13) kann in eine für die Auswertung der Messwerte vorteilhaftere Form umgewandelt werden: Da die gesamte aufgegebene Tracermenge am Reaktorausgang wieder aufgefunden werden muss, wenn man nur lange genug wartet (für $t \to \infty$), gilt

$$n_0 = \dot{V} \int_0^\infty c(t)dt. \tag{6.14}$$

Wird dies in die Gleichung (6.13) eingesetzt, so entsteht

$$E(t) = \frac{c(t)}{\int_0^\infty c(t)dt}. \tag{6.15}$$

Dies besagt: *bei Stoßmarkierung kann die Verweilzeitdichtefunktion $E(t)$ allein aus der gemessenen Tracerkonzentration $c(t)$ am Reaktorausgang ermittelt werden.* Das in (6.15) enthaltene Integral lässt sich aus den Messwerten der Tracerkonzentration (über numerische Methoden, vgl. Abschnitt 6.6) berechnen. Die Einheit der Verweilzeitdichtefunktion lautet $[E]$ = Zeit^{-1}.

Wird (6.15) in den Grenzen (0, ∞) integriert, so folgt

$$\int\limits_0^\infty E(t)dt = 1. \tag{6.16}$$

Dies besagt, dass *die Fläche unter der Verweilzeitdichtekurve stets Eins beträgt.* Die Verweilzeitdichtefunktion stellt eine *normierte* Verteilungsfunktion dar.

Bestimmung der Verweilzeitsummenfunktion. Bei *Verdrängungsmarkierung* liegt für die Zeitpunkte $t \geq 0$ am Reaktoreingang die konstante Tracerkonzentration c_0 vor. Daher gilt

- über die Definition der Verweilzeitsummenfunktion: $\dot{V} c_0 F(t)$ = Stoffmengenstrom Tracer in den markierten Volumenelementen, die eine individuelle Verweilzeit $\leq t$ besitzen;
- für den Reaktorausgang: $\dot{n}(t) = \dot{V} c(t)$ = Stoffmengenstrom Tracer am Reaktorausgang für Volumenelemente mit einer Verweilzeit $\leq t$.

Da beide Stoffmengenströme gleich sind, folgt die Verweilzeitsummenfunktion zu

$$F(t) = \frac{c(t)}{c_0}. \tag{6.17}$$

Dies besagt: *bei Verdrängungsmarkierung erhält man die Verweilzeitsummenfunktion F(t) direkt aus der gemessenen Tracerkonzentration c(t) am Reaktorausgang und der zeitlich konstanten Tracerkonzentration c_0 am Reaktoreingang.* Im Unterschied zur Verweilzeitdichte E ist die Verweilzeitsumme F dimensionslos.

Als spezielle Werte ergeben sich aus (6.17): $F(0) = 0$ (kein Volumenelement besitzt die Verweilzeit Null) und $F(\infty) = 1$ (alle Volumenelemente weisen eine Verweilzeit kleiner ∞ auf).

Charakterisierung von Verweilzeitverteilungen durch Zahlenwerte. Experimentell bestimmte Verweilzeitverteilungen stellen (mehr oder weniger) umfangreiche Messwerttabellen dar. Um Verteilungen miteinander zu vergleichen, greift man zu einer Charakterisierung durch (wenige) Zahlenwerte, die stets aus der Verweilzeitdichtefunktion $E(t)$ berechnet werden [3, 7]. Man benutzt hierzu einen *Lageparameter*, der den Mittelwert der Verteilung, und einen *Formparameter*, der die Breite der Verteilung als Zahl wiedergibt:

- *Mittelwert der Verteilung.* Die Lage einer Verteilung auf der *t*-Achse wird durch ihren Mittelwert $\bar{t}$ aus der Verweilzeitdichtefunktion berechnet,

$$\bar{t} = \int_0^\infty tE(t)dt . \tag{6.18}$$

In Abb. 6.7 sind drei Verteilungen gezeigt, die bei gleicher Form eine unterschiedliche Lage und daher unterschiedliche Mittelwerte besitzen.

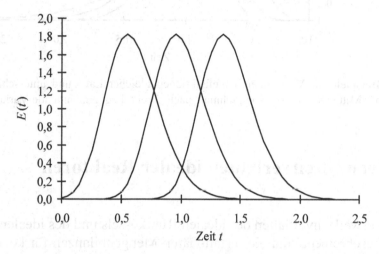

Abb. 6.7 Beispiele für Verweilzeitdichtefunktionen gleicher Form und unterschiedlicher Lage (von links nach rechts: Mittelwert $\bar{t}$ = 0,6; 1,0; 1,4).

- *Streuung um den Mittelwert.* Eine Verweilzeitverteilung kann in einem engen oder in einem weiten Bereich um ihren Mittelwert liegen, vgl. Abb. 6.8. Als Maß für die Breite dieses Bereichs wird die Streuung um den Mittelwert (synonym: *Spreizung* oder *mittlere quadratische Abweichung*) benutzt,

$$\sigma^2 = \int_0^\infty (t - \bar{t})^2 E(t)dt = \int_0^\infty t^2 E(t)dt - (\bar{t})^2 . \tag{6.19}$$

(6.19 rechts), das für die numerische Auswertung experimenteller Ergebnisse vorteilhafter einzusetzen ist, folgt aus (6.19 Mitte), indem man die Klammer ausmultipliziert und (6.16), (6.18) berücksichtigt. Der Wert von σ selbst wird als die *Varianz der Verteilung* bezeichnet.

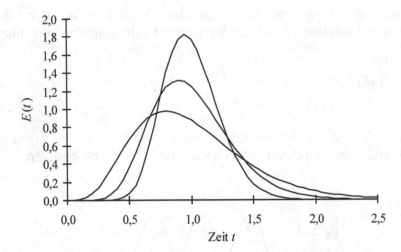

Abb. 6.8 Beispiele für Verweilzeitdichtefunktionen gleicher Lage und unterschiedlicher Form (gemeinsamer Mittelwert $\bar{t}$ = 1, von „schmal" nach „breit" liegt zunehmende Varianz σ vor).

6.5   Verweilzeitverhalten idealer Reaktoren

Um das Verweilzeitverhalten des idealen Rührkessels und des idealen Strömungsrohrs zu beschreiben, sind die instationären Mengenbilanzen für kontinuierlichen Betrieb erforderlich, da am Reaktoreingang eine zeitlich veränderliche Tracerkonzentration angelegt wird. Diese lassen sich aus den allgemeinen Bilanzgleichungen des Kapitels 5 herleiten, indem man die Bedingungen, die den idealen Reaktoren zugrunde liegen und die bei der Untersuchung des Verweilzeitverhaltens eingehalten werden, einarbeitet. Obwohl bei (den hier betrachteten) experimentellen Verweilzeituntersuchungen Reaktionsvorgänge nicht auftreten, werden diese bei der Ableitung der Mengenbilanzen zunächst beibehalten, um die resultierenden Gleichungen auch an anderer Stelle verwenden zu können.

6.5.1 Ideal durchmischter Rührkessel

Stoffmengenbilanzen der Komponenten. Als Bilanzraum eines idealen Rührkessels wird das gesamte Reaktionsvolumen betrachtet. Wie in Kapitel 5 dargestellt, lauten die instationären Stoffmengenbilanzen der Komponenten A_i, $i = 1, ...,$ N, eines beliebigen Reaktionssystems gemäß (5.46)

$$\frac{dn_i}{dt} = \dot{n}_{i,e} - \dot{n}_{i,a} + \dot{n}_{i,R}. \tag{6.20}$$

Die Terme dieser Gleichung sind mit den Bedingungen

- gleiche Konzentration c_i im Reaktor und im Ablauf;
- zeitlich konstantes Reaktionsvolumen V (gleichbleibender Füllstand);
- Stoffmenge im Reaktor $n_i = Vc_i$;
- zeitlich konstanter und gleicher Volumenstrom $\dot{V}$ für Zulauf und Ablauf;
- Stoffmengenstrom im Zulauf $\dot{n}_{i,e} = \dot{V}c_{i0}$;
- Stoffmengenstrom im Ablauf $\dot{n}_{i,a} = \dot{V}c_i$;
- Stoffproduktion für eine beliebige Reaktion $\dot{n}_{i,R} = V\nu_i r$

darzustellen. Man erhält so

$$V\frac{dc_i}{dt} = \dot{V}(c_{i0} - c_i) + V\nu_i r. \tag{6.21}$$

Führt man die mittlere hydrodynamische Verweilzeit τ nach (6.8) ein, so resultiert

$$\frac{dc_i}{dt} = \frac{1}{\tau}(c_{i0} - c_i) + \nu_i r. \tag{6.22}$$

Dies besagt: *in einem instationär betriebenen ideal durchmischten Rührkessel wird die zeitliche Änderung der Konzentration im Reaktor verursacht durch den Konzentrationsunterschied von Reaktoreingang und -ausgang und durch die Produktion durch chemische Reaktion.*

Stoffmengenbilanz Tracer. Da bei experimentellen Verweilzeituntersuchungen nur Tracer und Lösungsmittel vorliegen, genügt es, die Stoffmengenbilanz des Tracers für fehlende Reaktionsvorgänge zu betrachten. (6.22) nimmt für diesen Fall folgende Form an (der Komponentenindex für den Tracer wird weggelassen):

$$\frac{dc}{dt} = \frac{1}{\tau}(c_0(t) - c) \text{ mit Anfangsbedingung } c(0) = C_0. \tag{6.23}$$

$c_0(t)$ bezeichnet die zeitlich veränderliche Tracerkonzentration im Zulauf. (6.23) besagt: *die zeitliche Änderung der Tracerkonzentration im Reaktor wird durch die unterschiedlichen Konzentrationen von Zulauf und Ablauf hervorgerufen.*

Allgemeine Lösung der Tracer-Mengenbilanz. Aus mathematischer Sicht handelt es sich bei (6.23) um eine lineare inhomogene Differenzialgleichung erster Ordnung für die Tracerkonzentration. Die angegebene Anfangsbedingung spiegelt zum einen wider, dass zum Zeitpunkt Null (aufgrund der experimentellen Vorgeschichte) eine beliebige Tracerkonzentration C_0 im Reaktor vorliegen kann. Zum anderen ist sie aus mathematischen Gründen erforderlich, um eine eindeutige Lösung der Differenzialgleichung zu gewinnen.

Für eine beliebige Zeitabhängigkeit der Eingangskonzentration $c_0(t)$ folgt die allgemeine Lösung von (6.23) nach der Methode der Variation der Konstanten [1],

$$c(t) = e^{-t/\tau} [C_0 + \frac{1}{\tau} \int_0^t e^{s/\tau} c_0(s) ds]. \tag{6.24}$$

(6.24) erfüllt die Differenzialgleichung (6.23) und die Anfangsbedingung.

Verweilzeitsummen- und Verweilzeitdichtefunktion. Bei Verdrängungsmarkierung liegt bei tracerfreiem Reaktor (Anfangskonzentration $C_0 = 0$) eine zeitlich konstante Tracerkonzentration $c_0(t) = c_0 =$ konst für $t \geq 0$ am Eingang vor. Aus (6.24) gewinnt man damit den *zeitlichen Verlauf der Tracerkonzentration am Reaktorausgang bei Verdrängungsmarkierung* zu

$$c(t) = c_0(1 - e^{-t/\tau}). \tag{6.25}$$

Über die Definitionsgleichung (6.17) folgt hieraus die *Verweilzeitsummenfunktion des idealen Rührkessels* als

$$F(t) = 1 - e^{-t/\tau}. \tag{6.26}$$

Die *Verweilzeitdichtefunktion des idealen Rührkessels* ergibt sich durch Differenziation zu

$$E(t) = \frac{1}{\tau} e^{-t/\tau}. \tag{6.27}$$

Die Verweilzeitdichtefunktion bzw. die Verweilzeitsummenfunktion des idealen Rührkessels sind in Abb. 6.12 bzw. 6.13 (zusammen mit den Verläufen für die ideale Rührkesselkaskade) dargestellt. Mit der Verweilzeitdichtefunktion (6.27) lässt sich der *Mittelwert der Verteilung* $\bar{t}$ aus (6.18) bestimmen,

$$\bar{t} = \tau, \tag{6.28}$$

d. h. *bei einem ideal durchmischten Rührkessel ist der Mittelwert der Verweilzeitdichtefunktion gleich der mittleren hydrodynamischen Verweilzeit* τ. Analog berechnet sich die *Varianz der Verteilung* aus (6.19) und (6.27) zu

$$\sigma = \tau, \tag{6.29}$$

d. h. *bei einem ideal durchmischten Rührkessel ist Varianz* σ *der Verweilzeitdichtefunktion gleich der mittleren hydrodynamischen Verweilzeit* τ.

6.5.2 Ideales Strömungsrohr

Allgemeine Stoffmengenbilanz. In einem instationär betriebenen idealen Strömungsrohr hängen die Konzentrationen der Komponenten $c_i(t, x)$ sowohl von der Zeit t als auch von der axialen Position x im Reaktor ab. Die Stoffmengenbilanzen werden für einen Bilanzraum, der als differenzielles „Scheibchen" der Dicke Δx an der beliebigen Position x des Reaktors liegt, formuliert. In Abb. 6.9 ist dies veranschaulicht. Das Volumen des Scheibchens beträgt $V = A\Delta x$, worin A die Querschnittsfläche des Rohrs bezeichnet.

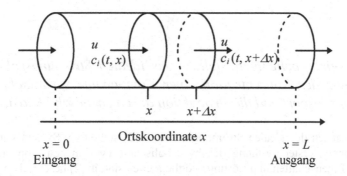

Abb. 6.9 Bilanzraum und Bezeichnungen für das ideale Strömungsrohr.

Für eine beliebige Komponente lautet die allgemeine Stoffmengenbilanz (5.47)

$$\frac{dn_i}{dt} = \dot{n}_{i,e} - \dot{n}_{i,a} + \dot{n}_{i,R}. \tag{6.30}$$

Für das betrachtete Strömungsrohr sind folgende Vorgaben zu berücksichtigen:

- Stoffmenge im Bilanzraum $n_i = A \Delta x c_i(t, x)$;
- konstante Strömungsgeschwindigkeit u;
- in den Bilanzraum eintretender Stoffmengenstrom $\dot{n}_{i,e} = A u c_i(t, x)$;
- aus dem Bilanzraum austretender Stoffmengenstrom $\dot{n}_{i,a} = A u c_i(t, x + \Delta x)$;
- Stoffproduktion durch Reaktion $\dot{n}_{i,R} = A \Delta x\, v_i r$.

In (6.30) eingesetzt, resultiert zunächst

$$A \Delta x \frac{\partial c_i}{\partial t} = A u [c_i(t, x) - c_i(t, x + \Delta x)] + A \Delta x\, v_i r. \tag{6.31}$$

Die Konzentration an der Stelle $x + \Delta x$ wird als Taylor-Reihe um x entwickelt,

$$c_i(t, x + \Delta x) = c_i(t, x) + \frac{\partial c_i}{\partial x} \Delta x + \frac{\partial^2 c_i}{\partial x^2} \frac{\Delta x^2}{2!} + \dots,$$

worin „...." für „Terme höherer Ordnung", d. h. für Summanden mit höheren Ableitungen als der zweiten, steht. Setzt man diese Reihe in (6.31) ein, kürzt durch das Volumen $A \Delta x$ und lässt schließlich die Dicke des Scheibchens Δx gegen Null streben, so bleiben nur die ersten Ableitungen erhalten. Es resultiert die *instationäre Stoffmengenbilanz des idealen Strömungsrohrs*

$$\frac{\partial c_i}{\partial t} + u \frac{\partial c_i}{\partial x} = v_i r. \tag{6.32}$$

Dies besagt: *an einer beliebigen Stelle x des idealen Strömungsrohrs wird die zeitliche Änderung der Konzentration einer Komponente verursacht durch den konvektiven Stofftransport und die Produktion durch chemische Reaktion.*

Die Stoffmengenbilanzen des idealen Strömungsrohrs (6.32) stellen ein System von N partiellen Differenzialgleichungen erster Ordnung des hyperbolischen Typs in den Konzentrationen der Komponenten dar; Eigenschaften und Lösungsmöglichkeiten sind in [2] beschrieben.

Stoffmengenbilanz Tracer. Da bei experimentellen Verweilzeituntersuchungen nur Tracer und Lösungsmittel vorliegen, wird nur die Stoffmengenbilanz des Tracers bei fehlenden Reaktionsvorgängen betrachtet. Aus (6.32) entsteht, wenn der Komponentenindex für den Tracer weggelassen wird,

$$\frac{\partial c}{\partial t} + u \frac{\partial c}{\partial x} = 0. \tag{6.33}$$

Dies besagt: *an einer beliebigen Stelle x des idealen Strömungsrohrs wird die zeitliche Änderung der Tracerkonzentration nur durch den konvektiven Stofftransport verursacht.*

Allgemeine Lösung der instationären Tracer-Mengenbilanz. Bei der Untersuchung des Verweilzeitverhaltens liegt am Reaktoreingang $x = 0$ eine beliebig zeitabhängige Tracerkonzentration $c_0(t)$ vor. Daher ist die Lösung von (6.33) für die *Randbedingung* $c(t, 0) = c_0(t)$ zu bestimmen; sie lautet [2]

$$c(t, x) = c_0(t - x/u). \tag{6.34}$$

Aus (6.34) gewinnt man den zeitlichen Verlauf der Tracerkonzentration am Reaktorausgang, indem man $x = L$ setzt und die mittlere hydrodynamische Verweilzeit nach (6.9) einführt,

$$c(t, L) = c_0(t - L/u) = c_0(t - \tau). \tag{6.35}$$

Dies besagt: *die im idealen Strömungsrohr zum Zeitpunkt t am Ausgang des Reaktors x = L vorliegende Tracerkonzentration ist gleich der am Eingang des Reaktors x = 0 zum Zeitpunkt t − τ vorhandenen Konzentration.* Mit anderen Worten: der beliebig zeitabhängige Konzentrationsverlauf, der am Eingang eines idealen Strömungsrohrs angelegt wird, findet sich unverändert, aber um die mittlere hydrodynamische Verweilzeit verzögert am Reaktorausgang wieder. Dieses Ergebnis ist zu erwarten, da jedes Fluidelement definitionsgemäß unvermischt durch den Reaktor strömt; die Zeitdauer, die es bei Pfropfenströmung vom Eingang bis zum Ausgang benötigt, entspricht gerade der mittleren hydrodynamischen Verweilzeit. Dieses Verhalten wird auch als *Totzeitverhalten* bezeichnet.

Verweilzeitsummen- und Verweilzeitdichtefunktion. Beide Verteilungsfunktionen lassen sich wegen des Totzeitverhaltens des idealen Strömungsrohrs ohne weitere Rechnung angeben. Bei Verdrängungsmarkierung tritt der Konzentrationssprung des Eingangs unverändert, aber um die mittlere hydrodynamische Verweilzeit τ verzögert am Reaktorausgang auf, so dass über (6.35) und die Sprungfunktion nach (6.11) folgt

$$c(t, L) = c_0 H(t - \tau) \quad \text{bzw.} \quad F(t) = H(t - \tau). \tag{6.36}$$

Da die Summenfunktion von 0 auf 1 springt, also eine Unstetigkeitsstelle aufweist, ist auch ihre zeitliche Ableitung, die Dichtefunktion, unstetig. Der pulsförmige Verlauf bei Stoßmarkierung erscheint am Reaktorausgang um die Verweilzeit später, so dass mit der Pulsfunktion (6.10) erhalten wird

$$c(t, L) = c_0 \delta(t - \tau) \text{ bzw. } E(t) = \delta(t - \tau). \tag{6.37}$$

Dies besagt: *im idealen Strömungsrohr liegt aufgrund der fehlenden Vermischung eine einheitliche Verweilzeitverteilung vor.* Der Mittelwert der Verteilung ist gleich der mittleren hydrodynamischen Verweilzeit, während die Varianz der Verteilung Null beträgt, da alle Fluidelemente dieselbe Verweilzeit besitzen,

$$\bar{t} = \tau, \quad \sigma = 0. \tag{6.38}$$

Die Verweilzeitdichtefunktion bzw. die Verweilzeitsummenfunktion des idealen Strömungsrohrs sind in Abb. 6.10 wiedergegeben.

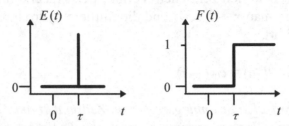

Abb. 6.10 Schematische Darstellung der Verweilzeitdichtefunktion (links) und der Verweilzeit-summenfunktion (rechts) für das ideale Strömungsrohr.

6.5.3 Ideale Rührkesselkaskade

Eine (reale bzw. ideale) Kaskade entsteht durch Hintereinanderschaltung einer beliebigen Anzahl (realer bzw. idealer) Rührkessel (vgl. Abschnitt 4.3.1). Für jeden Kessel könnte, wenn dies von Vorteil für die Prozessführung wäre, ein anderes Reaktionsvolumen gewählt werden. Um die formale Behandlung zu vereinfachen, werden im Folgenden *nur Kaskaden aus gleichgroßen Kesseln* betrachtet. In Abb. 6.11 ist eine Kaskade aus drei Kesseln schematisch dargestellt, der die Bezeichnung der Konzentrationen zu entnehmen ist.

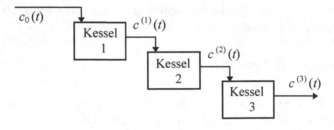

Abb. 6.11 Kaskade aus drei Kesseln.

Tracer-Stoffmengenbilanz. Die Stoffmengenbilanz eines einzelnen idealen Rührkessels ist durch die Beziehung (6.23) gegeben, nach der sich die Ausgangskonzentration bei zeitlich veränderlichem Verlauf der Reaktoreingangskonzentration und beliebiger Anfangskonzentration im Reaktor ermitteln lässt. (6.23) ist daher wiederholt anzuwenden, um die Ablaufkonzentrationen aller Kessel einer Kaskade zu berechnen: für den ersten Kessel folgt aus dem Eingangsverlauf $c_0(t)$ die Ablaufkonzentration $c^{(1)}(t)$. Diese bildet den Eingangsverlauf des zweiten Kessels, mit dem sich wiederum über (6.23) die Ausgangskonzentration $c^{(2)}(t)$ des zweiten Kessels finden lässt. Man setzt die Rechnung solange fort, bis man am Ausgang des letzten Kessels angelangt ist. Werden die Vorgaben

- tracerfreier Anfangszustand aller Kessel (Anfangskonzentrationen $C_0 = 0$);
- konstanter Volumenstrom $\dot{V}$ für alle Kessel;
- gleiches Reaktionsvolumen V, gleiche mittlere hydrodynamische Verweilzeit τ

in (6.23) eingearbeitet, so lautet die Stoffmengenbilanz des Tracers

$$c^{(\kappa)}(t) = \frac{1}{\tau} e^{-t/\tau} \int_0^t e^{s/\tau} c^{(\kappa-1)}(s) ds \quad \text{für } \kappa = 1, 2, ..., K. \tag{6.39}$$

Hierin bezeichnet κ die Nummer der insgesamt K Kessel und τ die mittlere hydrodynamische Verweilzeit des einzelnen Kessels.

Verweilzeitsummen- und Verweilzeitdichtefunktion. Bei der Bestimmung der Verweilzeitsummenfunktion liegt am Reaktoreingang die Sprungfunktion $c_0(t) = c_0 = \text{konst}$ für $t > 0$ vor. Für den Ausgang des ersten Kessels, d. h. für $\kappa = 1$, erhält man den Konzentrations-Zeit-Verlauf aus (6.39) zu

$$c^{(1)}(t) = c_0(1 - e^{-t/\tau}); \tag{6.40}$$

diese Beziehung ist identisch mit (6.25) für den einzelnen idealen Rührkessel. Für den Ausgang des zweiten Kessels, d. h. für $\kappa = 2$, resultiert mit (6.40) über (6.39)

$$c^{(2)}(t) = c_0\left[1 - e^{-t/\tau}\left(1 + \frac{t}{\tau}\right)\right]. \tag{6.41}$$

Die *Verweilzeitsummenfunktion* der Kaskade ergibt sich nach

$$F(t) = c^{(K)}(t)/c_0. \tag{6.42}$$

Dies besagt: *bei Sprungmarkierung erhält man die Verweilzeitsummenfunktion einer idealen Kaskade aus dem Verhältnis der Tracerkonzentration am Ausgang des letzten Kessels* $c^{(K)}(t)$ *und dem konstanten Konzentrationswert* c_0 *am Reaktoreingang.* Setzt man die Berechnung der Ausgangskonzentrationen mit (6.41) fort, so gelangt man für beliebige Kesselzahl zu folgendem Resultat für die *Verweilzeitsummenfunktion einer idealen Kaskade aus K gleichgroßen Kesseln*:

$$F(t) = 1 - e^{-t/\tau} \sum_{\kappa=0}^{K-1} \frac{1}{\kappa !} \left(\frac{t}{\tau} \right)^{\kappa}. \qquad (6.43)$$

In Abb. 6.12 ist die Verweilzeitsummenfunktion nach (6.43) für Idealkaskaden mit unterschiedlicher Kesselzahl gezeigt. Je größer die Anzahl der Kessel ist, desto breiter wird die Verweilzeitverteilung, da die Gesamtverweilzeit zunimmt.

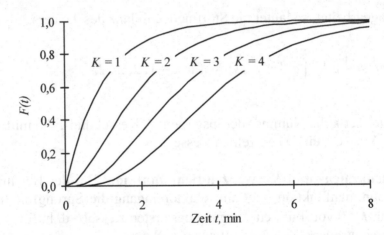

Abb. 6.12 Verweilzeitsummenfunktion für den idealen Rührkessel ($K = 1$) und Kaskaden mit $K = 2, 3, 4$ Idealkesseln nach (6.43); hydrodynamische Verweilzeit des Einzelkessels $\tau = 1$ min.

Durch Differenziation gewinnt man aus der Summenfunktion (6.43) die *Verweilzeitdichtefunktion einer idealen Kaskade aus K gleichgroßen Kesseln* zu

$$E(t) = \frac{1}{\tau (K-1)!} \left(\frac{t}{\tau} \right)^{K-1} e^{-t/\tau}. \qquad (6.44)$$

In Abb. 6.13 ist die Verweilzeitdichtefunktion für Idealkaskaden mit unterschiedlicher Kesselzahl gezeigt.

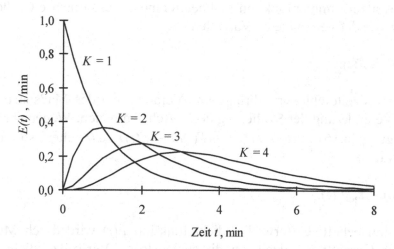

Abb. 6.13 Verweilzeitdichtefunktion für den idealen Rührkessel ($K = 1$) und Kaskaden mit $K = 2$, 3, 4 Idealkesseln nach (6.44); mittlere hydrodynamische Verweilzeit des Einzelkessels $\tau = 1$ min.

Schließlich erhält man aus der Verweilzeitdichtefunktion die Parameter der Verteilung über (6.18) und (6.19) zu

$$\bar{t} = K\tau \ , \ \sigma = \sqrt{K}\tau \ . \tag{6.45}$$

Als Mittelwert der Verteilung wird somit bei einer idealen Kaskade aus K Kesseln das K-fache der mittleren hydrodynamischen Verweilzeit des Einzelkessels, die so genannte *Gesamtverweilzeit*, bestimmt. Die Breite der Verteilung nimmt, wie man aus dem zunehmenden Wert der Varianz und aus den Verläufen der Abb. 6.13 ersieht, mit steigender Kesselzahl zu.

6.5.4 Dimensionslose Verweilzeitverteilungen

Die angeführten Verweilzeitverteilungen idealer Reaktoren lassen sich einheitlich darstellen, wenn man anstelle der Zeit t die dimensionslose Variable

$$\theta = t/\tau_{ges} \tag{6.46}$$

einführt und damit eine Maßstabsveränderung der Zeitachse vornimmt. Hierin steht τ_{ges} für die Gesamtverweilzeit,

$\tau_{ges} = \tau$ (ideales Strömungsrohr, idealer Rührkessel);
$\tau_{ges} = K\tau$ (ideale Kaskade aus K gleichgroßen Kesseln).

Da die Verweilzeitsummenfunktion F ohnehin eine dimensionslose Größe ist, gilt unabhängig von der verwendeten Variablen

$$F_\theta(\theta) = F(t). \tag{6.47}$$

Bei der Verweilzeitdichtekurve bringt eine Veränderung des Maßstabs der Zeit-achse eine Veränderung der Skalierung der E-Achse mit sich. Wegen der Normie-rungsbedingung (6.16) muss $E_\theta(\theta)d\theta = E(t)dt = E(t)\tau_{ges}d\theta$ gelten, so dass durch Vergleich folgt

$$E_\theta(\theta) = \tau_{ges}E(t). \tag{6.48}$$

Die dimensionsbehaftete Verweilzeitdichtefunktion $E(t)$ wird durch Multiplika-tion mit der Gesamtverweilzeit zur dimensionslosen Verweilzeitdichtefunktion $E_\theta(\theta)$. Die Parameter der Verteilung sind ebenfalls durch die Variablentransfor-mation betroffen; man erhält aus den Definitionsgleichungen

$$\bar{t}_\theta = \bar{t}/\tau_{ges}, \quad \sigma_\theta = \sigma/\tau_{ges}. \tag{6.49}$$

In Tab. 6.1 sind die dimensionslosen Verweilzeitverteilungen der idealen Reakto-ren aufgeführt, während in Abb. 6.14 die Summenkurven und in Abb. 6.15 die Dichtekurven gezeigt sind.

Tab. 6.1 Dimensionslose Verweilzeitverteilungen für ideale Reaktoren.

Idealer Reaktor	$F_\theta(\theta)$	$E_\theta(\theta)$	$\bar{t}_\theta$	σ_θ
Strömungsrohr	$H(1)$	$\delta(1)$	1	0
Rührkessel	$1 - exp(-\theta)$	$exp(-\theta)$	1	1
Kaskade aus K gleichgroßen Kesseln	$1 - exp(-K\theta) \sum\limits_{\kappa=0}^{K-1} \dfrac{(K\theta)^\kappa}{\kappa!}$	$\dfrac{K(K\theta)^{K-1}}{(K-1)!} exp(-K\theta)$	1	$\dfrac{1}{\sqrt{K}}$

Vergleicht man die dimensionsbehafteten Verweilzeitverteilungen der Idealkaskade in Abb. 6.12, 6.13 mit den entsprechenden dimensionslosen der Abb. 6.14, 6.15, so ist der Vorteil der dimen-sionslosen Darstellung zu ersehen: die Verläufe fallen in einen engeren Bereich und erlauben so eine kompakte Wiedergabe. Insbesondere ist zu erkennen, dass das Verweilzeitverhalten einer Kaskade in das des idealen Strömungsrohrs übergeht, wenn bei gleicher Gesamtverweilzeit die Zahl der Kessel $K \to \infty$ strebt. Diese Eigenschaft wird bei der Beschreibung des Verweil-zeitverhaltens realer Reaktoren mit dem *Kaskadenmodell* verwendet, vgl. Abschnitt 6.7.2.

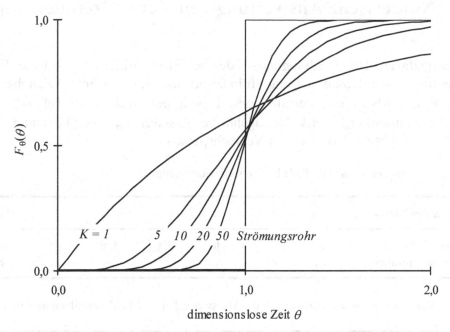

Abb. 6.14 Dimensionslose Darstellung der Verweilzeitsummenfunktion für das ideale Strömungs-rohr, den idealen Rührkessel ($K = 1$) und ideale Kaskaden mit unterschiedlicher Kesselzahl K.

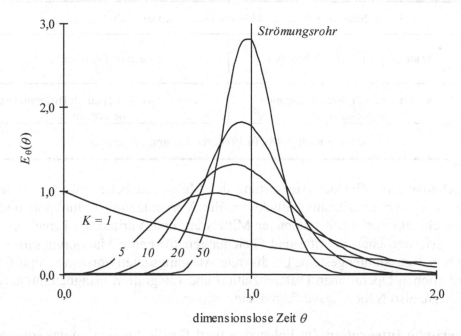

Abb. 6.15 Dimensionslose Darstellung der Verweilzeitdichtefunktion für das ideale Strömungs-rohr, den idealen Rührkessel ($K = 1$) und ideale Kaskaden mit unterschiedlicher Kesselzahl K.

6.6   Numerische Auswertung von Verweilzeitmessungen

Ausgangsdaten. Bei Verdrängungs- oder bei Stoßmarkierung wird die Tracerkonzentration am Reaktorausgang oft in *äquidistanten* (konstanten) Zeitabständen
Δt gemessen. Als Ergebnis entsteht eine Tabelle der Struktur der Tab. 6.2, in der
für jeden Zeitpunkt $t_m = m\Delta t$ der zugehörige Messwert $c_m = c(t_m)$ enthalten ist; m
= 0, 1, ..., M gibt die Nummer des Versuchspunkts an.

Tab 6.2 Struktur der Messwerttabelle bei Verweilzeitmessungen.

Nummer des Messwerts	$m =$	0	1	2	3	...	M
Zeitwert	$t_m =$	0	Δt	$2\Delta t$	$3\Delta t$	...	$M\Delta t$
Tracerkonzentration	$c_m =$	c_0	c_1	c_2	c_3	...	c_M

Tab 6.3 Vorgehensweise zur Auswertung der Messwerte Tab. 6.2 bei Verweilzeitmessungen.

Stoßmarkierung	*Verdrängungsmarkierung*
Start: $m = 0, 1, ..., M$ Messwerte (t_m, c_m) aus Tab. 6.2	
$\int_0^\infty c(t)dt$, E nach (6.15) berechnen	F nach (6.17) berechnen
F aus E nach (6.12) durch Integration berechnen	E aus F nach (6.12) durch Differenzieren berechnen
$\bar{t}$, σ aus E nach (6.18), (6.19) durch Integration berechnen	

Vorgehensweise. Ziel der Auswertung der Messwerttabelle Tab. 6.2 ist in der
Regel, die Verweilzeitsummenfunktion, die Verweilzeitdichtefunktion und die
beiden charakteristischen Parameter Mittelwert und Varianz zu berechnen. Die
hierzu erforderlichen Schritte und Gleichungen für beide Markierungsarten sind
in Tab. 6.3 zusammengestellt. Da diskrete Ausgangsdaten vorliegen, sind für die
erforderlichen Operationen Differenziation und Integration geeignete numerische
Verfahren, also Näherungsverfahren, einzusetzen.

Numerische Integration. Im Folgenden wird für die Integration das sogenannte
Trapez-Verfahren benutzt, bei dem man die Fläche unter der Kurve $f(t)$ durch die
Fläche eines geeignet gewählten Trapezes approximiert,

$$\int_a^b f(t)dt \approx \frac{f(b)+f(a)}{2}(b-a).$$

(6.50)

Einen Näherungswert des Integrals erhält man, wenn der Mittelwert der Funktionswerte an den Integrationsgrenzen mit der Breite des Integrationsintervalls multipliziert wird. Neben dem Trapez-Verfahren eignen sich andere Methoden, die sich durch die erzielbare Genauigkeit unterscheiden, vgl. etwa [8].

Die bei der Auswertung auftretenden Integrale sind vornehmlich in den Grenzen $(0, \infty)$ zu berechnen. Da die Messwerte, wie Tab. 6.2 zeigt, nur für den Zeitbereich $(0, t_M)$ vorliegen, wird die Integration auf diesen Bereich eingeschränkt,

$$\int_0^\infty f(t)dt \approx \int_0^{t_M} f(t)dt.$$

(6.51)

Um eine akzeptable Genauigkeit bei der Anwendung des Trapez-Verfahrens zu erzielen, drückt man das Integral in (6.51 rechts) als Summe aller Integrale zwischen jeweils aufeinanderfolgenden Zeitwerten aus,

$$\int_0^{t_M} f(t)dt = \sum_{m=0}^{M-1} \int_{t_m}^{t_{m+1}} f(t)dt \approx [\frac{f(0)}{2} + \sum_{m=1}^{M-1} f(t_m) + \frac{f(t_M)}{2}]\Delta t.$$

(6.52)

(6.52 rechts) entsteht aus (6.52 Mitte), indem man die Teilintegrale durch das Trapez-Verfahren (6.50) approximiert und die auftretenden Funktionswerte zusammenfasst. Ergebnis (6.52 rechts) verdeutlicht, dass man das gesuchte Integral allein aus den Funktionswerten an den gegebenen Zeitstellen berechnen kann.

Numerische Differenziation. Als Approximation für die erste Ableitung einer Funktion wird im Folgenden die *zentrale Differenz* benutzt. Die Steigung $f'(t)$ am Punkt t wird durch die Steigung der Sekante angenähert, die sich aus den zwei benachbarten Punkten bestimmen lässt,

$$f'(t) \approx \frac{f(t+\Delta t) - f(t-\Delta t)}{2\Delta t}.$$

(6.53)

(6.53) kann nur dann angewendet werden, wenn die „rechts" und „links" vom betrachteten Punkt t gelegenen Funktionswerte bekannt sind. Dies ist für alle Punkte der Tab. 6.2 außer dem ersten (für $t = 0$) und dem letzten (für $t_M = M\Delta t$) der Fall. Die Berechnung der Ableitung für den letzten Punkt wird daher, da genügend

Werte an den Zeitpunkten davor bereitstehen, unterlassen. Um die Ableitung für t = 0 *mit derselben Genauigkeit*, die mit (6.53) erzielt wird, zu bestimmen, benutzt man die Approximation

$$f'(0) \approx \frac{-3f(0) + 4f(\Delta t) - f(2\Delta t)}{2\Delta t}. \tag{6.54}$$

Im Unterschied zu (6.53) gehen die beiden nächsten, „rechts" vom betrachteten Punkt t = 0 gelegenen Funktionswerte in die Näherung ein.

Rechenbeispiel 6.1 *Auswertung der Verweilzeitmessung bei Verdrängungsmarkierung für einen realen Rührkessel.* In Tab. 6.4 sind die Messwerte der Tracerkonzentration am Ausgang eines realen Rührkesselreaktors (τ = 2,04 min) in Abhängigkeit von der Zeit bei Verdrängungsmarkierung angegeben. Zu berechnen sind die Verweilzeitsummenfunktion F, die Verweilzeitdichtefunktion E und die Parameter Mittelwert $\bar{t}$ und Varianz σ. Welche Werte sind für einen idealen Rührkessel derselben Verweilzeit zu erhalten?

Tab. 6.4 Zeitabhängige Tracerkonzentration c am Reaktorausgang für Rechenbeispiel 6.1.

Nummer m	0	1	2	3	4	5	6	7	8	9	10
t_m, min	0	0,5	1,0	1,5	2,0	2,5	3,0	3,5	4,0	4,5	5,0
c_m, mol/l	0	0,11	0,20	0,27	0,32	0,37	0,40	0,43	0,45	0,46	0,48

Nummer m	11	12	13	14	15	16	17	18	19	20
t_m, min	5,5	6,0	6,5	7,0	7,5	8,0	8,5	9,0	9,5	10,0
c_m, mol/l	0,48	0,49	0,50	0,50	0,51	0,51	0,51	0,51	0,52	0,52

Lösung. Die in Tab. 6.3 angegebenen Schritte sind für Verdrängungsmarkierung durchzuführen. Als konstante Konzentration am Reaktoreingang, die nicht explizit genannt ist, wird der 20. Messwert c_{20} = 0,52 mol/l gewählt, da die Reaktorausgangskonzentration bei Verdrängungsmarkierung für große Zeiten gegen diesen Endwert strebt. Die Werte der (experimentellen) Verweilzeitsummenfunktion F_m an den gegebenen Zeitstellen bestimmen sich damit nach (6.17) zu

$$F_m = c_m / c_{20} \text{ (experimentell)}.$$

Für einen ideal durchmischten Rührkessel ist nach (6.26) zu berechnen:

$$F_m = 1 - exp(-t_m / 2{,}04 \text{ min}) \text{ (idealer Rührkessel)}.$$

Tab. 6.5 Rechenergebnisse (Ausschnitt) für Rechenbeispiel 6.1.

Nummer m	0	1	2	3	...	19	20
t_m, min	0	0,5	1,0	1,5	...	9,5	10,0
F experimentell	0	0,212	0,385	0,519	...	1,000	1,000
F idealer Rührkessel	0	0,217	0,387	0,521	...	0,991	0,993
E experimentell	0,462	0,385	0,308	0,231	...	0,019	0,000
E idealer Rührkessel	0,490	0,384	0,300	0,235	...	0,005	0,004

In Tab. 6.5 ist ein Teil der Rechenwerte aufgelistet, während der Vergleich der experimentellen Verweilzeitsummenfunktion mit der des idealen Rührkessels in Abb. 6.16 gezeigt ist. Die Übereinstimmung kann als gut bezeichnet werden.

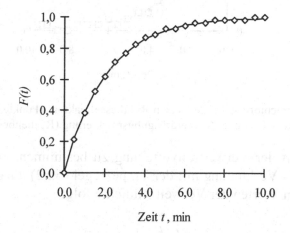

Abb. 6.16 Verweilzeitsummenfunktion des realen Rührkesselreaktors (Punkte, Werte aus Tab. 6.4) und des idealen Rührkessels (Linie) für Verdrängungsmarkierung (Rechenbeispiel 6.1).

Der Zeitabstand der Messwerte beträgt $\Delta t = 0,5$ min. Die Verweilzeitdichtefunktion E_m an den gegebenen Zeitstellen ist für $t = 0$ nach (6.54) zu berechnen,

$$E_0 = (-3F_0 + 4F_1 - F_2)/2\Delta t = (-3\cdot 0 + 4\cdot 0,212 - 0,385)/2\cdot 0,5 = 0,462 \text{ min}^{-1},$$

während für alle weiteren Werte (6.53) benutzt wird,

$$E_m = \frac{F_{m+1} - F_{m-1}}{2\Delta t} \quad \text{(experimentell)}.$$

Für den idealen Rührkessel erhält man mit den Zahlenwerten über (6.27)

$E_m = exp(-t_m/2{,}04 \text{ min})/(2{,}04 \text{ min})$ (idealer Rührkessel).

Rechenwerte sind teilweise in Tab. 6.5 aufgenommen. Abb. 6.17 gibt den Vergleich der experimentellen Verweilzeitdichtefunktion mit der des idealen Rührkessels wieder; die Übereinstimmung kann als gut bezeichnet werden.

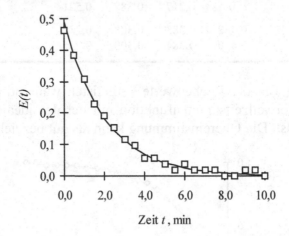

Abb. 6.17 Verweilzeitdichtefunktion des realen Rührkesselreaktors (Punkte, Werte aus Tab. 6.4) und des idealen Rührkessels (Linie) für Verdrängungsmarkierung (Rechenbeispiel 6.1).

Um den Mittelwert der Verweilzeitverteilung zu bestimmen, ist die Definitionsgleichung (6.18) in Verbindung mit der Trapezregel (6.52) anzuwenden. Mit den bereits berechneten Werten der Verweilzeitdichte folgt

$$\bar{t} \approx \left[\frac{t_0 E_0}{2} + t_1 E_1 + \ldots + t_{19} E_{19} + \frac{t_{20} E_{20}}{2} \right] \Delta t = 2{,}038 \text{ min}   \text{(experimentell)}.$$

Dieser Wert stimmt ausgezeichnet mit dem des idealen Rührkessels überein; nach (6.28) wäre $\bar{t} = \tau = 2{,}04$ min zu erwarten. Schließlich erhält man die Streuung der Verteilung aus (6.19), (6.52) und mit dem Mittelwert zu

$$\sigma^2 \approx \left[\frac{t_0^2 E_0}{2} + t_1^2 E_1 + \ldots + t_{19}^2 E_{19} + \frac{t_{20}^2 E_{20}}{2} \right] \Delta t - (\bar{t})^2 = 3{,}854 \text{ min}^2.$$

Die Varianz der Verteilung beträgt $\sigma = 1{,}963$ min, während für den idealen Rührkessel nach (6.29) $\sigma = \tau = 2{,}04$ min vorliegt. Die merkliche Abweichung (von ca. 4 %) hat methodische Gründe: zum einen gehen die E-Werte bei großen Zeiten (und somit auch ihre Messfehler) wegen des Faktors t^2 stark in den Wert der Varianz ein. Zum anderen treten numerische Ungenauigkeiten auf, wenn nur relativ wenige Messwerte mit vergleichsweise großem zeitlichen Abstand Δt vorhanden sind. Abschließend kann festgestellt werden, dass sich der reale Reaktor gut durch das Verhalten eines idealen Rührkessels beschreiben lässt.

Rechenbeispiel 6.2 *Auswertung der Verweilzeitmessung bei Stoßmarkierung für eine reale Rührkesselkaskade.* In Tab 6.6 ist die Tracerkonzentration am Ausgang einer Kaskade aus zwei gleichgroßen realen Rührkesseln ($\tau = 1{,}21$ min pro Kessel) in Abhängigkeit von der Zeit bei Stoßmarkierung angegeben. Zu berechnen sind die Verweilzeitsummenfunktion F, die Verweilzeitdichtefunktion E sowie die Parameter Mittelwert $\bar{t}$ und Varianz σ. Welche Werte sind für eine Kaskade aus zwei gleichgroßen idealen Rührkesseln derselben Verweilzeit zu erhalten?

Tab. 6.6 Tracerkonzentration am Reaktorausgang für Rechenbeispiel 6.2.

Nummer m	0	1	2	3	4	5	6	7	8	9	10
t_m, min	0	0,5	1,0	1,5	2,0	2,5	3,0	3,5	4,0	4,5	5,0
c_m, mol/l	0	0,56	0,75	0,74	0,65	0,54	0,43	0,33	0,25	0,19	0,14

Nummer	11	12	13	14	15	16	17	18	19	20
t_m, min	5,5	6,0	6,5	7,0	7,5	8,0	8,5	9,0	9,5	10,0
c_m, mol/l	0,10	0,07	0,05	0,04	0,03	0,02	0,01	0,01	0,01	0,00

Lösung. Nach Tab. 6.3 ist der Nenner in (6.15) über die Trapezregel zu berechnen,

$$c_{ges} = \int_0^\infty c(t)dt \approx \left[\frac{c_0}{2} + c_1 + \dots + c_{19} + \frac{c_{20}}{2} \right] \Delta t = 2{,}460 \text{ mol min/l};$$

die Verweilzeitdichtefunktion E_m für die gegebenen Zeitwerte folgt aus (6.15) zu

$$E_m = c_m / c_{ges} \text{ (experimentell)}.$$

Für die ideale Kaskade mit zwei gleichgroßen Kesseln gilt nach (6.44)

$$E_m = (t_m / 1{,}21^2 \text{ min}^2) \, exp(-t_m / 1{,}21 \text{ min}) \text{ (ideale Kaskade)}.$$

Um die Verweilzeitsummenkurve aus den bereits berechneten Werten der Dichtekurve zu bestimmen, ist die Trapezregel (6.52) auf (6.12 rechts) anzuwenden. Für die vorgegebenen Zeitwerte folgen die Werte F_m der Reihe nach aus

$$F_0 = 0 \,, \quad F_1 = \left[\frac{E_0}{2} + \frac{E_1}{2}\right]\Delta t \,, \quad F_2 = \left[\frac{E_0}{2} + E_1 + \frac{E_2}{2}\right]\Delta t \,,$$

$$F_3 = \left[\frac{E_0}{2} + E_1 + E_2 + \frac{E_3}{2}\right]\Delta t \,, \dots, F_{20} = \left[\frac{E_0}{2} + E_1 + \dots + E_{19} + \frac{E_{20}}{2}\right]\Delta t \,.$$

Für die ideale Kaskade mit zwei Rührkesseln gilt nach (6.43)

$$F_m = 1 - [1 + t_m/1{,}21 \text{ min}] \, exp(-t_m/1{,}21 \text{ min}) \quad \text{(ideale Kaskade)}.$$

Ein Teil der Rechenwerte ist in Tab. 6.7 zusammengestellt. Der Vergleich der experimentellen Werte mit den berechneten der idealen Kaskade ist in Abb. 6.18 für die Dichtefunktion, in Abb 6.19 für die Summenfunktion gezeigt.

Tab. 6.7 Rechenergebnisse (Ausschnitt) für Rechenbeispiel 6.2.

Nummer m	0	1	2	3	...	19	20
t_m, min	0	0,5	1,0	1,5	...	9,5	10,0
E_m experimentell	0	0,228	0,305	0,301	...	0,004	0,000
E_m ideale Kaskade	0	0,226	0,299	0,297	...	0,003	0,002
F_m experimentell	0	0,057	0,190	0,341	...	0,999	1,000
F_m ideale Kaskade	0	0,065	0,201	0,352	...	0,997	0,998

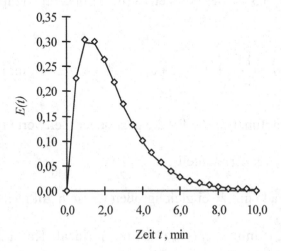

Abb. 6.18 Vergleich der experimentellen Werte (Punkte, Werte aus Tab. 6.6) mit der Verweilzeit-dichtefunktion der Kaskade aus zwei idealen Kesseln (Linie) bei Stoßmarkierung (Rechenbeispiel 6.2).

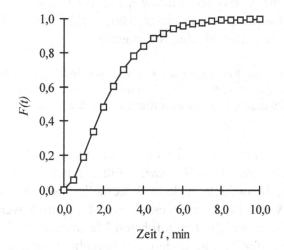

Abb. 6.19 Vergleich der experimentellen Werte (Punkte) mit der Verweilzeitsummenfunktion der Kaskade aus zwei idealen Kesseln (Linie) für Rechenbeispiel 6.2 (Stoßmarkierung).

Die Bestimmung der Parameter der Verteilung aus der Verweilzeitdichtefunktion geschieht wie in Rechenbeispiel 6.1. Die Zahlenwerte ergeben

experimentell: $\bar{t} = 2{,}443$ min, $\sigma = 1{,}653$ min;

ideale Kaskade: $\bar{t} = 2\tau = 2{,}42$ min, $\sigma = \sqrt{2}\,\tau = 1{,}711$ min.

Somit ergibt sich, dass der reale Reaktor gut durch das Modell der Idealkaskade mit zwei gleichgroßen Kesseln beschrieben werden kann.

Übungsaufgabe 6.1 *Auswertung der Verweilzeitmessung bei Stoßmarkierung.* Für den in Rechenbeispiel 6.1 (Verdrängungsmarkierung) betrachteten realen Rührkessel ($\tau = 2{,}04$ min) werden die in Tab. 6.8 angeführten Messwerte der Tracerkonzentration in Abhängigkeit von der Zeit bei *Stoßmarkierung* gefunden.

Tab. 6.8 Zeitabhängige Tracerkonzentration bei Stoßmarkierung für Übungsaufgabe 6.1.

Nummer m	0	1	2	3	4	5	6	7	8	9	10
t_m, min	0	0,6	1,2	1,8	2,4	3,0	3,6	4,2	4,8	5,4	6,0
c_m, mol/l	1,23	0,91	0,68	0,51	0,38	0,28	0,21	0,16	0,12	0,09	0,06

Nummer m	11	12	13	14	15	16	17	18	19
t_m, min	6,6	7,2	7,8	8,4	9,0	9,6	10,2	10,8	11,4
c_m, mol/l	0,05	0,04	0,03	0,02	0,01	0,01	0,01	0,01	0

Zu berechnen sind die Verweilzeitsummenfunktion F, die Verweilzeitdichtefunktion E sowie Mittelwert $\bar{t}$ und Varianz σ. Man vergleiche die Ergebnisse mit den entsprechenden Werten eines idealen Rührkessels.

Ergebnis: Geht man wie in Rechenbeispiel 6.2 vor, so findet man der Reihe nach für die Verteilungen die Werte $E_0 = 0,489$; $F_0 = 0$; $E_1 = 0,362$; $F_1 = 0,255$ usw. und für die Parameter $\bar{t} = 1,987$ min, $\sigma = 1,939$ min. Für den idealen Rührkessel wäre $\bar{t} = \sigma = \tau = 2,04$ min zu erwarten.

Übungsaufgabe 6.2 *Auswertung der Verweilzeitmessung bei Verdrängungsmarkierung für eine reale Rührkesselkaskade.* Für die bereits in Rechenbeispiel 6.2 für Stoßmarkierung betrachtete reale Rührkesselkaskade aus zwei gleichgroßen Kesseln (mittlere Verweilzeit pro Kessel $\tau = 1,21$ min) werden bei *Verdrängungsmarkierung* die in Tab. 6.9 angeführten Messwerte der Tracerkonzentration in Abhängigkeit von der Zeit gefunden. Zu berechnen sind die Verweilzeitsummenfunktion F, die Verweilzeitdichtefunktion E sowie die Parameter Mittelwert $\bar{t}$ und Varianz σ. Man vergleiche die Ergebnisse mit den Werten der entsprechenden Idealkaskade.

Tab. 6.9 Tracerkonzentration am Reaktorausgang bei Verdrängungsmarkierung für Übungsaufgabe 6.2.

Nummer m	0	1	2	3	4	5	6	7	8	9	10
t_m, min	0	0,5	1,0	1,5	2,0	2,5	3,0	3,5	4,0	4,5	5,0
c_m, mol/l	0	0,03	0,10	0,18	0,26	0,32	0,37	0,41	0,44	0,46	0,48

Nummer	11	12	13	14	15	16	17	18
t_m, min	5,5	6,0	6,5	7,0	7,5	8,0	8,5	9,0
c_m, mol/l	0,49	0,50	0,50	0,51	0,51	0,51	0,52	0,52

Ergebnis: Vorzugehen ist wie in Rechenbeispiel 6.1. Man findet für die Verteilungen die Werte $F_0 = 0$; $E_0 = 0,038$; $F_1 = 0,058$; $E_1 = 0,192$ usw. und für die Parameter $\bar{t} = 2,413$ min, $\sigma = 1,696$ min. Für die Idealkaskade mit zwei Kesseln beträgt $\bar{t} = 2\tau = 2,42$ min und $\sigma = \sqrt{2}\,\tau = 1,711$ min.

6.7 Modelle für nichtideale Reaktoren

6.7.1 Rührkessel

Abweichungen vom Idealverhalten. Bei einem realen Rührkessel können Abweichungen vom Idealverhalten bedingt sein durch:

- *Totvolumina.* Hierunter versteht man nicht (oder kaum) durchmischte Anteile des gesamten Reaktionsvolumens;
- *Kurzschlussströmung.* Ein Teil des Zulaufstroms wird nicht (oder kaum) mit dem Reaktorinhalt vermischt und gelangt direkt in den Ablaufstrom.

Technische Maßnahmen, die eine weitergehende Annäherung an das Verhalten eines idealen Rührkessels bezwecken, bestehen z. B. darin, die Form, die Größe, die Förderrichtung oder den Leistungseintrag des Rührers zu verändern. „Gute" Vermischung, die durch Dissipation von Energie im gerührten Fluid zustande kommt, verursacht Kosten, da der Leistungseintrag proportional (Drehzahl)^3 und (Rührerdurchmesser)^5 ist. Daneben lassen sich Modifikationen am Rührbehälter vornehmen, wobei der Einbau von *Strombrechern*, die als am Umfang angebrachte Leitbleche ausgeführt werden, und die Veränderung der Lage des Zulaufs oder Ablaufs zu nennen sind.

Modelle für reale Rührkessel. Um das Mischungsverhalten eines realen Rührkessels zu beschreiben, benutzt man Ersatzmodelle, die aus mehreren idealen Kessel, zwischen denen Volumenströme unterschiedlicher Größenordnung und Richtung ausgetauscht werden, aufgebaut sind. Eine Vielzahl solcher (teilweise komplexer) Modelle ist in [3, 7] ausführlich behandelt, ohne dass hier näher darauf eingegangen wird.

Ein dagegen vergleichsweise einfaches Modell eines realen Rührkessels, das lediglich die beiden oben genannten Abweichungen berücksichtigt, ist in Abb. 6.20 schematisch gezeigt. Folgende Annahmen liegen ihm zugrunde:

- das Gesamtvolumen V besteht aus dem ideal durchmischten Volumen βV (mit $0 < \beta \leq 1$) und dem unbeteiligten Totvolumen $(1 - \beta)V$;
- der Gesamtvolumenstrom $\dot{V}$ wird aufgeteilt in einen Strom $\alpha \dot{V}$ (mit $0 < \alpha \leq 1$), der in das ideal durchmischte Volumen strömt, und in einen Kurzschlussstrom $(1 - \alpha)\dot{V}$, der direkt zum Ausgang gelangt.

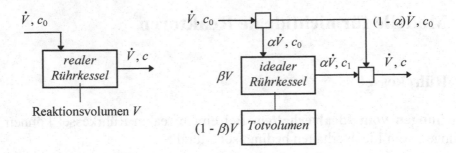

Abb. 6.20 Realer Rührkessel (links) und Ersatzmodell mit Totvolumen und Kurzschlussströmung (rechts); Bezeichnungen siehe Text.

Das Modell weist die zwei freien Parameter α und β auf, über deren Zahlenwerte die Wiedergabe experimenteller Verläufe erfolgen kann. Die rechnerische Reaktorausgangskonzentration c folgt aus der Mengenbilanz der „Mischstelle" zu

$$c(t) = \alpha c_1(t) + (1 - \alpha)c_0(t). \tag{6.55}$$

Bei Verdrängungsmarkierung ist der Eingangsverlauf $c_0(t) = c_0 =$ konst; der ideal durchmischte Rührkessel des Modells liefert den zeitlichen Verlauf

$$c_1(t) = c_0 \left[1 - exp(-\frac{\alpha t}{\beta \tau}) \right], \tag{6.56}$$

wobei $\tau = V/\dot{V}$ die *Verweilzeit des realen Reaktors* und $\beta\tau/\alpha$ die *tatsächliche* Verweilzeit im ideal durchmischten Teilvolumen ist. Es folgt

$$F(t) = \frac{c(t)}{c_0} = 1 - \alpha \, exp(-\frac{\alpha}{\beta}\frac{t}{\tau}). \tag{6.57}$$

Rechenbeispiel 6.3   *Realer Rührkessel mit Totvolumen und Kurzschlussströmung.* Bei Verdrängungsmarkierung werden die in Tab. 6.10 angegebenen Werte der Verweilzeitsummenfunktion F eines realen Rührkessels ($\tau = 2{,}54$ min) in Abhängigkeit von der Zeit gewonnen.

Tab. 6.10 Summenfunktion des realen Reaktors in Abhängigkeit von der Zeit, Rechenbeispiel 6.3.

t, min	0	1	2	3	4	5	6	7	8	9	10	11
F	0,10	0,36	0,55	0,71	0,80	0,86	0,89	0,93	0,95	0,97	0,98	0,99

Zu berechnen sind die beiden Parameter Anteil durchmischtes Volumen β und Anteil eingemischter Volumenstrom α des Modells (6.57).

Lösung. (6.57) kann durch Logarithmieren auf Linearform gebracht werden,

$$ln(1 - F) = ln\,\alpha \; - \; (\frac{\alpha}{\beta\tau})t \quad \text{bzw.} \quad y = a + bx. \tag{6.58}$$

Führt man eine lineare Regression von $y = ln(1 - F)$ gegen die Zeit $x = t$ durch, so lassen sich die beiden Modellparameter aus den Regressionsparametern berechnen. Für die Zahlenwerte erhält man

$a = -0{,}087932$ und $\alpha = e^a = 0{,}91582$,
$b = -0{,}376478$ und $\beta = -\,\alpha/\tau b = 0{,}95772$.

Der Anteil des Totvolumens beträgt $(1 - \beta) \cdot 100\% \approx 4{,}2\ \%$ des Gesamtvolumens, der Anteil der Kurzschlussströmung $(1 - \alpha) \cdot 100\% \approx 8{,}4\ \%$ des Gesamtvolumenstroms. In Abb. 6.21 sind die experimentellen Werte der Verweilzeitsummenkurve aus Tab. 6.8 mit den nach (6.57) berechneten Werten

$$F = 1 - 0{,}91582 \cdot exp(- 0{,}376478t)$$

dargestellt. Die Übereinstimmung kann als gut bezeichnet werden. Die Verweilzeitsummenfunktion nach (6.57) beginnt wegen der Kurzschlussströmung beim Wert $F(0) = 1 - \alpha$, für einen idealen Rührkessel beträgt dagegen $F(0) = 0$.

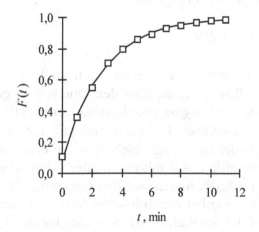

Abb. 6.21 Experimentelle Werte (Punkte) und berechnete Werte der Verweilzeitsummenfunktion eines realen Rührkessels mit Totvolumen und Kurzschlussströmung (Rechenbeispiel 6.3).

6.7.2 Strömungsrohr

Abweichungen vom Idealverhalten. Als Gründe lassen sich nennen:

- *Geschwindigkeitsprofile.* Ein realer Reaktor weist im Unterschied zum idealen keine Pfropfenströmung, sondern ein radiales (laminares, turbulentes oder andersartiges) Geschwindigkeitsprofil auf und zeigt damit ein mehr oder weniger abweichendes Verweilzeitverhalten;
- *Dispersion.* Hierunter versteht man das Zusammenwirken von *Diffusion* und *Rückvermischung*, die durch turbulente Wirbel und Geschwindigkeitsfluktuationen verursacht wird.

Technische Maßnahmen, die eine bessere Annäherung an das Idealverhalten bezwecken, bestehen z. B. darin, ein Strömungsrohr im turbulenten Bereich zu betreiben, ein geeignetes Verhältnis von Rohrlänge zu Rohrdurchmesser zu wählen oder *statische Mischer* einzubauen, die - insbesondere bei höherviskosen Medien - für die angestrebte Vermischung über den Querschnitt sorgen.

Modelle für reale Strömungsrohre. Drei Modelle, mit denen sich die Abweichungen vom Idealverhalten (mehr oder weniger gut) beschreiben lassen, sind das *laminar durchströmte Rohr*, das *Kaskadenmodell* und das *Dispersionsmodell*:

Laminar durchströmtes Rohr. Es stellt einen realen Reaktor mit definiertem Geschwindigkeitsprofil dar, aus dem sich das Verweilzeitverhalten berechnen lässt. Die radiale Geschwindigkeitsverteilung ist in Abb. 6.5 gezeigt und durch die bereits angeführte Beziehung (6.1) gegeben,

$$u(r) = u_{max,lam}\left[1 - (r/R)^2\right].$$
(6.59)

Die hydrodynamische Verweilzeit beträgt nach (6.9) $\tau = L/u$, worin L die Reaktorlänge und $u = 0{,}5u_{max,lam}$ die über den Querschnitt gemittelte Geschwindigkeit bezeichnet. Bei *Verdrängungsmarkierung* werden alle zum Zeitpunkt $t = 0$ am Reaktoreingang befindlichen Fluidelemente mit Tracer markiert. Aber erst nach Ablauf der Zeitdauer $t_{min} = \tau/2$ erscheinen die ersten markierten Fluidelemente, die in der Rohrmitte $r = 0$ mit maximaler Geschwindigkeit strömen, am Ausgang. Für Zeiten $t > t_{min}$ befinden sich im Querschnitt ($0 \ldots r(t)$) nur markierte Fluidelemente, im Kreisring bis zur Rohrwand ($r(t) \ldots R$) nur unmarkierte Fluidelemente. Aus (6.59) folgt der Radius $r(t)$ in Abhängigkeit von der Zeit zu

$$r(t) = R[1-(\tau/2t)]^{1/2} \quad \text{für } t > \tau/2.$$
(6.60)

Die Verweilzeitsummenfunktion gewinnt man aus dem Verhältnis des markierten Volumenstroms $\dot V\,(r)$ und des Gesamtvolumenstroms $\dot V\,(R)$,

$$F = \dot V\,(r)/\dot V\,(R) \ \text{ mit } \dot V\,(r) = \int_0^r 2\pi r u(r)dr\,.$$

Wird diese Integration für die Geschwindigkeitsverteilung (6.59) ausgeführt und (6.60) für die obere Integrationsgrenze eingesetzt, so resultiert die *Verweilzeitsummenfunktion des laminar durchströmten Rohrs* als

$$\begin{aligned}
&F(t) = 0 \quad \text{für } t < \tau/2, \quad F(t) = 1-(\tau/2t)^2 \quad \text{für } t > \tau/2 \text{ bzw.}\\
&F_\theta(\theta) = 0 \ \text{für } \theta < 1/2, \quad F_\theta(\theta) = 1-1/(4\theta^2) \ \text{für } \theta > 1/2.
\end{aligned} \tag{6.61}$$

Durch Differenzieren folgt hieraus die *Verweilzeitdichtefunktion des laminar durchströmten Rohrs* zu

$$\begin{aligned}
&E(t) = 0 \quad \text{für } t < \tau/2, \quad E(t) = \tau^2/2t^3 \qquad \text{für } t > \tau/2 \text{ bzw.}\\
&E_\theta(\theta) = 0 \ \text{für } \theta < 1/2, \quad E_\theta(\theta) = 1/(2\theta^3) \qquad \text{für } \theta > 1/2.
\end{aligned} \tag{6.62}$$

Für den Mittelwert der Verteilung erhält man über (6.18) $\bar t = \tau$ (bzw. $\bar t_\theta = 1$), also den Wert der hydrodynamischen Verweilzeit. In Abb. 6.22 sind die Verweilzeitsummenfunktionen des laminar durchströmten Rohrs, des idealen Strömungsrohrs, des idealen Rührkessels und des turbulent durchströmten Rohrs dargestellt.

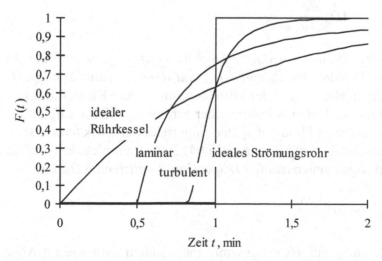

Abb. 6.22 Vergleich der Verweilzeitsummenkurven für den idealen Rührkessel, das ideale Strömungsrohr, das laminar und das turbulent durchströmte Rohr ($\tau = 1$ min für alle Reaktoren).

Um die in Abb. 6.22 gezeigte Verweilzeitsummenfunktion des turbulent durchströmten Rohrs zu erhalten, wird der Rechengang für laminare Strömung mit der Geschwindigkeitsverteilung (6.6) durchgeführt. Wegen der aufwendigen Integration wird auf die Angabe verzichtet.

Kaskadenmodell. Das Verweilzeitverhalten eines realen Strömungsrohrs wird bei diesem Modell durch das einer Kaskade aus K gleichgroßen ideal durchmischten Rührkesseln beschrieben. Hierzu unterteilt man das Volumen des realen Strömungsrohrs gedanklich in gleichgroße hintereinander geschaltete ideale Rührkessel. Wie bereits im Abschnitt 6.5.4 erwähnt, nähert sich die Verweilzeitverteilung einer Kaskade mit zunehmender Kesselzahl der des idealen Strömungsrohrs an. Aus der Bedingung, dass *der Mittelwert $\bar{t}$ und die Varianz σ der experimentellen Verweilzeitverteilung gleich dem Mittelwert und der Varianz der Modellkaskade sein müssen*, erhält man über (6.45) die (auf eine ganze Zahl zu rundende) Anzahl der Kessel zu

$$K = (\bar{t}/\sigma)^2 . \tag{6.63}$$

Die Verweilzeitverteilungen der Modellkaskade werden mit den Formeln (6.43) und (6.44) berechnet – man beachte aber, dass dabei $\tau = \bar{t}/K$, also *der Mittelwert der experimentellen Verteilung pro Kessel*, zu verwenden ist.

Dispersionsmodell. Liegen in einem Strömungsrohr Konzentrationsgradienten in axialer Richtung vor, so bilden sich diffusive Stoffströme aus, welche die Konzentrationsunterschiede ausgleichen. Nach dem 1. Fickschen Gesetz [6] gilt

$$\dot{n}_{Diff} = -AD_m \frac{\partial c}{\partial x}, \tag{6.64}$$

d. h. *der durch Diffusion bedingte Stoffstrom ist proportional der Fläche, dem molekularen Diffusionskoeffizienten D_m und dem Konzentrationsgradienten.* Das Minuszeichen erscheint, weil der Diffusionsstrom dem Konzentrationsgefälle entgegen gerichtet ist. Treten bei turbulenter Strömung Wirbel auf, so wird früher in den Reaktor gelangtes Fluid mit später eingetretenem „rück"-vermischt. Um beide Effekte zu beschreiben, führt man in (6.64) statt des molekularen Diffusionskoeffizienten den sogenannten *axialen Dispersionskoeffizienten D_{ax}* ein,

$$\dot{n}_{Disp} = -AD_{ax} \frac{\partial c}{\partial x}. \tag{6.65}$$

Unter Verwendung von (6.65) gewinnt man, indem man wie im Abschnitt 6.5.2 bei der Herleitung der Mengenbilanz des idealen Strömungsrohrs (6.32) verfährt, die *instationäre Stoffmengenbilanz des Strömungsrohrs mit Axialdispersion* als

$$\frac{\partial c}{\partial t} + u\frac{\partial c}{\partial x} = D_{ax}\frac{\partial^2 c}{\partial x^2}. \tag{6.66}$$

Dies besagt: *an einer beliebigen Stelle x des Strömungsrohrs wird die zeitliche Änderung der Tracerkonzentration durch konvektiven Stofftransport und durch den Stofftransport durch axiale Dispersion verursacht.*

(6.66) stellt eine partielle Differenzialgleichung 2. Ordnung des parabolischen Typs dar; Eigenschaften und Lösungsverfahren sind z. B. in [8] zu finden. Um eine eindeutige Lösung von (6.66) zu erhalten, sind eine *Anfangsbedingung* (z. B. der ortsabhängige Konzentrationsverlauf zum Zeitpunkt Null $c(0, x)$ im Reaktor) und zwei *Randbedingungen* (zeitabhängige Konzentrationsverläufe an zwei Raumstellen $c(t, x_1)$ und $c(t, x_2)$) vorzugeben. Eine analytische Lösung von (6.66) lässt sich nicht generell, sondern nur für spezifische Vorgaben bestimmen. Eine Diskussion der reaktionstechnisch relevanten Randbedingungen ist z. B. in [7] enthalten.

Falls Dispersion am Eingang und am Ausgang des Reaktors vorliegt - man bezeichnet dies als ein bezüglich der Dispersion „offenes System" -, so gelingt es, die dimensionslose Verweilzeitdichtefunktion in analytischer Form zu erhalten,

$$E_\theta(\theta) = 0,5\sqrt{\frac{Bo}{\pi\theta}}\ exp\left(-\frac{(1-\theta)^2\ Bo}{4\theta}\right). \tag{6.67}$$

Hierin ist *Bo* die dimensionslose Bodenstein-Zahl,

$$Bo = uL/D_{ax}. \tag{6.68}$$

Aus dem instationären Dispersionsmodell (6.66) folgt das Modell des instationären idealen Strömungsrohrs (6.33), wenn $D_{ax} = 0$ wird, wenn axiale Dispersion entweder ganz fehlt oder gegenüber dem konvektiven Stofftransport zu vernachlässigen ist. Dies gilt auch für die Verweilzeitdichtefunktion (6.67), aus der man die Verteilung des idealen Strömungsrohrs (vgl. Tab. 6.1) erhält, wenn $Bo = \infty$ bzw. $D_{ax} = 0$ wird.

Näherungsweise kann die Bodenstein-Zahl aus der Varianz der Verteilung zu

$$Bo = 2\ /\ \sigma_\theta^2 \tag{6.69}$$

berechnet werden. Bei großen Werten der Bodenstein-Zahl unterscheiden sich die Verweilzeitverteilung (6.67) und die des Kaskadenmodells (Tab. 6.1) nur geringfügig. Wie der Vergleich mit (6.63) zeigt, gilt in diesem Fall $K \approx Bo/2$.

Die Verweilzeitdichtefunktion nach dem Dispersionsmodell kann für ein reales Strömungsrohr in Abhängigkeit von den Strömungsbedingungen (ausgedrückt durch die Reynolds-Zahl) und dem Verhältnis von Reaktorlänge zu Reaktordurchmesser vorausberechnet werden. Zwischen den dimensionslosen Größen *axiale Péclet-Zahl* Pe_{ax}, *Schmidt-Zahl Sc* und *Reynolds-Zahl Re*,

$$Pe_{ax} = ud_R/D_{ax} = Bo\, d_R/L\,, \quad Sc = v_F/D_m\,, \quad Re = ud_R/v_F\,, \tag{6.70}$$

bestehen Korrelationsbeziehungen für laminare und turbulente Strömung [3],

$$\frac{1}{Pe_{ax}} = \frac{1}{Re\,Sc} + \frac{Re\,Sc}{192} \quad (1 < Re < 2000;\ 0{,}23 < Sc < 1000), \tag{6.71a}$$

$$\frac{1}{Pe_{ax}} = \frac{3\cdot 10^7}{Re^{2,1}} + \frac{1{,}35}{Re^{0,125}} \quad (Re > 2000). \tag{6.71b}$$

Mit diesen Beziehungen kann aus der Péclet-Zahl entweder der Wert des axialen Dispersionskoeffizienten (den man benötigt, wenn der Konzentrationsverlauf durch numerische Lösung von (6.66) gesucht ist) oder die Bodenstein-Zahl bestimmt werden,

$$Pe_{ax} = Bo\, d_R/L \quad \text{bzw.}\quad Bo = Pe_{ax}\, L/d_R, \tag{6.72}$$

wobei das Verhältnis von Reaktorlänge zu Reaktordurchmesser L/d_R eingeht. Mit der Bodenstein-Zahl ergibt sich die Verweilzeitdichtefunktion nach (6.67).

Rechenbeispiel 6.4 *Kaskadenmodell für ein reales Strömungsrohr.* Für ein reales Strömungsrohr ($\tau = 1{,}0$ min) liegen die in Tab. 6.11 zusammengestellten Werte der Verweilzeitsummenfunktion F in Abhängigkeit von der Zeit vor. Man bestimme die erforderliche Anzahl der Idealkessel des Kaskadenmodells und vergleiche die experimentelle und die berechnete Verweilzeitverteilung.

Tab. 6.11 Experimentelle Verweilzeitsummenfunktion des realen Strömungsrohrs in Abhängigkeit von der Zeit für Rechenbeispiel 6.4.

t, min	0	0,55	0,60	0,65	0,70	0,75	0,80	0,85	0,90	0,95	1,00
F	0	0	0	0,02	0,03	0,07	0,10	0,21	0,30	0,42	0,55

t, min	1,05	1,10	1,15	1,20	1,25	1,30	1,35	1,40	1,45	1,50	1,55
F	0,68	0,80	0,85	0,89	0,95	0,97	0,98	0,99	1,00	1,00	1,00

Lösung. Die Verweilzeitdichtefunktion *E* an den betrachteten Zeitstellen ist durch numerisches Differenzieren aus der Verweilzeitsummenfunktion, wie im Rechenbeispiel 6.1 ausgeführt, zu bestimmen. Aus den Zahlenwerten folgt der Mittelwert der Verteilung zu $\bar{t}$ = 0,9845 min, die Varianz zu σ = 0,1610 min; für das ideale Strömungsrohr wäre $\bar{t}$ = τ = 1,0 min und σ = 0 zu erwarten. Die Anzahl der Kessel des Kaskadenmodells nach (6.63) ergibt sich zu

$$K = (\bar{t}/\sigma)^2 = (0{,}9845/0{,}1610)^2 = 37{,}41 \approx 37.$$

Die Berechnung der Verweilzeitdichtefunktion der Modellkaskade erfolgt mit (6.44), wobei für $\tau = \bar{t}/K = 0{,}9845/37 \approx 0{,}0266$, also *der Mittelwert der experimentellen Verteilung pro Kessel*, zu verwenden ist. Da sich (6.43) zur Berechnung der Verweilzeitsummenfunktion bei großen Kesselzahlen nur schwer in einem Tabellenkalkulationsprogramm umsetzen lässt, kann man alternativ (wie hier benutzt) die berechnete Verweilzeitdichtefunktion der Kaskade numerisch mit dem Trapez-Verfahren integrieren. Rechenwerte sind in Tab. 6.12 aufgeführt.

Tab. 6.12 Rechenergebnisse (Ausschnitt) für Rechenbeispiel 6.4.

t, min	0,75	0,80	0,85	0,90	0,95	1,00	1,05
E Strömungsrohr, min^{-1}	0,70	1,40	2,00	2,10	2,50	2,60	2,50
E Kaskadenmodell, min^{-1}	0,922	1,438	1,947	2,328	2,490	2,410	2,132
F Kaskadenmodell	0,065	0,124	0,209	0,316	0,436	0,559	0,672

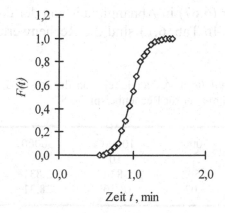
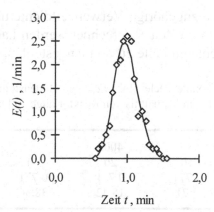

Abb. 6.23 Vergleich der experimentellen Werte der Verweilzeitsummenfunktion (links) und der Verweilzeitdichtefunktion (rechts) des realen Strömungsrohrs (Punkte) mit den berechneten Werten (durchgezogene Linie) nach dem Kaskadenmodell für Rechenbeispiel 6.4.

Abb. 6.23 zeigt den Vergleich der experimentellen Werte mit den für das Kaskadenmodell berechneten. Die Übereinstimmung ist zufriedenstellend, wenngleich das Kaskadenmodell die experimentellen Werte der Verweilzeitdichtekurve im Bereich des Maximums nicht sonderlich genau wiedergibt[1].

Rechenbeispiel 6.5 *Verweilzeitdichtefunktion nach dem Dispersionsmodell.* Das Verweilzeitverhalten eines realen Strömungsrohrs kann sowohl durch das Verhältnis von Reaktorlänge zu Durchmesser L/d_R als auch durch die Strömungsverhältnisse, d. h. durch den jeweiligen Wert der Reynolds-Zahl Re, beeinflusst werden. Man berechne hierzu die Verweilzeitdichtefunktion des Dispersionsmodells (6.67) für die Fälle (a) festes $Re = 4000$ und variables $L/d_R = 10; 20; 50$; (b) festes $L/d_R = 10$ und variables $Re = 3000; 10000; 50000$.

Lösung. Da für die betrachteten Fälle $Re > 2000$ gilt, kann die axiale Péclet-Zahl aus (6.71a) in Abhängigkeit von der Reynolds-Zahl ermittelt werden; für $Re = 4000$ findet man beispielsweise

$$\frac{1}{Pe_{ax}} = \frac{3 \cdot 10^7}{4000^{2,1}} + \frac{1,35}{4000^{0,125}} = 1,2968 \text{ bzw. } Pe_{ax} = 0,771.$$

Bei gegebenem Verhältnis L/d_R folgt die Bodenstein-Zahl Bo aus (6.70) zu

$$Bo = Pe_{ax}L/d_R,$$

so dass die zugehörige Verweilzeitdichte über (6.67) in Abhängigkeit von der dimensionslosen Zeit θ berechnet werden kann. In Tab. 6.13 sind die Rechenwerte der betrachteten Fälle zusammengestellt.

Tab. 6.13 Axiale Péclet-Zahl Pe_{ax} und Bodenstein-Zahl Bo in Abhängigkeit von der Reynolds-Zahl Re und dem Verhältnis von Reaktorlänge zu Durchmesser für Rechenbeispiel 6.5.

Re		4000		3000	10000	50000
L/d_R	10	20	50		10	
Pe_{ax}	0,771	0,771	0,771	0,502	1,830	2,831
Bo	7,71	15,42	38,56	5,02	18,30	28,31

---

[1] Es handelt sich hierbei aber nicht um eine prinzipielle Schwäche des Kaskadenmodells. Die Abweichungen sind vielmehr durch die spezifischen experimentellen Werte der Verweilzeitverteilung der Aufgabe (relativ großer zeitlicher Abstand) bedingt.

Die dimensionslose Verweilzeitdichtefunktion ist in Abb. 6.24 für Fall (a), in Abb. 6.25 für Fall (b) gezeigt. Die Verläufe verdeutlichen, dass sich die Verweilzeitverteilung des realen Reaktors umso stärker der des idealen Strömungsrohrs nähert - der Einfluss der Dispersion also abnimmt -, je turbulenter die Strömung und je „schlanker" der Reaktor ist. Da der Druckabfall einer Rohrströmung proportional u^2 ist, darf aber die Strömungsgeschwindigkcit bzw. die Reynolds-Zahl (z. B. aus Kostengründen) nicht beliebig erhöht werden.

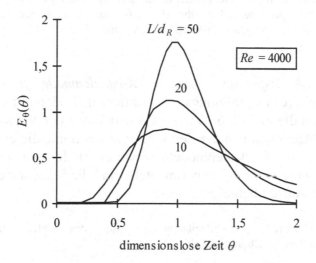

Abb. 6.24 Verweilzeitdichteverteilung nach dem Dispersionsmodell (6.67). Kurvenparameter: Verhältnis Reaktorlänge zu Durchmesser L/d_R bei fester Reynolds-Zahl Re (Rechenbeispiel 6.5).

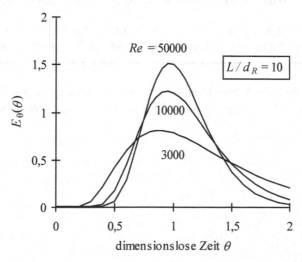

Abb. 6.25 Verweilzeitdichteverteilung nach dem Dispersionsmodell (6.67). Kurvenparameter: Reynolds-Zahl Re für festes Verhältnis Reaktorlänge zu Durchmesser L/d_R (Rechenbeispiel 6.5).

Übungsaufgabe 6.3 *Dispersionsmodell für ein reales Strömungsrohr.* Die in Tab. 6.12 (Rechenbeispiel 6.4, Kaskadenmodell) angegebenen Messwerte bei Verdrängungsmarkierung für ein reales Strömungsrohr (mittlere hydrodynamische Verweilzeit $\tau = 1{,}0$ min) sind mit dem Dispersionsmodell auszuwerten.

Ergebnis, Lösungshinweis: Wie bei Rechenbeispiel 6.4 ist aus den Werten der Verweilzeitsummenfunktion der Reihe nach die Verweilzeitdichtefunktion, der Mittelwert und die Varianz der Verteilung zu ermitteln. Nach (6.69) folgt hiermit die Bodenstein-Zahl zu $Bo = 74{,}82$, so dass die Verweilzeitdichte des Dispersionsmodells über (6.67) für die vorgegebenen Zeitwerte berechnet und mit den experimentellen Werten verglichen werden kann.

Übungsaufgabe 6.4 *Dispersionsmodell und Kaskadenmodell für ein reales Strömungsrohr.* Für ein reales Strömungsrohr (mittlere hydrodynamische Verweilzeit $\tau = 1{,}0$ min) liegen die in Tab. 6.14 angegebenen Werte der Verweilzeitsummenfunktion F in Abhängigkeit von der Zeit vor. Man bestimme die erforderliche Anzahl der Idealkessel des Kaskadenmodells sowie die Bodenstein-Zahl des Dispersionsmodells und vergleiche die experimentelle und die berechneten Verweilzeitsummen- und Verweilzeitdichtefunktionen.

Tab. 6.14   Experimentelle Verweilzeitsummenfunktion des realen Strömungsrohrs in Abhängigkeit von der Zeit für Übungsaufgabe 6.4.

t, min	0	0,2	0,3	0,4	0,5	0,6	0,7	0,8	0,9	1,0	1,1	1,2
F	0	0	0,02	0,05	0,11	0,18	0,27	0,37	0,47	0,56	0,64	0,72

t, min	1,3	1,4	1,5	1,6	1,7	1,8	1,9	2,0	2,1	2,2	2,3	2,4
F	0,78	0,83	0,87	0,9	0,93	0,95	0,96	0,97	0,98	0,99	0,99	1,00

Ergebnis: Man erhält über die Verweilzeitdichte $\bar{t} = 0{,}9962$ min, $\sigma = 0{,}4363$ min sowie für das Dispersionsmodell $Bo = 10{,}5$ bzw. gerundet $K = 5$ Kessel für das Kaskadenmodell.

7 Isotherme ideale Reaktoren für Homogenreaktionen

7.1 Einführung

Im Hinblick auf die vielfältigen Möglichkeiten der Reaktionsführung, der zahlreichen Bauarten von Reaktoren (vgl. Kapitel 4) und des unterschiedlichen Mischungsverhaltens realer Reaktoren (vgl. Kapitel 6) stellen die Modellbedingungen „isotherme ideale Reaktoren für Homogenreaktionen" eine gewisse Einschränkung dar. Für diese Wahl lassen sich aber folgende Gründe anführen:

- *Isotherme Bedingungen.* Unter isothermen Bedingungen entfällt die Wärmebilanz (vgl. Kapitel 5); nur die Stoffmengenbilanzen sind zu lösen, um die reaktionsbedingte Änderung der Zusammensetzung wiederzugeben.
- *Ideale Reaktoren.* Das Verhalten realer Reaktoren kann oft mit ausreichender Genauigkeit durch ideale Modelle beschrieben werden, deren Stoffmengenbilanzen eine einfache Struktur besitzen. Diese Eigenschaft ermöglicht es, analytische Lösungen dieser Bilanzgleichungen für isotherme Bedingungen für viele Reaktionen zu gewinnen und daher den Ablauf chemischer Reaktionen zu untersuchen, ohne (weniger anschauliche, aber gleichwohl geeignete) numerische Verfahren einsetzen zu müssen. Das in den idealen Reaktoren vorherrschende Mischungsverhalten ist oft für reale Reaktoren anzustreben, da es zu optimalen Werten für Umsätze, Ausbeuten oder Reaktorleistung führt [1, 2]. Die im Folgenden wegen ihrer praktischen Bedeutung betrachteten Kombinationen von Zeitverhalten (vgl. Abschnitt 4.2.3) und idealen Reaktoren sind:

  * idealer Rührkessel, absatzweise betrieben;
  * idealer Rührkessel, kontinuierlich und stationär betrieben;
  * idealer Rührkessel, halbkontinuierlich betrieben;
  * ideale Rührkesselkaskade, stationär betrieben;
  * ideales Strömungsrohr, stationär betrieben.

- *Homogenreaktionen.* Da alle Reaktanden bereits in der Phase vorliegen, in der die Reaktion abläuft, ist nur die Reaktionsgeschwindigkeit von Bedeutung. In mehrphasigen Reaktionssystemen befinden sich die Reaktanden zunächst in unterschiedlichen Phasen. Um miteinander reagieren zu können, müssen gewisse Komponenten die Phase wechseln, so dass eine komplexe Überlagerung der Reaktions- und Stofftransportvorgänge zu beachten ist.

Da jede Reaktion mit Wärmeeffekten verbunden ist, stellt die Bedingung „isotherme Verhältnisse" eine weitgehende Einschränkung dar, sowohl im Hinblick auf die Bedingungen bei technisch durchgeführten Reaktionen als auch auf die experimentelle Realisierung in Laborreaktoren. Nicht-isotherme Reaktionen werden im Kapitel 8, mehrphasige Reaktionen im Kapitel 9 betrachtet.

Analytische Lösungen der Stoffmengenbilanzen lassen sich für die in Tab. 5.1 angegebenen Reaktionen herleiten, die im Folgenden als „Beispielreaktionen" näher betrachtet werden. Als typische Fragestellungen, die sich für den isothermen Betrieb idealer Reaktoren ergeben, werden ausgewählt:

- welche Reaktionsdauer t_R (bei diskontinuierlichem und halbkontinuierlichem Betrieb) bzw. welche Verweilzeit τ_R (bei kontinuierlichem Betrieb) ist erforderlich, um bestimmte End- bzw. Reaktorausgangskonzentrationen bei gegebener Reaktion zu erzielen?
- welches Reaktionsvolumen V wird benötigt, um eine geforderte Produktion, d. h. einen bestimmten Stoffmengenstrom einer Komponente, zu erhalten?
- wie ist vorzugehen, um aus Konzentrationsmesswerten, die bei der experimentellen Durchführung einer Reaktion unter isothermen Bedingungen anfallen, die Reaktionsgeschwindigkeit und kinetische Parameter (Geschwindigkeitskonstante, Stoßfaktor, Aktivierungsenergie, ...) zu ermitteln?

7.2   Absatzweise betriebener idealer Rührkessel

In Abb. 7.1 sind Bezeichnungen und Modellbedingungen für einen absatzweise und isotherm betriebenen ideal durchmischten Rührkessel schematisch gezeigt.

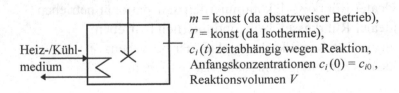

Heiz-/Kühl-
medium

m = konst (da absatzweiser Betrieb),
T = konst (da Isothermie),
$c_i(t)$ zeitabhängig wegen Reaktion,
Anfangskonzentrationen $c_i(0) = c_{i0}$,
Reaktionsvolumen V

Abb. 7.1 Schematische Darstellung der Verhältnisse für einen absatzweise und isotherm betriebenen idealen Rührkessel.

Gesamtmassenbilanz. Da keine Stoffströme ein- und austreten, bleibt die Gesamtmasse konstant[1]. Mit dem Reaktionsvolumen V und der Gesamtdichte ρ gilt

$$m = konst = V\rho.$$

Dies besagt: *laufen in einem absatzweise betriebenen Rührkessel chemische Reaktionen ab, so ist der Füllstand (bzw. das Reaktionsvolumen) nur dann zeitlich konstant, wenn die Gesamtdichte zeitlich konstant bleibt.* Unterstellt man für die Gesamtdichte die Abhängigkeit $\rho = \rho\,(T, P, Zusammensetzung, ...)$, so wird unter isothermen Bedingungen (wie vorausgesetzt) und unter isobaren Bedingungen (wie bei Flüssigphasenreaktionen oft üblich und hier angenommen) allein ein Einfluss der Zusammensetzung auftreten können. Da die Dichten vieler Stoffe ähnliche Zahlenwerte aufweisen und Dichteänderungen bei Reaktionen in Lösemittel zu vernachlässigen sind, stellt die Annahme konstanter Gesamtdichte vielfach eine akzeptable Näherung dar, die im Folgenden beibehalten wird,

$$\rho = konst \text{ und } V = konst. \tag{7.1}$$

Stoffmengenbilanzen der Komponenten. Wie in Abschnitt 5.4 bzw. in Tab. 5.8 und 5.9 dargelegt, lauten die Stoffmengenbilanzen der $i = 1, ..., N$ Komponenten

$$\frac{dn_i}{dt} = \dot{n}_{i,R}. \tag{7.2}$$

Dies besagt: *in einem absatzweise betriebenen idealen Rührkessel tritt eine zeitliche Änderung der Stoffmenge einer Komponente nur dann auf, wenn eine Produktion durch chemische Reaktion vorliegt.* Die linke Seite von (7.2) kann als

$$\frac{dn_i}{dt} = \frac{d(Vc_i)}{dt} = V\frac{dc_i}{dt} \tag{7.3}$$

geschrieben werden, da konstantes Reaktionsvolumen V vorausgesetzt ist. Die rechte Seite von (7.2) lässt sich mittels der Reaktionsgeschwindigkeit ausdrücken:

- für die einzige Reaktion $\sum v_i\,A_i = 0$ folgt mit (5.4) und nach Kürzen durch das Reaktionsvolumen *die differenzielle Stoffmengenbilanz des absatzweise betriebenen idealen Rührkessels* zu

---

[1] In Rechenbeispiel 5.7 wurde dies unter Verwendung der Gesamtmassenbilanz gezeigt.

$$\frac{dc_i}{dt} = v_i r \quad \text{mit Anfangsbedingung } c_i(0) = c_{i0}. \tag{7.4}$$

Dies besagt: *läuft in einem absatzweise betriebenen idealen Rührkessel nur eine einzige Reaktion ab, so ist die zeitliche Änderung der Konzentration einer Komponente proportional ihrem stöchiometrischen Koeffizienten und der Reaktionsgeschwindigkeit.*

- finden mehrere Reaktionen statt, $\sum v_{i1} A_i = 0$, $\sum v_{i2} A_i = 0$, ..., so setzt sich die zeitliche Änderung der Konzentration additiv aus den Beiträgen der Einzelreaktionen zusammen, die proportional dem jeweiligen stöchiometrischen Koeffizient und der Reaktionsgeschwindigkeit sind,

$$\frac{dc_i}{dt} = v_{i1} r_1 + v_{i2} r_2 + \dots \quad \text{mit Anfangsbedingung } c_i(0) = c_{i0}. \tag{7.5}$$

(7.4) und (7.5) stellen ein System von N Differenzialgleichungen erster Ordnung in den Konzentrationen der Komponenten bezüglich der Zeit als unabhängiger Variabler dar. Die Anfangsbedingung ist erforderlich, um aus mathematischen Gründen die eindeutige Lösung der Differenzialgleichungen zu gewinnen. Daneben gibt sie die zum Zeitpunkt Null, also zu Beginn der Reaktion, im Reaktor vorliegenden Konzentrationen der Komponenten wieder.

Formale Lösung der Stoffmengenbilanzen. Die Lösung der Stoffmengenbilanzen (7.4) bzw. (7.5) kann erst dann gefunden werden, wenn eine konkrete Reaktion gegeben und damit die Konzentrationsabhängigkeit der Reaktionsgeschwindigkeit festgelegt ist. Die formale Lösung [3] besitzt die Struktur

$$c_i = f_i(t, c_{10}, c_{20}, \dots, c_{N0}, T, \text{kinetische Parameter}). \tag{7.6}$$

Dies besagt: *finden in einem absatzweise betriebenen idealen Rührkessel chemische Reaktionen statt, so kann die Konzentration einer Komponente durch die Reaktionsdauer, die Anfangskonzentrationen, die Temperatur und die Zahlenwerte der kinetischen Parameter beeinflusst werden.*

Reaktionsdauer, Anfangskonzentrationen und Reaktionstemperatur stellen diejenigen Größen dar, die sich (zumindest in bestimmten Wertebereichen) verändern lassen, um das gewünschte Ziel der Reaktion: die geforderten Endkonzentrationen der Komponenten (bzw. Umsatzgrade oder Ausbeuten) zu erreichen. Die Reaktionstemperatur erscheint in (7.6) als Argument, da *ein* bestimmter Temperaturwert für die Durchführung der Reaktion zu wählen ist, der aufgrund der vorausgesetzten Isothermie zeitlich konstant bleibt. In den Geschwindigkeitskonstanten, in denen sich die Temperaturabhängigkeit der Reaktionsgeschwindigkeit wiederfindet, sind die kinetischen Parameter enthalten, die daher die Konzentrations-Zeit-Verläufe mit beeinflussen.

Lösung der Stoffmengenbilanzen für eine einzige Reaktion. Aufgrund der stöchiometrischen Relationen, die zwischen den Konzentrationen der Komponenten bestehen, müssen nicht alle N Stoffmengenbilanzen (7.4) gelöst werden. Wählt man z. B. Komponente A_1 als *Bezugskomponente* [2], so gilt entsprechend (2.30)

$$c_i = c_{i0} + \frac{v_i}{v_1}(c_1 - c_{10}) \quad \text{für } i = 2, ..., N. \tag{7.7}$$

Wäre der Konzentrations-Zeit-Verlauf $c_1(t)$ der Bezugskomponente bekannt, so ließen sich alle weiteren Konzentrationen berechnen; daher bleibt allein die Mengenbilanz der Bezugskomponente zu lösen. Falls die Reaktionsgeschwindigkeit von den Konzentrationen der weiteren Komponenten abhängt, werden diese zunächst über (7.7) durch die Konzentration der Bezugskomponente ersetzt[3],

$$r(c_1, \underbrace{c_2, ..., c_N}_{\text{durch (7.7) ersetzen}}) = r(c_1). \tag{7.8}$$

Erst dann ist die Mengenbilanz allein mittels der Konzentration der Bezugskomponente ausgedrückt,

$$\frac{dc_1}{dt} = v_1 r(c_1) \quad \text{mit Anfangsbedingung } c_1(0) = c_{10}, \tag{7.9}$$

und kann gelöst werden. Nach Trennung der Variablen und Integration folgt

$$t = \frac{1}{v_1} \int_{c_{10}}^{c_1} \frac{dc_1}{r(c_1)}. \tag{7.10}$$

Diese Gleichung bildet den Ausgangspunkt für die Beantwortung vieler Fragestellungen, wie exemplarisch im folgenden Anwendungsbeispiel gezeigt wird.

Anwendungsbeispiel. Für die irreversible bimolekulare Reaktion

$$A_1 + A_2 \rightarrow A_3, \quad r = kc_1c_2,$$

---

[2] Grundsätzlich kann jede der Komponenten als Bezugskomponente gewählt werden. Oft ergibt sich die Bezugskomponente aus der Aufgabenstellung, etwa wenn ein vorgegebener Umsatzgrad eines bestimmten Edukts zu erreichen ist.
[3] Die Bezeichnung $r(c_1)$ drückt hier und im Folgenden aus, dass die Reaktionsgeschwindigkeit allein in Abhängigkeit von der Konzentration der Bezugskomponente A_1 dargestellt ist.

lauten die stöchiometrischen Beziehungen (7.7)

$$c_2 = c_{20} - c_{10} + c_1, \quad c_3 = c_{30} + c_{10} - c_1. \tag{7.11}$$

Die Reaktionsgeschwindigkeit hängt von den Konzentrationen der beiden Edukte ab. Gemäß (7.8) wird jedoch c_2 über (7.11 links) eliminiert mit dem Ergebnis

$$r = kc_1c_2 = kc_1(c_{20} - c_{10} + c_1) = r(c_1). \tag{7.12}$$

Damit ergibt sich die *differenzielle Form der Mengenbilanz der Bezugskomponente* zu

$$\frac{dc_1}{dt} = -r(c_1) = -kc_1(c_{20} - c_{10} + c_1) \text{ mit Anfangsbedingung } c_1(0) = c_{10}. \tag{7.13}$$

Nach Trennung der Variablen entsprechend (7.10) entsteht

$$t = -\int_{c_{10}}^{c_1} \frac{dc_1}{kc_1(c_{20} - c_{10} + c_1)}. \tag{7.14}$$

Bei der Integration ist nun (aus mathematischen Gründen) zu unterscheiden, ob äquimolare Einsatzverhältnisse der Edukte, d. h. gleiche Anfangskonzentrationen $c_{10} = c_{20}$, vorliegen oder nicht. Für die beiden Fälle erhält man *die integrierte Form der Mengenbilanz der Bezugskomponente* zu[4]

$$t_R = \frac{1}{k}\left(\frac{1}{c_1} - \frac{1}{c_{10}}\right) \qquad \text{für } c_{10} = c_{20}, \tag{7.15a}$$

$$t_R = \frac{1}{k(c_{20} - c_{10})} \, ln\left[\frac{c_{20} - c_{10} + c_1}{c_1} \frac{c_{10}}{c_{20}}\right] \text{ für } c_{10} \neq c_{20}. \tag{7.15b}$$

Diese Gleichungen dienen dazu, die benötigte Reaktionsdauer t_R bei geforderter Endkonzentration c_1 der Bezugskomponente zu berechnen, wobei die Anfangskonzentrationen und die Geschwindigkeitskonstante (bzw. alternativ Stoßfaktor, Aktivierungsenergie und Reaktionstemperatur) gegeben sein müssen.

---

[4] Falls die Reaktionsdauer eine variable Größe ist, wird - wie für die Zeit - das Symbol t verwendet. Als Symbol für diejenige Reaktionsdauer, bei der geforderte Endkonzentrationen erzielt werden, steht dagegen t_R.

Wird (7.15) nach der Konzentration c_1 aufgelöst, so erhält man

$$c_1 = \frac{c_{10}}{1 + kc_{10}t} \qquad \text{für } c_{10} = c_{20}, \qquad (7.16a)$$

$$c_1 = \frac{c_{10}(c_{20} - c_{10})}{c_{20}\, exp[(c_{20} - c_{10})kt] - c_{10}} \quad \text{für } c_{10} \neq c_{20}. \qquad (7.16b)$$

Diese Gleichungen finden Verwendung, wenn der Konzentrationsverlauf der Bezugskomponente für gegebene Reaktionsbedingungen (Anfangskonzentrationen, Geschwindigkeitskonstante) in Abhängigkeit von der Zeit t berechnet werden soll.

Schließlich bildet (7.15) den Ausgangspunkt zur Bestimmung der Geschwindigkeitskonstante k. Hierzu werden die insgesamt $m = 1, ..., M$ Messwerte der Konzentration der Bezugskomponente $c_1(t_m)$ an den äquidistanten Zeitpunkten $t_m = m\Delta t$ unter isothermen Bedingungen experimentell ermittelt. Zur Auswertung stehen zwei Methoden zur Verfügung:

- *Integralmethode.* Ihre Bezeichnung rührt daher, dass man die integrierte Form der Mengenbilanz zugrunde legt. Für die betrachtete bimolekulare Reaktion ist dies Gleichung (7.15), die man umformt in

$$\frac{1}{c_1} - \frac{1}{c_{10}} = kt \qquad \text{für } c_{10} = c_{20}, \qquad (7.17a)$$

$$\frac{1}{c_{20} - c_{10}}\, ln\left[\frac{c_{20} - c_{10} + c_1}{c_1}\, \frac{c_{10}}{c_{20}}\right] = kt \quad \text{für } c_{10} \neq c_{20}. \qquad (7.17b)$$

Trägt man die Werte der linken Seiten, die sich allein aus den Konzentrationsmesswerten und den bekannten Anfangskonzentrationen berechnen lassen, über den zugehörigen Zeitwerten auf, so ergibt sich eine Gerade, deren Steigung gleich der Geschwindigkeitskonstante k bei der gewählten Versuchstemperatur ist. Als Steigung der Regression von y = (7.17 links) gegen $x = t$ gewinnt man den Wert der Geschwindigkeitskonstante[5]. Natürlich kann man die Gleichungen (7.17) auch dazu benutzen, um aus einem einzigen Konzentrationsmesswert die Geschwindigkeitskonstante abzuschätzen; aufgrund ihrer statistischen Eigenschaften ist aber eine Regression, die jedoch mehrere Messwerte erfordert, stets zu bevorzugen.

---

[5] Es handelt sich hier wieder um eine Modellgleichung des Typs $y = bx$ ohne Achsenabschnitt a. Man beachte hierzu die Anmerkung im Rechenbeispiel 5.7.

- **Differenzialmethode.** Ihre Bezeichnung beruht darauf, dass man die differenzielle Form der Mengenbilanz zur Auswertung benutzt. Im ersten Schritt der Methode wird nur die Reaktionsgeschwindigkeit r bestimmt, ohne dass die jeweilige Konzentrationsabhängigkeit eingeht. Aus (7.9) folgt zunächst

$$r = \frac{1}{v_1} \frac{dc_1}{dt}.$$ (7.18)

Die rechte Seite dieser Gleichung lässt sich aus den diskreten experimentellen Konzentrations-Zeit-Werten durch numerische Differenziation ermitteln, die bei der Bestimmung der Verweilzeitfunktionen dargestellt wurde (Abschnitt 6.6). Man berechnet nach (6.53) für Zeitpunkte $t > 0$ und nach (6.54) für $t = 0$:

$$\frac{dc_1(t)}{dt} = \frac{c_1(t + \Delta t) - c_1(t - \Delta t)}{2\Delta t},$$ (7.19a)

$$\frac{dc_1(0)}{dt} = \frac{-3c_1(0) + 4c_1(\Delta t) - c_1(2\Delta t)}{2\Delta t}.$$ (7.19b)

Über (7.18) ergibt sich damit die Reaktionsgeschwindigkeit zu jedem Zeitwert. Im zweiten Schritt der Methode kommt die jeweilige Konzentrationsabhängigkeit zum Tragen. Für die bimolekulare Reaktion ist dies Gleichung (7.12),

$$r = kc_1(c_{20} - c_{10} + c_1).$$ (7.20)

Als Steigung der linearen Regression von $y = r$ gegen $x = c_1(c_{20} - c_{10} + c_1)$ gewinnt man den Wert der Geschwindigkeitskonstante k bei der Versuchstemperatur.

Im Rechenbeispiel 7.1 wird die Anwendung der beiden Methoden für die bimolekulare Reaktion dargestellt.

Bestimmung von Stoßfaktor und Aktivierungsenergie. Die Auswertung der unter isothermen Bedingungen gewonnenen Konzentrations-Zeit-Verläufe führt auf einen *einzigen* Wert der Geschwindigkeitskonstante k bei der jeweiligen Versuchstemperatur T. Um die Arrhenius-Parameter Stoßfaktor und Aktivierungsenergie mittels linearer Regression zu ermitteln, sind aber (vgl. Abschnitt 5.2.3) mindestens drei Werte der Geschwindigkeitskonstante bei unterschiedlichen Temperaturen erforderlich, die man aus der entsprechenden Anzahl von Konzentrations-Zeit-Verläufen berechnen muss. Die Bestimmung kinetischer Parameter ist aufgrund der Vielzahl der benötigten Messwerte und ihrer Auswertung in der Regel zeitaufwendig und mit Kosten verbunden.

Bestimmung des Reaktionsvolumens. Nach Ablauf der Reaktionsdauer liegen die Komponenten mit den Konzentrationen c_i und den Stoffmengen $n_i = Vc_i$ im Reaktor vor. Während eines Produktionszyklusses, dessen Dauer sich gemäß (4.1) aus der Summe der Reaktionsdauer t_R und der Rüstzeit t_V des Reaktors berechnet, wird also der (rechnerische) Stoffmengenstrom

$$\dot{n}_i = \frac{n_i}{t_R + t_V} = \frac{Vc_i}{t_R + t_V} \qquad (7.21)$$

erzeugt. Nach dem Volumen aufgelöst, entsteht

$$V = \frac{\dot{n}_i(t_R + t_V)}{c_i}. \qquad (7.22)$$

Dies besagt: *das benötigte Reaktionsvolumen V eines absatzweise betriebenen Rührkessels erhält man aus der geforderten Produktion $\dot{n}_i$ der Komponente A_i, der Konzentration c_i dieser Komponente nach Ablauf der Reaktionsdauer und der Zyklusdauer $t_R + t_V$.*

Anlagenverfügbarkeit. Die Leistung bzw. Produktion eines Reaktors oder einer Anlage wird oft als jährliche Leistung, z. B. in t/a, angegeben. Um diese Angabe in eine stündliche Leistung umzurechnen, wie sie beispielsweise für die Bestimmung des Reaktionsvolumens benötigt wird, ist die *Anlagenverfügbarkeit t_A* erforderlich. Sie bezeichnet denjenigen Zeitraum, den ein Reaktor bzw. eine Anlage pro Jahr für die Produktion zur Verfügung steht. Dieser Wert wird in der Regel von der Art der Anlage, Besonderheiten des Reaktorbetriebs und dem Standort abhängig sein. In jedem Fall sind aber bestimmte Zeiträume zum einen für die geplante Wartung, zum anderen für ungeplante Abstellungen (Betriebsstörungen) vorzusehen. Fehlen genauere Angaben, so kann man $t_A = 8000$ h/a (≈ 333 Tage Produktion) als *groben Schätzwert* benutzen. Einer Produktion von 1000 t/a entspricht bei Gültigkeit dieser Annahme 125 kg/h.

Abschätzung des Reaktordurchmessers. Bei gegebenem Wert des Reaktionsvolumens kann man den Reaktordurchmesser d_R aus $V = \pi d_R^2 h/4$ nur berechnen, wenn der sogenannte *Sch*lankheitsgrad (Verhältnis Füllhöhe h zu Durchmesser d_R) bekannt ist. Über die *Annahme* Füllhöhe = Durchmesser ($h = d_R$) lässt sich der Reaktordurchmesser aber zumindest abschätzen aus

$$d_R = (4V/\pi)^{1/3}. \qquad (7.23)$$

Rechenbeispiel 7.1 *Bestimmung der Geschwindigkeitskonstante und Reaktorauslegung für eine irreversible bimolekulare Reaktion.* In einem absatzweise betriebenen idealen isothermen Rührkessel werden für die irreversible bimolekulare Reaktion $A_1 + A_2 \rightarrow A_3$, $r = kc_1c_2$, die in Tab. 7.1 zusammengestellten Messwerte erhalten, wobei die Anfangskonzentrationen $c_{10} = 1{,}5$ kmol/m^3, $c_{20} = 2{,}0$ kmol/m^3, $c_{30} = 0$ betragen. Zu bestimmen sind:

a) die Geschwindigkeitskonstante k nach der Integralmethode;
b) die Geschwindigkeitskonstante k nach der Differenzialmethode;
c) die Reaktionsdauer t_R, mit der ein Umsatzgrad $X_1 = 0{,}95$ zu erzielen ist;
d) das Reaktionsvolumen V, mit dem eine Produktion von 6000 t/a an Produkt A_3 erhalten wird, wenn die Rüstzeit des Reaktors $t_V = 20$ min und die Anlagenverfügbarkeit $t_A = 8000$ h/a beträgt (molare Masse $M_3 = 242$ kg/kmol). Der Reaktordurchmesser d_R ist abzuschätzen;
e) die Konzentrations-Zeit-Verläufe aller Komponenten.

Tab. 7.1 Konzentrations-Zeit-Messwerte für Rechenbeispiel 7.1.

t	min	0	2,5	5	7,5	10	12,5
c_1	kmol/m^3	1,50	1,24	1,05	0,93	0,81	0,71

Lösung. Da Edukt A_2 im Überschuss eingesetzt wird, sind die oben angegebenen Beziehungen für $c_{10} \neq c_{20}$ zu benutzen. a) Um die Geschwindigkeitskonstante mittels der Integralmethode zu bestimmen, ist eine Regression von (7.17b links) gegen die Zeit t durchzuführen, wobei die Zeit- und die Konzentrationswerte aus der Tab. 7.1 zu entnehmen sind. In Tab. 7.2 sind die für die Regression benötigten Rechenwerte wiedergegeben; man findet für die Geschwindigkeitskonstante $k = 0{,}0382$ m^3/kmol min. Mit diesem Wert lassen sich die berechneten Konzentrationen zu jedem Zeitwert aus (7.16b) ermitteln,

$$c_{1,ber} = \frac{1{,}5(2{,}0 - 1{,}5)}{2{,}0\,exp[(2{,}0 - 1{,}5) \cdot 0{,}0382 \cdot t)] - 1{,}5}. \tag{7.24}$$

Abb. 7.2 zeigt, dass die experimentellen und die berechneten Konzentrationswerte gut übereinstimmen.

Tab. 7.2 Rechenwerte für die Bestimmung der Geschwindigkeitskonstante nach der Integralmethode für Rechenbeispiel 7.1.

t	min	0	2,5	5	7,5	10
$\dfrac{1}{c_{20} - c_{10}} ln\left[\dfrac{c_{20} - c_{10} + c_1}{c_1} \dfrac{c_{10}}{c_{20}}\right]$	m^3/kmol	0	0,1022	0,2036	0,2851	0,3861
$c_{1,ber}$ nach (7.24)	kmol/m^3	1,500	1,255	1,071	0,928	0,814

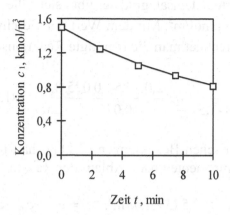

Abb. 7.2 Vergleich der experimentellen Werte (Punkte) und der berechneten Werte (Linie) für die bimolekulare Reaktion aus Rechenbeispiel 7.1 (Geschwindigkeitskonstante über Integralmethode).

b) In Tab. 7.3 sind die Zahlenwerte aufgeführt, die bei der Differenzialmethode auftreten. Über (7.18) und die Approximationen der Ableitung (7.19a, b) findet man die Werte der Reaktionsgeschwindigkeit; z. B. ergibt sich für $t = 5$ min

$$r(5,0) = -\frac{c_1(7,5) - c_1(2,5)}{2 \cdot 2,5} = -\frac{0,93 - 1,24}{5} = 0,062 \text{ kmol/m}^3 \text{ min.}$$

Aus der Regression von r gegen $c_1(c_{20} - c_{10} + c_1)$ gemäß (7.20) folgt die Geschwindigkeitskonstante zu $k = 0,0404$ m^3/kmol min. Die Zahlenwerte der Rechnung sind in Tab. 7.3 zusammengestellt und durch die berechneten Werte der Konzentration der Bezugskomponente ergänzt. Auch bei der Differenzialmethode kann die Qualität der Wiedergabe der experimentellen Werte als gut bezeichnet werden (ohne Abbildung), wenngleich die Fehler gegenüber der Integralmethode größer sind. Die Ursache hierfür ist im relativ großen zeitlichen Abstand der Konzentrationswerte zu suchen, der Fehler bei der Approximation der Ableitung nach sich zieht und zu einem gegenüber der Integralmethode etwas abweichenden Wert der Geschwindigkeitskonstante k führt.

Tab. 7.3 Zahlenwerte für die Bestimmung der Geschwindigkeitskonstante nach der Differenzialmethode für Rechenbeispiel 7.1.

t	min	0	2,5	5	7,5	10
r	kmol/m^3 min	0,118	0,090	0,062	0,048	0,044
$c_1(c_{20} - c_{10} + c_1)$	(kmol/m^3)^2	3,000	2,158	1,628	1,330	1,061
$c_{1,ber}$ nach (7.24)	kmol/m^3	1,500	1,243	1,053	0,907	0,791

c) Aus dem geforderten Umsatzgrad ergibt sich die Endkonzentration zu $c_1 = c_{10}(1 - X_1) = 0,075$ kmol/m³. Mit dem Wert der Geschwindigkeitskonstante k der Integralmethode berechnet man die benötigte Reaktionsdauer über (7.15b) zu

$$t_R = \frac{1}{0,0382\,(2,0-1,5)}\; ln\left[\frac{2,0-1,5+0,075}{0,075}\,\frac{1,5}{2,0}\right] = 91,6 \text{ min.}$$

d) Aus den stöchiometrischen Beziehungen (7.11) erhält man die Endkonzentrationen der weiteren Komponenten nach Ablauf der Reaktionsdauer zu

$$c_2 = c_{20} - c_{10} + c_1 = 0,575 \text{ kmol/m}^3, \quad c_3 = c_{30} + c_{10} - c_1 = 1,425 \text{ kmol/m}^3.$$

Die jährliche Produktion wird mittels der Anlagenverfügbarkeit umgerechnet,

$$\dot{n}_3 = \dot{m}_3/M_3 t_A = \frac{(6000 \text{ t / a})(1000 \text{ kg / t})}{(242 \text{ kg / kmol})(8000 \text{ h / a})(60 \text{ min / h})} = 0,052 \text{ kmol/min,}$$

woraus das benötigte Reaktionsvolumen über (7.22) folgt,

$$V = \frac{\dot{n}_3(t_R + t_V)}{c_3} = \frac{(0,052 \text{ kmol / min})(91,6 + 20 \text{ min})}{1,425 \text{ kmol / m}^3} = 4,04 \text{ m}^3$$

Der Reaktordurchmesser wird nach (7.23) zu $d_R = (4\cdot4,04/\pi)^{1/3} \approx 1,7$ m.

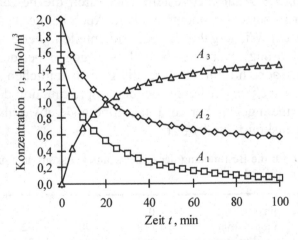

Abb. 7.3 Konzentrations-Zeit-Verläufe für die bimolekulare Reaktion $A_1 + A_2 \rightarrow A_3$ im absatzweise und isotherm betriebenen idealen Rührkessel (Rechenbeispiel 7.1).

e) Bei gegebenen Werten der Anfangskonzentrationen und der Geschwindigkeitskonstante kann die Konzentration der Bezugskomponente A_1 über (7.16b) für beliebige Zeitpunkte bestimmt werden. Die Konzentrationen der Komponenten A_2, A_3 folgen aus den stöchiometrischen Beziehungen (7.11). In Abb. 7.3 sind die gesuchten Konzentrations-Zeit-Verläufe dargestellt. Für große Reaktionsdauern wird das Edukt A_1 vollständig umgesetzt, da Edukt A_2 im Überschuss vorliegt und eine irreversible Reaktion stattfindet. Die Endwerte der Konzentrationen betragen für die betrachteten Bedingungen:

$$c_1(t \to \infty) = 0, \quad c_2(t \to \infty) = c_{20} - c_{10}, \quad c_3(t \to \infty) = c_{30} + c_{10}.$$

Weitere Reaktionen. Im Folgenden werden die relevanten Gleichungen für wichtige Reaktionen, die bereits in Tab. 5.1 zusammengestellt sind, wiedergegeben und durch Anmerkungen ergänzt. Als Bezugskomponente wird dabei stets A_1 verwendet. Alle hier betrachteten Fälle führen auf analytische Lösungen bei der Integration der Mengenbilanz der Bezugskomponente nach (7.10).

- **Irreversible Reaktion n-ter Ordnung**

Reaktions-, Geschwindigkeitsgleichung:	$A_1 \to v_2 A_2 (+ ...), \quad r = k c_1^n$	(7.25a)
Stöchiometrische Beziehung:	$c_2 = c_{20} + v_2(c_{10} - c_1)$	(7.25b)
Mengenbilanz der Bezugskomponente A_1:	$\dfrac{dc_1}{dt} = -r = -k c_1^n, \quad c_1(0) = c_{10}$	(7.25c)
Bestimmung der Reaktionsdauer:	für $n = 1$: $t_R = -\dfrac{1}{k} ln \dfrac{c_1}{c_{10}}$	(7.25d)
	für $n \neq 1$: $t_R = \dfrac{1}{(n-1)k}[c_1^{1-n} - c_{10}^{1-n}]$	(7.25e)
Konzentrations-Zeit-Verlauf:	für $n = 1$: $c_1 = c_{10} \, exp(-kt)$	(7.25f)
	für $n \neq 1$: $c_1 = c_{10}[1 + (n-1)k c_{10}^{n-1} t]^{1/(1-n)}$	(7.25g)
k nach der Integralmethode:	für $n = 1$: $-ln \dfrac{c_1}{c_{10}} = kt$	(7.25h)
	für $n \neq 1$: $\dfrac{c_1^{1-n} - c_{10}^{1-n}}{n-1} = kt$	(7.25i)
k nach der Differenzialmethode:	$r = -\dfrac{dc_1}{dt}, \quad ln \, r = ln \, k + n \, ln \, c_1$	(7.25j)

Zur Durchführung der Integralmethode muss die Reaktionsordnung n bekannt sein. Mit der Differenzialmethode kann man dagegen k und n gemeinsam bestimmen, indem man eine lineare Regression von $y = ln \, r$ gegen $x = ln \, c_1$ vornimmt (vgl. hierzu Rechenbeispiel 5.1 und Übungsaufgabe 7.3). Die Konzentrations-Zeit-Verläufe (7.25f, g) lassen sich kompakt wiedergeben, wenn man den Umsatzgrad der Bezugskomponente X_1 in Abhängigkeit von der (dimensionslosen) *Damköhler-Zahl Da* ausdrückt,

$$Da = kc_{10}^{n-1}t \,, \quad \text{für } n = 1 \text{: } X_1 = 1 - exp(-Da) \,, \quad \text{für } n \neq 1 \text{: } X_1 = 1 - [1 + (n-1)Da]^{1/(1-n)} \,. \quad (7.25k)$$

Diese Verläufe sind für verschiedene Reaktionsordnungen in Abb. 7.4 gezeigt. Für eine Reaktionsordnung $0 \leq n < 1$ ist vollständiger Umsatz bei endlicher Reaktionsdauer möglich.

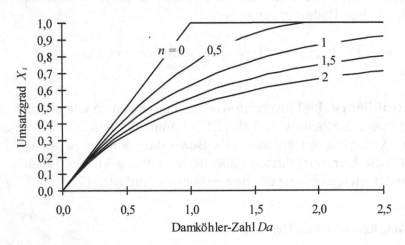

Abb. 7.4　Umsatzgrad der Bezugskomponente A_1 in Abhängigkeit von der Damköhler-Zahl für die irreversible Reaktion n-ter Ordnung $A_1 \rightarrow \ldots$ im absatzweise betriebenen idealen Rührkessel (Kurvenparameter: Reaktionsordnung n).

- **Gleichgewichtsisomerisierung**

Reaktions-, Geschwindigkeitsgleichung:　　$A_1 \leftrightarrow A_2, \; r = k_{hin}c_1 - k_{rück}c_2$　　　　(7.26a)

Stöchiometrische Beziehung:　　$c_2 = c_{20} + c_{10} - c_1$　　　　(7.26b)

$c_2^* = c_{20} + c_{10} - c_1^*$ (im Gleichgewicht)　　(7.26c)

Gleichgewichtskonzentration:　　$c_1^* = \dfrac{k_{rück}}{k_{hin} + k_{rück}}(c_{10} + c_{20})$　　(7.26d)

Mengenbilanz Bezugskomponente A_1:　　$\dfrac{dc_1}{dt} = -r(c_1) = -(k_{hin} + k_{rück})(c_1 - c_1^*)$　(7.26e)

Bestimmung der Reaktionsdauer:　　$t_R = -\dfrac{1}{k_{hin} + k_{rück}} ln\dfrac{c_1 - c_1^*}{c_{10} - c_1^*}$　　(7.26f)

Konzentrations-Zeit-Verlauf:　　$c_1 = c_1^* + (c_{10} - c_1^*) exp[-(k_{hin} + k_{rück})t]$　(7.26g)

k nach der Integralmethode:　　$-ln\dfrac{c_1 - c_1^*}{c_{10} - c_1^*} = (k_{hin} + k_{rück})t$　　(7.26h)

$$K = k_{hin} / k_{rück} = c_2^* / c_1^* = (c_{20} + c_{10} - c_1^*) / c_1^* \quad (7.26i)$$

Die Gleichgewichtskonzentration (7.26d) folgt mit (7.26c) aus der Bedingung für das chemische Gleichgewicht $r = 0$. Mit (7.26d) und (7.26b) lässt sich die Konzentrationsabhängigkeit der Reaktionsgeschwindigkeit auf die in (7.26e) angegebene Form bringen. Da der Geschwindigkeitsausdruck zwei Geschwindigkeitskonstanten enthält, ist die Differenzialmethode ungeeignet. Nach der Integralmethode (Regression von (7.26h) links) gegen t) findet man die *Summe* der Geschwindigkeitskonstanten. Das Massenwirkungsgesetz (7.26i), in dem die experimentell bestimmbaren Gleichgewichtskonzentrationen auftreten, liefert das *Verhältnis* der Geschwindigkeitskonstanten. Aus beiden Gleichungen errechnen sich die Einzelwerte der Geschwindigkeitskonstanten, vgl. Rechenbeispiel 7.2.

Die Umsatzgrad-Zeit-Verläufe nach (7.26g) sind für drei verschiedene Temperaturen in Abb. 7.5 dargestellt. Für große Reaktionsdauern ($t \to \infty$) stellt sich der jeweilige temperaturabhängige Gleichgewichtsumsatz ein. Je höher die Temperatur ist, umso schneller nähern sich die Verläufe an das Gleichgewicht an.

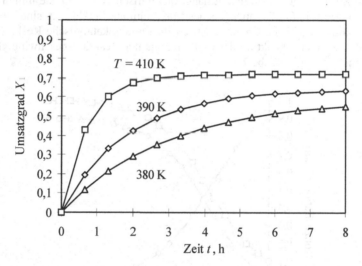

Abb. 7.5 Umsatzgrad der Bezugskomponente A_1 in Abhängigkeit von der Zeit für die Gleichgewichtsisomerisierung $A_1 \leftrightarrow A_2$ im absatzweise betriebenen idealen Rührkessel (Kurvenparameter Reaktionstemperatur T).

- **Autokatalytische Reaktion**

Kinetische Reaktionsgleichung:	$A_1 + A_2 \to 2A_1 + A_3,\ r = kc_1 c_2$	(7.27a)
Stöchiometrische Reaktionsgleichung:	$A_2 = A_1 + A_3$	(7.27b)
Stöchiometrische Beziehungen:	$c_2 = c_{20} + c_{10} - c_1,\ c_3 = c_{30} - c_{10} + c_1$	(7.27c)
Mengenbilanz Bezugskomponente A_1:	$\dfrac{dc_1}{dt} = r = kc_1(c_{10} + c_{20} - c_1)$	(7.27d)
Maximale Geschwindigkeit:	$r_{max} = \dfrac{k}{4}(c_{10} + c_{20})^2$ für $c_1 = c_2 = \dfrac{c_{10} + c_{20}}{2}$	(7.27e)

Bestimmung der Reaktionsdauer:

$$t_R = \frac{1}{k(c_{10}+c_{20})}\, ln\left[\frac{c_1}{c_{10}+c_{20}-c_1}\frac{c_{20}}{c_{10}}\right] \qquad (7.27\text{f})$$

Konzentrations-Zeit-Verlauf:

$$c_1 = \frac{c_{10}(c_{10}+c_{20})}{c_{10}+c_{20}\,exp[-(c_{10}+c_{20})kt]} \qquad (7.27\text{g})$$

k nach der Integralmethode:

$$\frac{1}{c_{10}+c_{20}}\, ln\left[\frac{c_1}{c_{10}+c_{20}-c_1}\frac{c_{20}}{c_{10}}\right] = kt \qquad (7.27\text{h})$$

k nach der Differenzialmethode:

$$r = \frac{dc_1}{dt} = -\frac{dc_2}{dt}, \quad r = kc_1(c_{10}+c_{20}-c_1) \qquad (7.27\text{i})$$

Die kinetische Reaktionsgleichung (7.27a) und der Geschwindigkeitsansatz drücken aus, dass sowohl A_1 als auch A_2 vorhanden sein müssen, damit die Reaktion abläuft. Die stöchiometrische Reaktionsgleichung besagt dagegen, dass aus einem Mol verbrauchten A_2 je ein Mol A_1 und A_3 gebildet werden. Die Reaktionsgeschwindigkeit hängt quadratisch von c_1 ab; sie nimmt für bestimmte Konzentrationswerte ihr in (7.27e) angegebenes Maximum an. In Abb. 7.6 sind typische Konzentrations-Zeit-Verläufe abgebildet. Charakteristisch für die autokatalytische Reaktion ist der s-förmige Verlauf, dessen Wendepunkt an der Stelle maximaler Reaktionsgeschwindigkeit liegt; man beachte hierzu auch Übungsaufgabe 7.2.

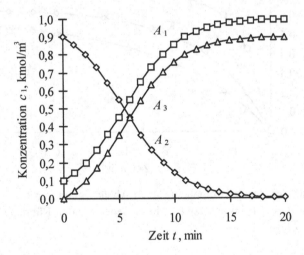

Abb. 7.6 Typische Konzentrations-Zeit-Verläufe für die autokatalytische Reaktion $A_1 + A_2 \rightarrow 2A_1 + A_3$ im absatzweise betriebenen idealen Rührkessel.

- **Bimolekulare Reaktion**

Siehe Gleichungen (7.11) - (7.17) und Abb. 7.3 des Anwendungsbeispiels im Abschnitt 7.2 sowie Rechenbeispiel 7.1.

- **Folgereaktion**

Reaktionsgleichungen und	$A_1 \rightarrow A_2, \; r_1 = k_1 c_1$	(7.28a)
Geschwindigkeitsgleichungen:	$A_2 \rightarrow A_3, \; r_2 = k_2 c_2$	(7.28b)
Stöchiometrische Beziehung:	$c_3 = c_{10} + c_{20} + c_{30} - c_1 - c_2$	(7.28c)

Mengenbilanzen:

$$\frac{dc_1}{dt} = -r_1 = -k_1 c_1 \tag{7.28d}$$

$$\frac{dc_2}{dt} = r_1 - r_2 = k_1 c_1 - k_2 c_2 \tag{7.28e}$$

Konzentrations-Zeit-Verlauf:

$$c_1 = c_{10} \, exp(-k_1 t) \tag{7.28f}$$

$$c_2 = c_{20} \, exp(-k_2 t) + \frac{k_1 c_{10}}{k_2 - k_1} [exp(-k_1 t) - exp(-k_2 t)] \tag{7.28g}$$

$$\text{für } k_2 = k_1 : \; c_2 = [c_{20} + c_{10} k_1 t] \, exp(-k_1 t) \tag{7.28h}$$

Bestimmung der Reaktionsdauer:

$$t_{2max} = \frac{1}{k_2 - k_1} \, ln \, \frac{k_2}{k_1} \quad (\text{für } c_{20} = 0) \tag{7.28i}$$

$$c_{2max} = c_{10} \kappa^{-\kappa/(1-\kappa)} \;\; \text{mit } \kappa = k_2 / k_1 \tag{7.28j}$$

k nach der Differenzialmethode:

$$r_1 = -\frac{dc_1}{dt}, \; r_2 = -\frac{dc_1}{dt} - \frac{dc_2}{dt} \tag{7.28k}$$

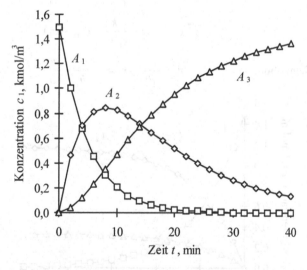

Abb. 7.7 Typische Konzentrations-Zeit-Verläufe für die Folgereaktion $A_1 \rightarrow A_2, A_2 \rightarrow A_3$ im absatzweise betriebenen idealen Rührkessel.

In Abb. 7.7 sind die für die Folgereaktion charakteristischen Konzentrations-Zeit-Verläufe gezeigt, die sich durch ein Maximum der Konzentration des Zwischenprodukts A_2 nach der Reaktionsdauer t_{2max} auszeichnen. Sofern A_2 das erwünschte Produkt ist, wird man die Reaktion zu diesem Zeitpunkt beenden. Bei der Lösung der Mengenbilanzen (7.28d, e) ist zu unterscheiden, ob die Geschwindigkeitskonstanten gleich sind oder nicht. Um die Reaktionsdauer für maximale Zwischenproduktkonzentration zu berechnen, ist die Bedingung für ein Extremum $dc_2/dt = 0$ für (7.28g) zu bestimmen, die auf (7.28i, j) führt. Die Reaktionsdauer t_{2max} hängt nur von den Geschwindigkeitskonstanten ab und ist daher über die Reaktionstemperatur zu beeinflussen (vgl. hierzu das Anwendungsbeispiel in Abschnitt 5.4.3). Aufgrund der mathematischen Form der Gleichungen (7.28f, g) ist nur die Differenzialmethode zur Bestimmung der Geschwindigkeitskonstanten geeignet.

- **Parallelreaktion**

Reaktionsgleichungen und	$A_1 \to A_2,\ r_1 = k_1 c_1$	(7.29a)
Geschwindigkeitsgleichungen:	$A_1 \to A_3,\ r_2 = k_2 c_1$	(7.29b)
Stöchiometrische Beziehung:	$c_3 = c_{10} + c_{20} + c_{30} - c_1 - c_2$	(7.29c)

Mengenbilanzen:
$$\frac{dc_1}{dt} = -r_1 - r_2 = -(k_1 + k_2)c_1 \tag{7.29d}$$

$$\frac{dc_2}{dt} = r_1 = k_1 c_1 \tag{7.29e}$$

Bestimmung der Reaktionsdauer:
$$t_R = -\frac{1}{k_1 + k_2}\, ln\frac{c_1}{c_{10}} \tag{7.29f}$$

Konzentrations-Zeit-Verlauf:
$$c_1 = c_{10}\, exp[-(k_1 + k_2)t] \tag{7.29g}$$

$$c_2 = c_{20} + \frac{k_1}{k_1 + k_2}(c_{10} - c_1) \tag{7.29h}$$

$$c_3 = c_{30} + \frac{k_2}{k_1 + k_2}(c_{10} - c_1) \tag{7.29i}$$

k nach der Differenzialmethode:
$$r_1 = \frac{dc_2}{dt},\ r_2 = -\frac{dc_1}{dt} - \frac{dc_2}{dt} \tag{7.29j}$$

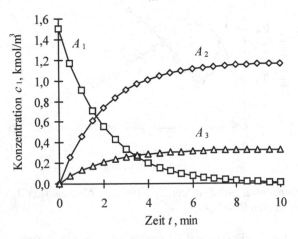

Abb. 7.8 Typische Konzentrations-Zeit-Verläufe für die Parallelreaktion $A_1 \to A_2$, $A_1 \to A_3$ im absatzweise betriebenen idealen Rührkessel.

In Abb. 7.8 sind die für die Parallelreaktion charakteristischen Konzentrations-Zeit-Verläufe gezeigt. Man beachte, dass das Verhältnis der Produktkonzentrationen $(c_2 - c_{20})/(c_3 - c_{30}) = k_1/k_2$ beträgt und daher nur über die Reaktionstemperatur zu verändern ist. Auch für die Parallelreaktion ist nur die Differenzialmethode zur Bestimmung der Geschwindigkeitskonstanten geeignet.

Rechenbeispiel 7.2 *Bestimmung der Geschwindigkeitskonstante und Reaktorauslegung für die Gleichgewichtsisomerisierung.* Läuft die Gleichgewichtsisomerisierung

$$A_1 \leftrightarrow A_2, \ r = k_{hin}c_1 - k_{rück}c_2 ,$$

in einem absatzweise betriebenen idealen Rührkessel mit den Anfangskonzentrationen c_{10} = 1,5 kmol/m^3, c_{20} = 0 ab, so wird für die Reaktionsdauer t_R = 3,0 h die Konzentration c_1 = 0,553 kmol/m^3 erhalten, während die Gleichgewichtskonzentration c_1^* = 0,479 kmol/m^3 beträgt. Man berechne:

a) die beiden Geschwindigkeitskonstanten;
b) die Reaktionsdauer t_R, mit der ein Umsatzgrad X_1 = 0,55 zu erzielen ist.
c) die Produktion an A_2, die mit einem Reaktor des Volumens V = 10 m^3 bei einer Rüstzeit von t_V = 0,5 h erhalten wird.

Lösung. a) Die stöchiometrischen Beziehungen (7.26b, c) liefern

$$c_2 = 0 + 1,5 - 0,533 = 0,947 \text{ kmol/m}^3, \ c_2^* = 0 + 1,5 - 0,479 = 1,021 \text{ kmol/m}^3 .$$

Da nur ein experimenteller Konzentrationswert vorliegt, ist eine Regression nicht möglich; stattdessen berechnet man aus (7.26h) direkt die Summe

$$k_{hin} + k_{rück} = -\frac{1}{t_R} ln \frac{c_1 - c_1^*}{c_{10} - c_1^*} = -\frac{1}{3,0} ln \frac{0,533 - 0,479}{1,5 - 0,479} = 0,874 \text{ h}^{-1} .$$

Das Massenwirkungsgesetz (7.26i) liefert

$$K = k_{hin} / k_{rück} = c_2^* / c_1^* = 1,021 / 0,479 = 2,133 .$$

Aus der Summe und dem Quotienten folgen die Einzelwerte der Geschwindigkeitskonstanten zu

$$k_{hin} = 0,874 \cdot 2,133/(1 + 2,133) = 0,595 \text{ h}^{-1}, \ k_{rück} = 0,874/(1 + 2,133) = 0,279 \text{ h}^{-1} .$$

b) Um den gewünschten Umsatzgrad zu erreichen, muss die Endkonzentration c_1 = $c_{10}(1 - X_1)$ = 0,675 kmol/m^3 betragen. Aus (7.26f) folgt hierzu die erforderliche Reaktionsdauer zu

$$t_R = -\frac{1}{0,874} \ln\frac{0,675-0,479}{1,5-0,479} = 1,89 \text{ h}.$$

c) Aufgrund der Stöchiometrie wird die Endkonzentration $c_2 = 0 + 1,5 - 0,675 = 0,825$ kmol/m^3 erreicht. Aus (7.22) findet man die Produktion

$$\dot{n}_2 = \frac{Vc_2}{t_R + t_V} = \frac{10 \cdot 0,825}{1,89 + 0,5} = 0,461 \text{ kmol/h}.$$

Übungsaufgabe 7.1 *Parallelreaktion im absatzweise betriebenen Rührkessel.*
Die Parallelreaktion $A_1 \rightarrow A_2$, $r_1 = k_1 c_1$, $A_1 \rightarrow A_3$, $r_2 = k_2 c_1$, wird unter isothermen Bedingungen in einem absatzweise betriebenen idealen Rührkessel ausgeführt. Dabei betragen die Anfangskonzentrationen $c_{10} = 1,5$ kmol/m^3, $c_{20} = c_{30} = 0$, die Stoßfaktoren $k_{10} = 2,1 \cdot 10^6$ h^{-1}, $k_{20} = 1,1 \cdot 10^4$ h^{-1}, die Aktivierungsenergien $E_1 = 46700$ kJ/kmol, $E_2 = 39000$ kJ/kmol. Welche Reaktionsdauer t_R ist erforderlich, um bei der Reaktionstemperatur $T = 400$ K einen Umsatzgrad $X_1 = 0,955$ zu erzielen? Welches Reaktionsvolumen wird benötigt, um 10 kmol/h A_2 bei einer Rüstzeit von $t_V = 1,0$ h zu produzieren?

Ergebnis: $t_R = 1,76$ h, $V = 20,3$ m^3.

Übungsaufgabe 7.2 *Autokatalytische Reaktion im absatzweise betriebenen Rührkessel.* Die autokatalytische Reaktion $A_1 + A_2 \rightarrow 2A_1 + A_3$, $r = kc_1c_2$, werde in einem absatzweise betriebenen idealen isothermen Rührkessel ausgeführt; dabei betragen die Reaktoreingangskonzentrationen $c_{10} = 0,06$ kmol/m^3, $c_{20} = 1,46$ kmol/m^3 und die Geschwindigkeitskonstante $k = 0,52$ m^3/kmol h. Welche Reaktionsdauer t_R ist erforderlich, um den Umsatzgrad $X_2 = 0,95$ zu erreichen? Welches Reaktionsvolumen V wird benötigt, um eine Produktion von 1,0 kmol/h an A_1 bei einer Rüstzeit von $t_V = 0,5$ h zu erzielen?

Ergebnis: $t_R = 7,82$ h, $V = 5,75$ m^3.

7.3 Stationäres ideales Strömungsrohr

In Abb. 7.9 sind die Bezeichnungen für ein kontinuierlich und stationär betriebenes ideales isothermes Strömungsrohr gezeigt.

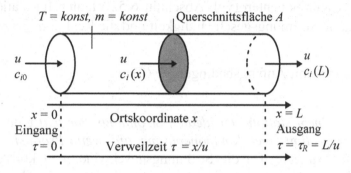

Abb. 7.9 Schematische Darstellung der Verhältnisse für ein kontinuierlich und stationär betriebenes ideales isothermes Strömungsrohr.

Anmerkung zum instationären idealen Strömungsrohr. Dessen Mengenbilanzen stellen partielle Differenzialgleichungen des hyperbolischen Typs dar, da die Konzentrationen $c_i(t, x)$ von der Zeit und vom Ort abhängen. Analytische Lösungen der Bilanzen sind, wenn Reaktionsvorgänge hinzukommen, nur in Spezialfällen möglich, so dass man numerische Verfahren anwenden muss. Da deren Darstellung den hier gegebenen Rahmen sprengen würde, sei auf die Literatur [3, 4, 5] verwiesen. Im Hinblick auf den praktischen Einsatz von Strömungsrohren wird man in der Regel den *stationären* kontinuierlichen Betrieb anstreben, bei dem die Konzentrationen $c_i(x)$ im Reaktor nur ortsabhängig sind. Nur der stationäre Betrieb wird im Folgenden betrachtet.

Gesamtmassenbilanz. Unter stationären Bedingungen ist die Gesamtmasse im Strömungsrohr nur dann konstant, wenn der eintretende und austretende Gesamtmassenstrom gleich groß und zeitlich konstant ist. Mit dem Volumenstrom $\dot{V}$, der Querschnittsfläche A und der Gesamtdichte ρ gilt

$$\dot{m} = konst = \rho \dot{V} = \rho A u.$$

Dies besagt: *laufen in einem stationären Strömungsrohr chemische Reaktionen ab, so ist die Strömungsgeschwindigkeit (der Volumenstrom) nur dann konstant, wenn die Gesamtdichte konstant bleibt.* Im Folgenden wird von

$$\rho = konst \text{ und } \dot{V} = konst, u = konst \tag{7.30}$$

ausgegangen, da dann - wie schon beim absatzweise betriebenen Rührkessel (vgl. Abschnitt 7.2) - die Stoffmengenbilanzen eine einfache Form aufweisen.

Unter isothermen Bedingungen kann sich die Gesamtdichte (und damit die Geschwindigkeit) über die Reaktorlänge ändern, wenn Druckgradienten auftreten, etwa bei reibungsbehafteter Strömung oder bei chemischen Reaktionen, die unter Molzahlveränderung verlaufen. Um die Druck- und die Geschwindigkeitsprofile zu beschreiben, wäre eine Impulsbilanz erforderlich, vgl. [1, 2].

Stationäre Stoffmengenbilanzen der Komponenten. Die Stoffmengenbilanzen der $i = 1, ..., N$ Komponenten (vgl. Abschnitt 6.5.2) lauten für stationäre Bedingungen, konstante Strömungsgeschwindigkeit und die Reaktion $\sum v_i A_i = 0$:

$$u\frac{dc_i}{dx} = v_i r \quad \text{mit Anfangsbedingung } c_i(0) = c_{i0}. \tag{7.31}$$

Dies besagt: *in einem stationären idealen Strömungsrohr tritt eine axiale Änderung der Konzentration einer Komponente nur auf, wenn Produktion durch chemische Reaktion vorliegt.* Da die Strömungsgeschwindigkeit konstant ist, kann man die Position im Reaktor auf zwei Weisen beschreiben, wie Abb. 7.9 zeigt,

- durch die Ortskoordinate x, wobei $x = 0$ den Reaktoreingang und $x = L$ den Reaktorausgang bezeichnet;
- durch die Zeitdauer, die das Fluid benötigt, um mit konstanter Geschwindigkeit u vom Eingang an die Position x zu gelangen. Dies ist die Verweilzeit τ,

$$\tau = x/u, \tag{7.32}$$

wobei $\tau = 0$ den Reaktoreingang und die Gesamtverweilzeit $\tau_R = L/u$ den Reaktorausgang bezeichnet.

Setzt man $d\tau = dx/u$ in die linke Seite der Mengenbilanz (7.31) ein, so folgt *die differenzielle Stoffmengenbilanz des stationären idealen Strömungsrohrs* als

$$\frac{dc_i}{d\tau} = v_i r \quad \text{mit Anfangsbedingung } c_i(0) = c_{i0}. \tag{7.33}$$

Dies besagt: *läuft in einem stationären idealen Strömungsrohr nur eine einzige Reaktion ab, so ist die Änderung der Konzentration mit der Verweilzeit dem stöchiometrischen Koeffizient der Komponente und der Reaktionsgeschwindigkeit proportional.*

Finden mehrere Reaktionen statt, $\sum v_{i1} A_i = 0$, $\sum v_{i2} A_i = 0$, ..., so setzt sich die Änderung der Konzentration einer Komponente additiv aus den Beiträgen der einzelnen Reaktionen zusammen, die proportional dem jeweiligen stöchiometrischen Koeffizient und der Reaktionsgeschwindigkeit sind,

$$\frac{dc_i}{d\tau} = v_{i1}r_1 + v_{i2}r_2 + \dots \text{ mit Anfangsbedingung } c_i(0) = c_{i0}. \tag{7.34}$$

Die Mengenbilanzen (7.33) bzw. (7.34) stellen - wie beim absatzweise betriebenen Rührkessel - ein System von N Differenzialgleichungen erster Ordnung in den Konzentrationen der Komponenten bezüglich der unabhängigen Variablen Verweilzeit dar. Die Anfangsbedingung gewährleistet die eindeutige Lösung der Differenzialgleichung und spezifiziert die Bedingungen am Reaktoreingang.

Formale Lösung der stationären Stoffmengenbilanzen. Die formale Lösung besitzt die Struktur

$$c_i = f_i(\tau, c_{10}, c_{20}, \dots, c_{N0}, T, \text{kinetische Parameter}). \tag{7.35}$$

Dies besagt: *finden in einem stationären idealen Strömungsrohr chemische Reaktionen statt, so kann die Konzentration einer Komponente durch die Verweilzeit, die Reaktoreingangskonzentrationen, die Temperatur und die Zahlenwerte der kinetischen Parameter beeinflusst werden.*

Beim Strömungsrohr stellen die Verweilzeit, die Eingangskonzentrationen und die (aufgrund der Isothermie über die Reaktorlänge gleichbleibende) Temperatur die Einflussgrößen dar, mit denen sich die Reaktorausgangskonzentrationen beeinflussen lassen. Reaktionstemperatur und kinetische Parameter erscheinen in (7.30), da sie die Werte der Geschwindigkeitskonstanten festlegen, von denen die Konzentrationsverläufe abhängig sind.

Lösung der stationären Stoffmengenbilanzen. Der Vergleich der Stoffmengenbilanz des absatzweise betriebenen idealen Rührkessels (7.4) mit der des idealen Strömungsrohrs (7.33) zeigt, dass beide Gleichungen eine *identische Struktur* besitzen, wie auch aus Tab. 7.4 zu ersehen ist. Strukturell identische Gleichungen weisen strukturell identische Lösungen auf, die sich allein in den auftretenden Symbolen und deren physikalisch-chemischer Bedeutung unterscheiden. Daher können alle für den absatzweise betriebenen idealen Rührkessel in Abschnitt 7.2 gewonnenen Ergebnisse und Methoden (Berechnung der Reaktionsdauer und der Konzentrations-Zeit-Verläufe, Bestimmung der Geschwindigkeitskonstanten mit der Integral- und der Differenzialmethode) auf das Strömungsrohr übertragen werden (oder umgekehrt). Zu beachten ist nur, dass anstelle der unabhängigen Variablen Zeit t (beim Rührkessel) die Verweilzeit τ (beim Strömungsrohr) erscheint, und dass die Größen c_{i0} die Anfangskonzentrationen (beim Rührkessel) oder die Reaktoreingangskonzentrationen (beim Strömungsrohr) bezeichnen.

Tab. 7.4 Vergleich der Mengenbilanzgleichungen des absatzweise betriebenen idealen Rührkessels und des stationären idealen Strömungsrohrs für eine einzige Reaktion $\sum \nu_i A_i = 0$.

Gleichung bzw. Größe	absatzweise betriebener idealer Rührkessel	stationäres ideales Strömungsrohr
Mengenbilanz	$\dfrac{dc_i}{dt} = \nu_i r$	$\dfrac{dc_i}{d\tau} = \nu_i r$
Anfangsbedingung	„Anfangskonzentration" $c_i(t=0) = c_{i0}$	„Eingangskonzentration" $c_i(\tau=0) = c_{i0}$
Unabhängige Variable	Zeit t	Verweilzeit τ

Der Grund liegt im Mischungsverhalten des idealen Strömungsrohrs. Über den Querschnitt herrscht eine einheitliche Zusammensetzung, ein Fluidelement strömt mit konstanter Geschwindigkeit und unvermischt mit früher oder später eingetretenen Elementen durch den Reaktor, vgl. Abb. 6.4. Es verhält sich wie ein absatzweise betriebener Rührkessel. Um denselben Wert der Ausgangskonzentration im Strömungsrohr bzw. der Endkonzentration im absatzweise betriebenen Rührkessel zu erzielen, müssen Reaktionsdauer und Gesamtverweilzeit gleich sein[6],

$$t_R = \tau_R. \tag{7.36}$$

Bestimmung des Reaktionsvolumens. Am Reaktorausgang liegen für die Verweilzeit τ_R die Komponenten mit den Konzentrationen c_i vor. Der erzeugte Stoffmengenstrom einer beliebigen Komponente folgt mit dem Volumenstrom zu

$$\dot{n}_i = c_i \dot{V} = c_i V/\tau_R. \tag{7.37}$$

Nach dem Volumen aufgelöst, entsteht

$$V = \frac{\dot{n}_i \tau_R}{c_i}. \tag{7.38}$$

Dies besagt: *das Reaktionsvolumen V eines stationären idealen Strömungsrohrs erhält man aus der geforderten Produktion $\dot{n}_i$ der Komponente A_i, der Konzentration c_i dieser Komponente am Reaktorausgang und der Gesamtverweilzeit τ_R.*

---

[6] Falls die Verweilzeit eine variable Größe ist, wird das Symbol τ verwendet. Als Symbol für die Verweilzeit, bei der geforderte Ausgangskonzentrationen erzielt werden, steht dagegen τ_R.

Für identische Bedingungen (gleiche Produktion, Temperatur, Anfangs-/End-bzw. Eingangs-/Ausgangskonzentration) ist das Volumen des Strömungsrohrs stets kleiner als das des absatzweise betriebenen Rührkessels; wegen (7.22) gilt

$$V_{R\ddot{u}hrkessel} = \frac{\dot{n}_i(t_R + t_V)}{c_i} > \frac{\dot{n}_i t_R}{c_i} = \frac{\dot{n}_i \tau_R}{c_i} = V_{Str\ddot{o}mungsrohr}. \tag{7.39}$$

Abschätzung der Reaktorabmessungen. Hierzu sind vier Größen festzulegen: die Anzahl der (parallel geschalteten) identischen Strömungsrohre, der Reaktordurchmesser d_R, die Reaktorlänge L und die mittlere Geschwindigkeit u. Bei geforderten Werten des Reaktionsvolumens V und der Gesamtverweilzeit τ_R sind daher zwei weitere Bedingungen vorzugeben, für die man z. B. eine bestimmte minimale Reynolds-Zahl Re (um turbulente Strömung zu erzielen und die Pfropfenströmung anzunähern, vgl. Abschnitt 6.5.2) sowie das Verhältnis von Länge zu Durchmesser (um Dispersion zu unterdrücken, vgl. Abschnitt 6.7.2) wählen kann. Da diese Vorgaben von spezifischen Umständen der Reaktionsführung abhängen, wird hier auf eine nähere Betrachtung verzichtet.

Rechenbeispiel 7.3 *Reaktion n-ter Ordnung im idealen Strömungsrohr.* Die Reaktion *n*-ter Ordnung $A_1 \rightarrow 2A_2$, $r = kc_1^n$, werde unter isothermen Bedingungen in einem stationär betriebenen idealen Strömungsrohr ausgeführt. Daten: Reaktoreingangskonzentrationen $c_{10} = 1,85$ kmol/m^3, $c_{20} = 0$, Reaktionsordnung $n = 0,675$, Stoßfaktor $k_0 = 6,5 \cdot 10^{10}$ (kmol/m^3)$^{1-n}$min^{-1}, Aktivierungsenergie $E = 85000$ kJ/kmol, Reaktionstemperatur $T = 397$ K. Zu bestimmen sind (a) die Verweilzeit τ_R für vollständigen Umsatz des Edukts; (b) das Reaktionsvolumen für die Produktion von 0,04 kmol/min A_2; (c) die Konzentrationen der Komponenten in Abhängigkeit von der Verweilzeit τ.

Lösung. (a) Nach Arrhenius ergibt sich die Geschwindigkeitskonstante k zu

$$k = 6,5 \cdot 10^{10} \, exp(-85000 / 8,314 / 398) = 0,4254 \; (kmol/m^3)^{1-n}min^{-1}.$$

Vollständiger Umsatz des Edukts ist nur bei Reaktionsordnungen $0 \leq n < 1$ möglich. Für $c_1 = 0$ findet sich die gesuchte Verweilzeit aus (7.25e) zu

$$\tau_R = -\frac{c_{10}^{1-n}}{(n-1)k} = -\frac{1,85^{1-0,675}}{(0,675-1) \cdot 0,4254} = 8,834 \; min.$$

(b) Aus der stöchiometrischen Beziehung (7.25b) folgt die Produktkonzentration

$$c_2 = c_{20} + \nu_2(c_{10} - c_1) = 0 + 2(1,85 - 0) = 3,70 \; kmol/m^3,$$

so dass aus (7.38) das benötigte Reaktionsvolumen zu berechnen ist,

$$V = \frac{\dot{n}_2 \tau_R}{c_2} = \frac{0,04 \cdot 8,834}{3,70} = 0,090 \text{ m}^3.$$

(c) Die Konzentrationen der Komponenten in Abhängigkeit von der Verweilzeit τ ergeben sich aus (7.25g) für das Edukt und (7.25b) für das Produkt,

für $0 \le \tau \le 8,834$ min: $c_1 = c_{10}[1 + (n-1)kc_{10}^{n-1}\tau]^{1/(1-n)} =$

$$= 1,85 \cdot [1 - 0,325 \cdot 0,4254 \cdot 1,85^{-0,325} \cdot \tau]^{1/0,325}$$

für $\tau > \tau_R = 8,834$ min: $c_1 = 0$

$$c_2 = c_{20} + \nu_2(c_{10} - c_1) = 0 + 2 \cdot (1,85 - c_1).$$

Nach (7.25g) ergeben sich Konzentrationen > 0, wenn für die Verweilzeit Werte τ $> \tau_R = 8,834$ min eingesetzt werden, obwohl der Ausgangsstoff vollständig umgesetzt ist. In Abb. 7.10 sind die Konzentrations-Verweilzeit-Verläufe abgebildet.

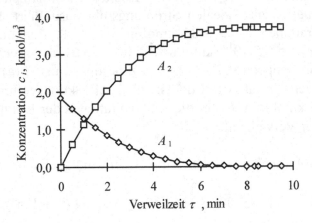

Abb. 7.10 Konzentrations-Verweilzeit-Verläufe für die Reaktion n-ter Ordnung $A_1 \to 2A_2$ (Reaktionsordnung $n = 0,675$) im stationären idealen Strömungsrohr. Vollständiger Umsatz des Edukts für $\tau_R = 8,834$ min (Rechenbeispiel 7.3).

Rechenbeispiel 7.4 *Folgereaktion im idealen Strömungsrohr.* Die Folgereaktion $A_1 \to A_2$, $r_1 = k_1 c_1$, $A_2 \to A_3$, $r_2 = k_2 c_2$, wird unter isothermen Bedingungen in einem stationär betriebenen idealen Strömungsrohr ausgeführt. Daten: Eingangskonzentrationen $c_{10} = 2,0$ kmol/m³, $c_{20} = c_{30} = 0$, Geschwindigkeitskonstanten $k_1 = 0,215$ min⁻¹, $k_2 = 0,0774$ min⁻¹. Zu bestimmen sind (a) die Verweilzeit τ_R für den

Umsatzgrad $X_1 = 0{,}90$; (b) die Verweilzeit τ_{2max} für maximale Konzentration an A_2. Welche Selektivitäten S_{21} werden in beiden Fällen erhalten?

Lösung. Die Fragestellungen unterscheiden sich hinsichtlich der Komponente, welche die Verweilzeit festlegt. Bei (a) wird zum geforderten Umsatzgrad von A_1 die Verweilzeit ermittelt und hierzu c_2 berechnet; bei (b) bestimmt die geforderte maximale Konzentration von A_2 die Verweilzeit, aus der man c_1 berechnet.

(a) Dem Umsatzgrad entspricht die Reaktorausgangskonzentration $c_1 = c_{10}(1 - X_1)$ $= 0{,}2$ kmol/m^3. Die Verweilzeit ergibt sich aus (7.28f) zu

$$\tau_R = -\frac{1}{k_1} ln\frac{c_1}{c_{10}} = -\frac{1}{0{,}215} ln\frac{0{,}2}{2{,}0} = 10{,}71 \text{ min.}$$

Aus (7.28g) bestimmt man (mit $c_{20} = 0$) die Reaktorausgangskonzentration c_2 zu

$$c_2 = \frac{k_1 c_{10}}{k_2 - k_1}[exp(-k_1 t) - exp(-k_2 t)] =$$

$$= \frac{0{,}215 \cdot 2{,}0}{0{,}0774 - 0{,}215}(e^{-0{,}215 \cdot 10{,}71} - e^{-0{,}0774 \cdot 10{,}71}) = 1{,}052 \text{ kmol/m}^3.$$

Ausbeute und Selektivität betragen $Y_{21} = c_2/c_{10} = 0{,}5248$; $S_{21} = Y_{21}/X_1 = 0{,}5842$.
(b) Für maximale Konzentration an A_2 liefert (7.28i) die Verweilzeit zu

$$\tau_{2max} = \frac{1}{k_2 - k_1} ln\frac{k_2}{k_1} = \frac{1}{0{,}0774 - 0{,}215} ln\frac{0{,}0774}{0{,}215} = 7{,}425 \text{ min.}$$

Die Konzentration selbst ist durch (7.28j) gegeben,

$$\kappa = k_2 / k_1 = 0{,}36, \quad c_{2max} = c_{10}\kappa^{\kappa/(1-\kappa)} = 2{,}0 \cdot 0{,}36^{0{,}36/0{,}64} = 1{,}126 \text{ kmol/m}^3.$$

Da die Verweilzeit festliegt, erhält man die Konzentration von A_1 aus (7.28f),

$$c_1 = c_{10} \, exp(-k_1 \tau_{2max}) = 2{,}0 \cdot exp(-0{,}215 \cdot 7{,}425) = 0{,}405 \text{ kmol/m}^3.$$

Somit wird $X_1 = 1 - c_1/c_{10} = 0{,}7974$; $Y_{21} = c_2/c_{10} = 0{,}5629$; $S_{21} = Y_{21}/X_1 = 0{,}7059$. Gegenüber Fall (a) liegt ein niedrigerer Umsatzgrad des Edukts vor, aber die Ausbeute und die Selektivität von A_2 sind deutlich erhöht.

Übungsaufgabe 7.3 *Reaktion n-ter Ordnung im idealen Strömungsrohr.* In einem stationär und isotherm betriebenen idealen Strömungsrohr werden für die Reaktion $A_1 \to ...$, $r = kc_1^n$, die Eduktkonzentrationen der Tab. 7.5 in Abhängigkeit von der Verweilzeit erhalten (Anfangskonzentration $c_{10} = 2{,}74$ kmol/m^3). Zu bestimmen sind (a) die Geschwindigkeitskonstante k nach der Integralmethode für die Reaktionsordnung $n = 1$; (b) Reaktionsordnung n und Geschwindigkeitskonstante k nach der Differenzialmethode.

Tab. 7.5 Konzentrations-Verweilzeit-Messwerte für Rechenbeispiel 7.3.

τ	min	0	0,1	0,2	0,3	0,4	0,5
c_1	kmol/m^3	2,740	2,669	2,599	2,531	2,466	2,402

Lösungshinweis, Ergebnis: (a) Bei fester Reaktionsordnung $n = 1$ ist für die Integralmethode die lineare Regression von y = (7.25h links) gegen $x = \tau$ durchzuführen, die $k = 0{,}2635$ min^{-1} ergibt. (b) Nach der Differenzialmethode ist die Reaktionsgeschwindigkeit r nach (7.19a, b) und (7.25j) zu ermitteln. Die Regression von y = ln r gegen x = $ln\ c_1$ liefert als Achsenabschnitt $ln\ k$ = $-1{,}38332$ bzw. $k = 0{,}2507$ min^{-1} und als Steigung $n = 1{,}0529$.

7.4   Kontinuierlich betriebener idealer Rührkessel

In Abb. 7.11 sind die Bezeichnungen für einen kontinuierlich und stationär betriebenen idealen isothermen Rührkessel schematisch gezeigt.

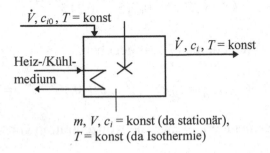

Abb. 7.11   Schematische Darstellung der Verhältnisse für einen kontinuierlich und stationär betriebenen idealen isothermen Rührkessel.

Gesamtmassenbilanz. Damit der Füllstand (das Reaktionsvolumen V) zeitlich konstant bleibt, müssen die Gesamtmasse im Reaktor sowie eintretender und austretender Gesamtmassenstrom zeitlich konstant sein. Somit folgt für $\rho = konst$ und $\dot{V} = konst$: $V = konst$. (7.40)

Dies besagt: *laufen in einem kontinuierlich betriebenen stationären Rührkessel chemische Reaktionen ab, so ist der Füllstand (das Reaktionsvolumen) dann zeitlich konstant, wenn die Gesamtdichte konstant und die Gesamtmassenströme am Eingang und am Ausgang gleich sind.* Im Folgenden wird von der Gültigkeit der Annahme konstanter Gesamtdichte ausgegangen.

Stationäre Stoffmengenbilanzen der Komponenten. Wie in Abschnitt 5.4 dargelegt, lauten die Stoffmengenbilanzen der $i = 1, ..., N$ Komponenten

$$0 = \dot{n}_{i,e} - \dot{n}_{i,a} + \dot{n}_{i,R}. \tag{7.41}$$

Dies besagt: *in einem kontinuierlich und stationär betriebenen idealen Rührkessel ist der Unterschied von eingehendem und ausgehendem Stoffmengenstrom einer Komponente allein durch die Stoffproduktion durch chemische Reaktion bedingt.* Für die Reaktion $\sum v_i A_i = 0$ und mit den Bedingungen

- konstantes Reaktionsvolumen V,
- gleicher Volumenstrom $\dot{V}$ am Eingang und am Ausgang,
- eintretende Stoffmengenströme $\dot{n}_{i,e} = \dot{V} c_{i0}$,
- austretende Stoffmengenströme $\dot{n}_{i,a} = \dot{V} c_i$,
- Verweilzeit $\tau = V/\dot{V}$,
- Stoffproduktion für eine Reaktion $\dot{n}_{i,R} = v_i V r$,

erhält man aus (7.41) *die Stoffmengenbilanz des stationär und kontinuierlich betriebenen idealen Rührkessels* zu

$$0 = c_{i0} - c_i + \tau v_i r. \tag{7.42}$$

Dies besagt: *läuft in einem stationären kontinuierlich betriebenen idealen Rührkessel nur eine einzige Reaktion ab, so ist der Unterschied von Eingangs- und Ausgangskonzentration einer Komponente proportional ihrem stöchiometrischen Koeffizienten, der Verweilzeit und der Reaktionsgeschwindigkeit.*

Finden mehrere Reaktionen statt, $\sum v_{i1} A_i = 0$, $\sum v_{i2} A_i = 0$, ..., so ist der Produktionsterm durch die Summe der Beiträge der Einzelreaktionen auszudrücken,

$$0 = c_{i0} - c_i + \tau (v_{i1} r_1 + v_{i2} r_2 + ...). \tag{7.43}$$

Die Stoffmengenbilanzen (7.42), (7.43) stellen ein System von N algebraischen Gleichungen in den Konzentrationen der Komponenten dar, die wegen der Konzentrationsabhängigkeit der Reaktionsgeschwindigkeit zumeist nichtlinear sind.

Formale Lösung der Stoffmengenbilanzen. Sie besitzt die Struktur

$$c_i = f_i(\tau, c_{10}, c_{20}, ..., c_{N0}, T, kinetische\ Parameter)\,. \tag{7.44}$$

Dies besagt: *finden in einem stationär und kontinuierlich betriebenen idealen Rührkessel chemische Reaktionen statt, so kann die Reaktorausgangskonzentration einer Komponente durch die Verweilzeit, die Reaktoreingangskonzentrationen, die Temperatur und die Werte der kinetischen Parameter beeinflusst werden.*

Lösung der Stoffmengenbilanzen für eine Reaktion. Wird Komponente A_1 als Bezugskomponente gewählt, so kann man die Reaktorausgangskonzentrationen aller anderen Komponenten durch die Konzentration c_1 darstellen,

$$c_i = c_{i0} + \frac{\nu_i}{\nu_1}(c_1 - c_{10}) \quad \text{für } i = 2, ..., N. \tag{7.45}$$

Hängt die Reaktionsgeschwindigkeit von den Konzentrationen weiterer Komponenten ab, werden diese durch die Konzentration der Bezugskomponente ersetzt,

$$r(c_1, \underbrace{c_2, ..., c_N}_{\text{durch (7.45) ersetzen}}) = r(c_1)\,. \tag{7.46}$$

Als einzige Gleichung, die zur Beantwortung der verschiedensten Fragestellungen herangezogen wird, dient die Mengenbilanz der Bezugskomponente A_1; sie lautet

$$0 = c_{10} - c_1 + \tau \nu_1 r(c_1)\,. \tag{7.47}$$

Um diejenige Verweilzeit zu ermitteln, die für eine geforderte Reaktorausgangskonzentration der Bezugskomponente benötigt wird, ist (7.47) umzustellen[7],

$$\tau_R = \frac{c_{10} - c_1}{-\nu_1 r(c_1)}\,. \tag{7.48}$$

---

[7] Wie beim Strömungsrohr wird das Symbol τ benutzt, falls die Verweilzeit eine variable Größe ist. Für die Verweilzeit, bei der geforderte Ausgangskonzentrationen erzielt werden, steht τ_R.

Die Mengenbilanz (7.47) wird dazu benutzt, um aus einem Konzentrationsmess-wert bei gegebener Verweilzeit die Reaktionsgeschwindigkeit zu bestimmen,

$$r = \frac{c_{10} - c_1}{-\nu_1 \tau}. \tag{7.49}$$

Aus den zusammengehörigen Werten der nach (7.49) berechneten Reaktionsge-schwindigkeit und der Konzentration lassen sich die Zahlenwerte der Geschwin-digkeitskonstante ermitteln.

Schließlich kann man (7.47) nach der Konzentration der Bezugskomponente auf-lösen - sofern dies für den zugrundeliegenden Geschwindigkeitsansatz analytisch gelingt. Die entstehende Gleichung gestattet, die Reaktorausgangskonzentration in Abhängigkeit von den Reaktionsbedingungen (Reaktoreingangskonzentratio-nen, Verweilzeit, Geschwindigkeitskonstanten) zu berechnen. Die vorgestellten Anwendungen der Mengenbilanz (7.47) werden im Folgenden Anwendungsbei-spiel, das auch beim absatzweise betriebenen Rührkessel betrachtet wurde, erläu-tert.

Anwendungsbeispiel. Die irreversible bimolekulare Reaktion

$$A_1 + A_2 \rightarrow A_3, r = kc_1c_2,$$

laufe in einem stationär und kontinuierlich betriebenen ideal durchmischten iso-thermen Rührkessel ab. Die stöchiometrischen Beziehungen nach (7.45) und die Reaktionsgeschwindigkeit gemäß (7.46) sind identisch mit den beim absatzweise betriebenen Rührkessel (Anwendungsbeispiel in 7.2) gefundenen Beziehungen,

$$c_2 = c_{20} - c_{10} + c_1, \quad c_3 = c_{30} + c_{10} - c_1, \tag{7.50}$$
$$r = kc_1c_2 = kc_1(c_{20} - c_{10} + c_1) = r(c_1). \tag{7.51}$$

Damit lautet die Mengenbilanz (7.47) für die Bezugskomponente A_1

$$0 = c_{10} - c_1 - \tau kc_1(c_{20} - c_{10} + c_1). \tag{7.52}$$

Auflösen nach der Verweilzeit führt auf

$$\tau_R = \frac{c_{10} - c_1}{kc_1(c_{20} - c_{10} + c_1)}. \tag{7.53}$$

Diese Gleichung dient dazu, die benötigte Verweilzeit bei geforderter Ausgangskonzentration der Bezugskomponente zu berechnen, wobei die Anfangskonzentrationen und die Geschwindigkeitskonstante (bzw. alternativ Stoßfaktor, Aktivierungsenergie und Reaktionstemperatur) gegeben sein müssen.

Wird (7.52) nach der Konzentration c_1 der Bezugskomponente aufgelöst, erhält
man als Lösung der quadratischen Gleichung

$$c_1 = -A + (A^2 + \frac{c_{10}}{\tau k})^{0,5} \quad \text{mit} \quad A = \frac{1}{2}(\frac{1}{\tau k} + c_{20} - c_{10}). \tag{7.54}$$

Über (7.54) wird die Reaktorausgangskonzentration der Bezugskomponente in
Anhängigkeit von den Reaktionsbedingungen (c_{10}, c_{20}, k, τ) bestimmt. In Abb.
7.12 sind die Konzentrations-Verweilzeit-Verläufe nach (7.54) dargestellt, wobei
Komponente A_2 im Überschuss vorliegt. Die Verläufe sind mit den Daten aus Rechenbeispiel 7.1 berechnet und erlauben daher den Vergleich mit den in Abb. 7.3
gezeigten Verläufen für den absatzweise betriebenen Rührkessel.

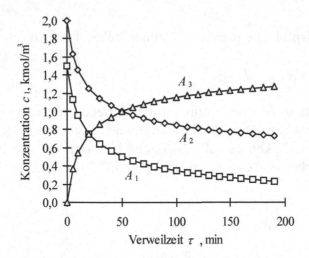

Abb. 7.12 Konzentrations-Verweilzeit-Verläufe für die bimolekulare Reaktion $A_1 + A_2 \rightarrow A_3$ im
kontinuierlich und stationär betriebenen idealen isothermen Rührkessel.

Um mit der Mengenbilanz (7.52) die Geschwindigkeitskonstante zu ermitteln, ist
die Reaktionsgeschwindigkeit über (7.49) aus den Konzentrationsmesswerten zu
berechnen,

$$r = \frac{c_{10} - c_1}{\tau}. \tag{7.55}$$

Über die Konzentrationsabhängigkeit der Reaktionsgeschwindigkeit (7.51) gewinnt man durch Regression von $y = r$ gegen $x = c_1(c_{20} - c_{10} + c_1)$ den Wert der Geschwindigkeitskonstante k. Diese Vorgehensweise entspricht der beim absatzweise betriebenen Rührkessel vorgestellten Differenzialmethode.

Um Stoßfaktor und Aktivierungsenergie aus den Werten der Geschwindigkeitskonstante zu bestimmen, sind Messreihen bei unterschiedlichen Temperaturen notwendig, vgl. Abschnitt 7.2.

Bestimmung des Reaktionsvolumens. Für die Verweilzeit τ_R liegen am Reaktorausgang die Komponenten mit den Konzentrationen c_i vor. Der erzeugte Stoffmengenstrom einer beliebigen Komponente beträgt daher

$$\dot{n}_i = c_i \dot{V} = c_i V / \tau_R. \tag{7.56}$$

Nach dem Volumen aufgelöst, entsteht

$$V = \frac{\dot{n}_i \tau_R}{c_i}. \tag{7.57}$$

Dies besagt: *das Reaktionsvolumen V eines stationär und kontinuierlich betriebenen idealen Rührkessels erhält man aus der geforderten Produktion $\dot{n}_i$ der Komponente A_i, ihrer Konzentration c_i am Reaktorausgang und der Verweilzeit τ_R.*

Weitere Reaktionen. Im Folgenden werden - wie für den absatzweise betriebenen Rührkessel in Abschnitt 7.2 - für eine Reihe wichtiger Reaktionen die Gleichungen angegeben, mit denen sich die erforderliche Verweilzeit, die Reaktorausgangskonzentration oder die Geschwindigkeitskonstante bestimmen lassen. Als Bezugskomponente wird dabei A_1 verwendet. Die in den folgenden Abbildungen gezeigten Konzentrations-Verweilzeit-Verläufe sind mit denselben Daten berechnet, wie die Konzentrations-Zeit-Verläufe für den absatzweise betriebenen Rührkessel (Abschnitt 7.2) und erlauben daher einen Vergleich der Reaktoren.

- **Irreversible Reaktion n-ter Ordnung**

Reaktions-, Geschwindigkeitsgleichung:	$A_1 \rightarrow v_2 A_2 (+ ...),\ r = kc_1^n$	(7.58a)
Stöchiometrische Beziehung:	$c_2 = c_{20} + v_2(c_{10} - c_1)$	(7.58b)
Mengenbilanz Bezugskomponente A_1:	$0 = c_{10} - c_1 - \tau k c_1^n$	(7.58c)
Bestimmung der Verweilzeit:	$\tau_R = \dfrac{c_{10} - c_1}{kc_1^n}$	(7.58d)

Konzentrations-Verweilzeit-Verlauf:　　　für $n = 0$: $c_1 = c_{10} - k\tau$　　　　　　　　(7.58e)

$$\text{für } n = 1: c_1 = \frac{c_{10}}{1 + k\tau}$$　　　　　　　(7.58f)

$$\text{für } n = 2: c_1 = [-1 + \sqrt{1 + 4k\tau c_{10}}\,] / 2k\tau$$　　(7.58g)

Geschwindigkeitskonstante k:　　　$r = \dfrac{c_{10} - c_1}{\tau}$, $\ln r = \ln k + n \ln c_1$　　(7.58h)

Die Auflösung der Mengenbilanz (7.58c) nach der Konzentration der Bezugskomponente kann analytisch nur für bestimmte Werte der Reaktionsordnung n vorgenommen werden; Beispiele sind in (7.58e, f, g) angegeben. Stellt man die Mengenbilanz mit dem Umsatzgrad der Bezugskomponente X_1 und der dimensionslosen Damköhler-Zahl[8] dar, so entsteht

$$0 = X_1 - Da(1 - X_1)^n \quad \text{mit } Da = kc_{10}^{n-1}\tau.$$　　　　(7.58i)

In Abb. 7.13 ist der Umsatzgrad in Abhängigkeit von der Damköhler-Zahl Da nach (7.58i) wiedergegeben, wobei die Reaktionsordnung n als Kurvenparameter erscheint.

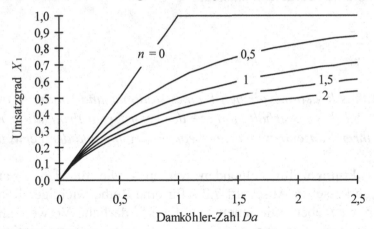

Abb. 7.13　Umsatzgrad der Bezugskomponente A_1 in Abhängigkeit von der Damköhler-Zahl für die irreversible Reaktion n-ter Ordnung $A_1 \rightarrow \dots$ im kontinuierlich betriebenen idealen Rührkessel (Kurvenparameter: Reaktionsordnung n).

- **Gleichgewichtsisomerisierung**

Reaktions-, Geschwindigkeitsgleichung:　　$A_1 \leftrightarrow A_2$, $r = k_{hin}c_1 - k_{rück}c_2$　　(7.59a)

Stöchiometrische Beziehung:　　　　$c_2 = c_{20} + c_{10} - c_1$　　　　　　(7.59b)

$$c_2^* = c_{20} + c_{10} - c_1^* \text{ (im Gleichgewicht)}$$　　(7.59c)

Gleichgewichtskonzentration:　　　$c_1^* = \dfrac{k_{rück}}{k_{hin} + k_{rück}}(c_{10} + c_{20})$　　(7.59d)

---

[8]　Die Damköhler-Zahl wird mit der Zeit t (z. B. beim absatzweise betriebenen Rührkessel) oder mit der Verweilzeit τ (z. B. beim Strömungsrohr, kontinuierlich betriebenen Rührkessel) gebildet.

Mengenbilanz Bezugskomponente A_1:
$$0 = c_{10} - c_1 - \tau(k_{hin} + k_{rück})(c_1 - c_1^*) \qquad (7.59e)$$

Bestimmung der Verweilzeit:
$$\tau_R = \frac{c_{10} - c_1}{(k_{hin} + k_{rück})(c_1 - c_1^*)} \qquad (7.59f)$$

Konzentrations-Verweilzeit-Verlauf:
$$c_1 = \frac{c_{10} + \tau(k_{hin} + k_{rück})c_1^*}{1 + \tau(k_{hin} + k_{rück})} \qquad (7.59g)$$

Geschwindigkeitskonstanten:
$$r = \frac{c_{10} - c_1}{\tau}, \; r = (k_{hin} + k_{rück})(c_1 - c_1^*) \qquad (7.59h)$$

$$K = k_{hin} / k_{rück} = c_2^* / c_1^* = (c_{20} + c_{10} - c_1^*) / c_1^* \qquad (7.59i)$$

Die Regression von r gegen $c_1 - c_1^*$ nach (7.59h) führt auf die Summe der Geschwindigkeitskonstanten. Das Massenwirkungsgesetz (7.59i), in dem die experimentellen Gleichgewichtskonzentrationen auftreten, liefert die zweite Beziehung, aus der das Verhältnis der Geschwindigkeitskonstanten zu bestimmen ist. Aus beiden Gleichungen berechnen sich die Einzelwerte der Geschwindigkeitskonstanten. Die Umsatzgrad-Verweilzeit-Verläufe, die aus (7.59g) zu bestimmen sind, werden beispielhaft für drei verschiedene Temperaturen in Abb. 7.14 gezeigt. Für große Verweilzeit ($\tau \to \infty$) stellt sich der temperaturabhängige Gleichgewichtsumsatz ein.

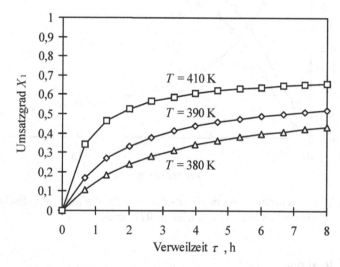

Abb. 7.14 Umsatzgrad der Bezugskomponente A_1 in Abhängigkeit von der Verweilzeit für die Gleichgewichtsisomerisierung $A_1 \leftrightarrow A_2$ im kontinuierlich betriebenen idealen Rührkessel (Kurvenparameter Reaktionstemperatur T).

• **Autokatalytische Reaktion**

Kinetische Reaktionsgleichung:
$$A_1 + A_2 \to 2A_1 + A_3, \; r = kc_1c_2 \qquad (7.60a)$$

Stöchiometrische Reaktionsgleichung:
$$A_2 = A_1 + A_3 \qquad (7.60b)$$

Stöchiometrische Beziehungen:
$$c_2 = c_{20} + c_{10} - c_1, \; c_3 = c_{30} - c_{10} + c_1 \qquad (7.60c)$$

Mengenbilanz A_1:
$$0 = c_{10} - c_1 + \tau k c_1 (c_{10} + c_{20} - c_1) \qquad (7.60d)$$

Maximale Geschwindigkeit: $\qquad r_{max} = \dfrac{k}{4}(c_{10} + c_{20})^2$ für $c_1 = c_2 = \dfrac{c_{10} + c_{20}}{2}$ (7.60e)

Bestimmung der Verweilzeit: $\qquad \tau_R = -\dfrac{c_{10} - c_1}{kc_1(c_{10} + c_{20} - c_1)}$ (7.60f)

Konzentrations-Verweilzeit-Verlauf: $\quad B = 0{,}5(\dfrac{1}{k\tau} - c_{10} - c_{20})$, $c_1 = -B + \sqrt{B^2 + \dfrac{c_{10}}{k\tau}}$ (7.60g)

Geschwindigkeitskonstante k: $\qquad r = \dfrac{c_{10} - c_1}{\tau}$, $r = kc_1(c_{10} + c_{20} - c_1)$ (7.60h)

Zum Unterschied kinetische/stöchiometrische Reaktionsgleichung siehe Abschnitt 7.2. In Abb. 7.15 sind Konzentrations-Verweilzeit-Verläufe abgebildet. Auch beim kontinuierlich betriebenen Rührkessel ist der s-förmige Verlauf, dessen Wendepunkt auftritt, wenn die maximale Reaktionsgeschwindigkeit vorherrscht, charakteristisch für die autokatalytische Reaktion.

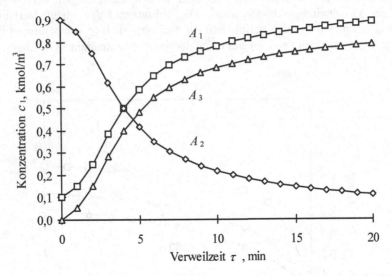

Abb. 7.15 Typische Konzentrations-Verweilzeit-Verläufe für die autokatalytische Reaktion $A_1 + A_2 \rightarrow 2A_1 + A_3$ im kontinuierlich betriebenen idealen Rührkessel.

- **Bimolekulare Reaktion**

Siehe Gleichungen (7.50) - (7.55) und Abb. 7.12 des Anwendungsbeispiels im Abschnitt 7.4 sowie Übungsaufgabe 7.4.

- **Folgereaktion**

Reaktionsgleichungen und $A_1 \rightarrow A_2$, $r_1 = k_1 c_1$ (7.61a)

Geschwindigkeitsgleichungen: $A_2 \rightarrow A_3$, $r_2 = k_2 c_2$ (7.61b)

Stöchiometrische Beziehung: $c_3 = c_{10} + c_{20} + c_{30} - c_1 \overset{.}{-} c_2$ (7.61c)

Mengenbilanzen:

$$0 = c_{10} - c_1 - \tau k_1 c_1 \qquad (7.61\text{d})$$

$$0 = c_{20} - c_2 + \tau(k_1 c_1 - k_2 c_2) \qquad (7.61\text{e})$$

Konzentrations-Verweilzeit-Verlauf:

$$c_1 = \frac{c_{10}}{1+k_1\tau}, \quad c_2 = \frac{c_{20} + k_1 \tau c_1}{1+k_2\tau} \qquad (7.61\text{f})$$

Bestimmung der Verweilzeit:

$$\tau_{2max} = \frac{1}{\sqrt{k_1 k_2}} \quad (\text{für } c_{20} = 0) \qquad (7.61\text{g})$$

$$c_{2max} = \frac{c_{10}}{(1+\sqrt{\kappa})^2} \quad \text{mit } \kappa = k_2 / k_1 \qquad (7.61\text{h})$$

Geschwindigkeitskonstanten:

$$r_1 = \frac{c_{10} - c_1}{\tau}, \quad r_2 = r_1 + \frac{c_{20} - c_2}{\tau} \qquad (7.61\text{i})$$

In Abb. 7.16 sind typische Konzentrations-Verweilzeit-Verläufe gezeigt, die sich auch beim kontinuierlichen Rührkessel durch ein Maximum der Konzentration des Zwischenprodukts A_2 nach der Verweilzeit τ_{2max} auszeichnen. Um die Verweilzeit für maximale Zwischenproduktkonzentration zu berechnen, ist die Bedingung für ein Extremum $dc_2/dt = 0$ für (7.61f) zu bestimmen, die auf (7.61g, h) führt. Die Verweilzeit τ_{2max} hängt nur von den Geschwindigkeitskonstanten ab und ist daher allein über die Reaktionstemperatur zu beeinflussen.

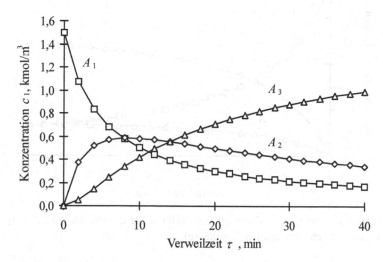

Abb. 7.16 Typische Konzentrations-Verweilzeit-Verläufe für die Folgereaktion $A_1 \rightarrow A_2$, $A_2 \rightarrow A_3$ im kontinuierlich betriebenen idealen Rührkessel.

- **Parallelreaktion**

Reaktionsgleichungen und
Geschwindigkeitsgleichungen:

$$A_1 \rightarrow A_2, \quad r_1 = k_1 c_1 \qquad (7.62\text{a})$$

$$A_1 \rightarrow A_3, \quad r_2 = k_2 c_1 \qquad (7.62\text{b})$$

Stöchiometrische Beziehung:

$$c_3 = c_{10} + c_{20} + c_{30} - c_1 - c_2 \qquad (7.62\text{c})$$

Mengenbilanzen:

$$0 = c_{10} - c_1 - \tau(k_1 + k_2)c_1 \qquad (7.62\text{d})$$

$$0 = c_{20} - c_2 + \tau k_1 c_1 \qquad (7.62\text{e})$$

Bestimmung der Verweilzeit:
$$\tau_R = \frac{c_{10} - c_1}{(k_1 + k_2)c_1}$$
(7.62f)

Konzentrations-Verweilzeit-Verlauf:
$$c_1 = \frac{c_{10}}{1 + (k_1 + k_2)\tau}$$
(7.62g)

$$c_2 = c_{20} + \frac{k_1 \tau c_{10}}{1 + (k_1 + k_2)\tau}$$
(7.62h)

$$c_3 = c_{30} + \frac{k_2 \tau c_{10}}{1 + (k_1 + k_2)\tau}$$
(7.62i)

Geschwindigkeitskonstanten:
$$r_1 = -\frac{c_{20} - c_2}{\tau}, \quad r_2 = -r_1 + \frac{c_{10} - c_1}{\tau}$$
(7.62j)

In Abb. 7.17 sind charakteristische Konzentrations-Verweilzeit-Verläufe gezeigt. Das Verhältnis der Produktkonzentrationen beträgt $(c_2 - c_{20})/(c_3 - c_{30}) = k_1/k_2$ und kann - wie schon beim absatzweise betriebenen Rührkessel - nur über die Reaktionstemperatur verändert werden.

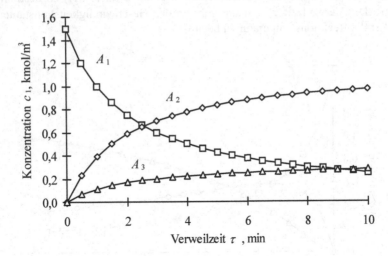

Abb. 7.17 Typische Konzentrations-Verweilzeit-Verläufe für die Parallelreaktion $A_1 \rightarrow A_2$, $A_1 \rightarrow A_3$ im kontinuierlich betriebenen idealen Rührkessel.

Rechenbeispiel 7.5 *Parallelreaktion im kontinuierlich betriebenen Rührkessel.* Wird die Parallelreaktion $A_1 \rightarrow A_2$, $r_1 = k_1 c_1$, $A_1 \rightarrow A_3$, $r_2 = k_2 c_1$, unter isothermen Bedingungen in einem kontinuierlich und stationär betriebenen idealen Rührkessel ausgeführt, erhält man die Messwerte der Tab 7.6. Daten: Reaktoreingangskonzentrationen $c_{10} = 1{,}5$ kmol/m^3, $c_{20} = 0$. Zu bestimmen sind (a) die Geschwindigkeitskonstanten k_1 und k_2; (b) Umsatzgrad X_1 und Selektivität S_{21}, die für eine Verweilzeit von $\tau = 30$ min erhalten werden.

Tab. 7.6 Konzentrationsmesswerte in Abhängigkeit von der Verweilzeit für Rechenbeispiel 7.5.

Verweilzeit τ, min	3	6	9	12	15
Konzentration c_1, kmol/m^3	0,645	0,425	0,298	0,250	0,198
Konzentration c_2, kmol/m^3	0,672	0,847	0,930	0,990	1,030

Lösung. (a) Mit den Konzentrations-Verweilzeit-Werten der Tab. 7.6 lassen sich aus (7.62i) die Werte der Reaktionsgeschwindigkeiten bestimmen, die in Tab. 7.7 angegeben sind. Beispielsweise findet man für $\tau = 3$ min:

$$r_1 = -\frac{c_{20} - c_2}{\tau} = -\frac{0 - 0,672}{3} = 0,2240 \text{ kmol/m}^3 \text{ min,}$$

$$r_2 = -r_1 + \frac{c_{10} - c_1}{\tau} = -0,2240 + \frac{1,5 - 0,645}{3} = 0,0610 \text{ kmol/m}^3 \text{ min.}$$

Tab. 7.7 Reaktionsgeschwindigkeiten in Abhängigkeit von der Verweilzeit für Rechenbeispiel 7.5.

Verweilzeit τ, min	3	6	9	12	15
r_1, kmol/m^3 min	0,2240	0,1412	0,1033	0,0825	0,0687
r_2, kmol/m^3 min	0,0610	0,0380	0,0302	0,0217	0,0181

Führt man eine lineare Regression von $y = r_1$ (bzw. von $y = r_2$) gegen $x = c_1$ durch, erhält man als Steigung der Regressionsgerade die Geschwindigkeitskonstante $k_1 = 0,3482$ min^{-1} (bzw. $k_2 = 0,09499$ min^{-1}). Zu jedem Konzentrationswert lassen sich die berechneten Werte der Reaktionsgeschwindigkeit aus $r_{1,ber} = 0,3482 c_1$, $r_{2,ber} = 0,09499 c_1$ ermitteln. Der Vergleich der experimentellen mit den berechneten Werten ergibt eine gute Übereinstimmung, wie Abb. 7.18 zeigt.

(b) Mit den Werten der Geschwindigkeitskonstanten aus (a) folgen die Reaktorausgangskonzentrationen bei gegebener Verweilzeit aus (7.62g, h) zu

$$c_1 = \frac{c_{10}}{1 + (k_1 + k_2)\tau} = \frac{1,5}{1 + (0,3482 + 0,09499) \cdot 30} = 0,105 \text{ kmol/m}^3,$$

$$c_2 = c_{20} + \frac{k_1 \tau c_{10}}{1 + (k_1 + k_2)\tau} = 0 + \frac{0,3482 \cdot 30 \cdot 1,5}{1 + (0,3482 + 0,09499) \cdot 30} = 1,096 \text{ kmol/m}^3,$$

und hieraus Umsatzgrad, Ausbeute und Selektivität zu

$$X_1 = 1 - c_1/c_{10} = 0,9301; \quad Y_{21} = c_2/c_{10} = 0,7307; \quad S_{21} = Y_{21}/X_1 = 0,7857.$$

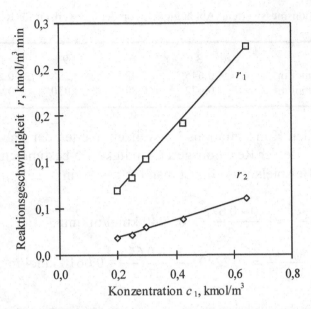

Abb. 7.18 Experimentelle (Punkte) und berechnete Werte (Linien) der Reaktionsgeschwindigkeiten in Abhängigkeit von der Eduktkonzentration für die Parallelreaktion des Rechenbeispiels 7.5.

Rechenbeispiel 7.6 *Autokatalytische Reaktion im kontinuierlich betriebenen Rührkessel.* Die autokatalytische Reaktion $A_1 + A_2 \rightarrow 2A_1 + A_3$, $r = kc_1c_2$, werde unter isothermen Bedingungen in einem kontinuierlich und stationär betriebenen idealen Rührkessel ausgeführt. Daten: Reaktoreingangskonzentrationen $c_{10} = 0{,}06$ kmol/m^3, $c_{20} = 1{,}46$ kmol/m^3, Geschwindigkeitskonstante $k = 0{,}52$ m^3/kmol h. Man berechne in Abhängigkeit vom Umsatzgrad X_2 (a) die jeweils benötigte Verweilzeit τ; (b) das erforderliche Reaktionsvolumen V, mit dem eine Produktion von $\dot{n}_1 = 1{,}0$ kmol/h zu erzielen ist.

Lösung.(a) Zu jedem Wert des Umsatzgrades X_2 findet man die Ausgangskonzentration c_2 und hierzu über die stöchiometrische Beziehung (7.60c) die Konzentration c_1, beispielsweise für $X_2 = 0{,}2$:

$$c_2 = c_{20}(1 - X_2) = 1{,}46 \cdot (1 - 0{,}2) = 1{,}168 \text{ kmol/m}^3,$$
$$c_1 = c_{20} + c_{10} - c_2 = 1{,}46 + 0{,}06 - 1{,}168 = 0{,}352 \text{ kmol/m}^3.$$

Die erforderliche Verweilzeit ergibt sich hierzu aus (7.60f),

$$\tau_R = -\frac{c_{10} - c_1}{kc_1(c_{10} + c_{20} - c_1)} = -\frac{0{,}06 - 0{,}352}{0{,}52 \cdot 0{,}352 \cdot (0{,}06 + 1{,}46 - 0{,}352)} = 1{,}37 \text{ h}.$$

Das Reaktionsvolumen erhält man aus (7.57). Da Komponente A_1 bereits im Zulauf vorhanden ist, wird im Nenner von (7.57) statt „c_1" jedoch „$c_1 - c_{10}$" verwendet, um als Produktion nur die durch Reaktion gebildete Menge zu erfassen,

$$V = \frac{\dot{n}_1 \tau_R}{c_1 - c_{10}} = \frac{1,0 \cdot 1,37}{0,352 - 0,06} = 4,68 \text{ m}^3.$$

Der jeweilige Wert der Reaktionsgeschwindigkeit lässt sich mit den Reaktorausgangskonzentrationen bestimmen,

$$r = k c_1 c_2 = 0,52 \cdot 0,352 \cdot 1,168 = 0,2138 \text{ kmol/m}^3\text{h}.$$

In Abb. 7.19 sind das Reaktionsvolumen V und die Reaktionsgeschwindigkeit r in Abhängigkeit vom Umsatzgrad X_2 dargestellt. Die Einzelwerte gewinnt man, indem man den oben angegebenen Rechengang mit anderen Werten des Umsatzgrades X_2 wiederholt. Das Reaktionsvolumen V wird bei einem bestimmten Wert des Umsatzgrades X_2 minimal. Dieses Minimum liegt dann vor, wenn die Reaktionsgeschwindigkeit ihr Maximum bezüglich des Umsatzgrades annimmt.

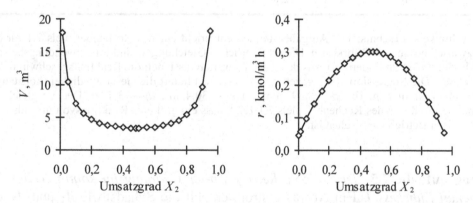

Abb. 7.19 Reaktionsvolumen V (links) und Reaktionsgeschwindigkeit r (rechts) in Abhängigkeit vom Umsatzgrad X_2 für die autokatalytische Reaktion $A_1 + A_2 \rightarrow 2A_1 + A_3$ (Rechenbeispiel 7.6).

Aus (7.60e) lassen sich der Maximalwert der Reaktionsgeschwindigkeit und die zugehörigen Konzentrationswerte ermitteln,

$$r_{max} = \frac{k}{4}(c_{10} + c_{20})^2 = \frac{0,56}{4}(0,06 + 1,46)^2 = 0,3004 \text{ kmol/m}^3\text{h};$$

$$\text{für } c_1 = c_2 = \frac{c_{10} + c_{20}}{2} = \frac{0,06 + 1,46}{2} = 0,76 \text{ kmol/m}^3.$$

Hierzu findet man nach dem oben erläuterten Rechengang die Verweilzeit $\tau_R =$ 2,331 h, das minimale Reaktionsvolumen $V_{min} = 3,33$ m^3 und den Umsatzgrad X_2 $= 1 - 0,76/1,46 = 0,4795$.

Übungsaufgabe 7.4 *Irreversible bimolekulare Reaktion im kontinuierlich betriebenen Rührkessel.* In einem kontinuierlich und stationär betriebenen idealen isothermen Rührkessel werden für die irreversible bimolekulare Reaktion $A_1 + A_2 \rightarrow A_3$, $r = kc_1c_2$, die Reaktorausgangskonzentrationen c_1 der Tab. 7.8 in Abhängigkeit von der Verweilzeit erhalten. Daten: Eingangskonzentrationen $c_{10} = 1,5$ kmol/m^3, $c_{20} = 2,0$ kmol/m^3, $c_{30} = 0$. Zu bestimmen sind: (a) die Geschwindigkeitskonstante k; (b) die Verweilzeit τ_R, mit der ein Umsatzgrad $X_1 = 0,95$ zu erzielen ist; (c) das Reaktionsvolumen V, mit dem eine Produktion von 6000 t/a an A_3 für die Anlagenverfügbarkeit $t_A = 8000$ h/a erhalten wird (molare Masse $M_3 =$ 242 kg/kmol). Der Reaktordurchmesser d_R ist abzuschätzen.

Tab. 7.8 Konzentrations-Verweilzeit-Messwerte für Übungsaufgabe 7.4.

τ	min	0	2,5	5	7,5	10	12,5
c_1	kmol/m^3	1,50	1,28	1,12	1,02	0,97	0,89

Lösungshinweis, Ergebnis: Die Aufgabenstellung entspricht der des Rechenbeispiels 7.1 für den absatzweise betriebenen Rührkessel. Die erforderlichen Gleichungen sind im Anwendungsbeispiel des Abschnitts 7.4 zu finden. (a) Aus den Tabellenwerten lässt sich die Reaktionsgeschwindigkeit r berechnen. Die Regression von r gegen $c_1(c_{20} - c_{10} + c_1)$ liefert die Geschwindigkeitskonstante k = 0,0394 m^3/kmol min; (b) $\tau_R = 839$ min; (c) $V = 30,4$ m^3, $d_R \approx 3,4$ m. Der Vergleich der Ergebnisse mit denen des Rechenbeispiels 7.1 zeigt, dass ein größeres Reaktionsvolumen als beim absatzweisen Betrieb vorzusehen ist.

Übungsaufgabe 7.5 *Irreversible Reaktion n-ter Ordnung im kontinuierlich betriebenen Rührkessel.* Ein Abwasserstrom enthält die Schadstoffe A_1 und A_2, die in den voneinander *unabhängigen Reaktionen* $A_1 \rightarrow ...$, $r_1 = k_1c_1$, $A_2 \rightarrow ...$, $r_2 =$ $k_2c_2^2$, in einem kontinuierlich betriebenen idealen isothermen Rührkessel abgebaut werden. Jede Komponente soll zu mindestens 90 % umgesetzt werden. Daten: Eingangskonzentrationen $c_{10} = 1,5$ kmol/m^3, $c_{20} = 2,0$ kmol/m^3, Geschwindigkeitskonstanten $k_1 = 2,5$ h^{-1}, $k_2 = 5,1$ m^3/kmol h. Welche Verweilzeit τ_R ist erforderlich? Welche der Reaktionen bestimmt diese Verweilzeit?

Ergebnis: Die Reaktion zweiter Ordnung erfordert die Verweilzeit $\tau_R = 8,7$ h, für die $X_1 = 0,968$ und $X_2 = 0,90$ erhalten werden.

7.5 Stationäre ideale Rührkesselkaskade

Problemstellung. Eine ideale Rührkesselkaskade entsteht, wenn man mehrere ideale Rührkessel hintereinander schaltet (vgl. Abschnitte 4.3.1 und 6.5.3). Reaktionsvolumina und Temperatur der Einzelkessel können unterschiedlich gewählt werden, wenn sich Vorteile für die Prozessführung ergeben. Daraus resultiert eine Vielfalt von Aufgabenstellungen; im Folgenden wird jedoch nur eine einzige Problemstellung betrachtet:

Eine Kaskade aus insgesamt K gleichgroßen ideal durchmischten Rührkesseln werde bei gleicher Temperatur isotherm und stationär betrieben. Zu bestimmen sind die Konzentrationen $c_i^{(\kappa)}$ der $i = 1, ..., N$ Komponenten am Ausgang der $\kappa = 1, ..., K$ Rührkessel in Abhängigkeit von der Verweilzeit τ des Einzelkessels.

Mengenbilanzen der Komponenten. Da die Ausgangskonzentrationen des Kessels κ die Eingangskonzentrationen des Kessels $\kappa + 1$ bilden, lässt sich die Lösung der Problemstellung mit den im Abschnitt 7.4 für den Einzelkessel vorgestellten Mitteln erhalten. Das Verfahren verläuft in den folgenden Schritten, falls die einzige Reaktion $\sum v_i A_i = 0$ stattfindet und A_1 als Bezugskomponente gewählt ist:

- *Schritt 1:* Eingangskonzentrationen $c_{10}, c_{20}, ..., c_{N0}$ des ersten Kessels, Verweilzeit τ pro Kessel und Geschwindigkeitskonstante(n) vorgeben.
- *Schritt 2:* Bestimme die Reaktorausgangskonzentration $c_1^{(1)}$ der Bezugskomponente aus der Mengenbilanz für den ersten Kessel[9],

$$\kappa = 1: \quad 0 = c_{10} - c_1^{(1)} + \tau v_1 r(c_1^{(1)}). \tag{7.63}$$

- *Schritt 3:* Berechne die Reaktorausgangskonzentration $c_1^{(2)}$ der Bezugskomponente aus der Mengenbilanz des zweiten Kessels,

$$\kappa = 2: \quad 0 = c_1^{(1)} - c_1^{(2)} + \tau v_1 r(c_1^{(2)}). \tag{7.64}$$

Setze das Verfahren für die verbleibenden Kessel fort, bis aus der Mengenbilanz des letzten Kessels,

---

[9] Die Schreibweise $r(c_1)$ bedeutet auch hier, dass die Reaktionsgeschwindigkeit allein in Abhängigkeit von der Konzentration c_1 der Bezugskomponente ausgedrückt ist, vgl. Abschnitt 7.2.

$$\kappa = K: \quad 0 = c_1^{(K-1)} - c_1^{(K)} + \tau v_1 r(c_1^{(K)}) \tag{7.65}$$

die Reaktorausgangskonzentration $c_1^{(K)}$ der Bezugskomponente ermittelt ist.

Für veränderte Reaktionsbedingungen sind die Werte des ersten Schritts anzupassen, und das Verfahren ist erneut durchzuführen. Finden mehrere Reaktionen statt, so bleibt die Vorgehensweise prinzipiell gleich; es müssen allerdings so viele Mengenbilanzen gelöst bzw. Konzentrationen bestimmt werden, wie *Schlüsselreaktionen* vorhanden sind. Im Rechenbeispiel 7.7 wird die Vorgehensweise für eine einzige Reaktion, im Rechenbeispiel 7.8 für mehrere Reaktionen gezeigt.

Rechenbeispiel 7.7 *Reaktion erster Ordnung in einer idealen Rührkesselkaskade.* Die Reaktion $A_1 \rightarrow ...$, $r = kc_1$, findet in einer Kaskade aus $K = 4$ gleichgroßen ideal durchmischten isothermen Rührkesseln statt. Zu berechnen sind die Ausgangskonzentrationen der Komponente A_1 aller Kessel in Abhängigkeit von der Verweilzeit ($\tau = 0; 0,25; 0,50; ...; 5,0$ min). Daten: Geschwindigkeitskonstante $k = 0,3$ 1/min, Eingangskonzentration erster Kessel $c_{10} = 2,0$ kmol/m^3.

Lösung. Aus der entsprechend (7.63) formulierten Mengenbilanz des ersten Kessels für die Reaktion erster Ordnung,

$$0 = c_{10} - c_1^{(1)} - \tau k c_1^{(1)},$$

folgt die Ausgangskonzentration - wie in (7.58f) angegeben - explizit zu

$$c_1^{(1)} = \frac{c_{10}}{1 + k\tau}.$$

Damit erhält man der Reihe nach für alle weiteren Kessel aus (7.64) und (7.65)

$$c_1^{(2)} = \frac{c_1^{(1)}}{1 + k\tau}, \quad c_1^{(3)} = \frac{c_1^{(2)}}{1 + k\tau}, \quad c_1^{(4)} = \frac{c_1^{(3)}}{1 + k\tau}.$$

Setzt man diese Beziehungen ineinander ein, so resultiert das (für beliebige Kesselzahl gültige) Ergebnis

$$c_1^{(\kappa)} = \frac{c_{10}}{(1 + k\tau)^\kappa} \quad \text{für } \kappa = 1, ..., K. \tag{7.66}$$

Beispielsweise findet man für die Verweilzeit $\tau = 5,0$ min den Wert

$$c_1^{(4)} = \frac{2,0}{(1+0,3\cdot 5,0)^4} = 0,0512 \text{ kmol/m}^3.$$

In Abb. 7.20 sind die über (7.66) berechneten Reaktorausgangskonzentrationen der einzelnen Kessel in Abhängigkeit von der Verweilzeit dargestellt. Mit steigender Verweilzeit (bei gleichem Kessel) und mit steigender Kesselzahl (bei gleicher Verweilzeit) wird eine abnehmende Konzentration des Edukts erhalten.

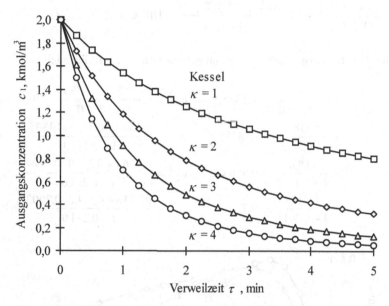

Abb. 7.20 Reaktorausgangskonzentrationen für eine Kaskade aus gleichgroßen ideal durchmischten Rührkesseln für die Reaktion erster Ordnung $A_1 \to \dots$ (Rechenbeispiel 7.7).

Rechenbeispiel 7.8 *Folgereaktion in einer idealen Rührkesselkaskade.* Die Folgereaktion $A_1 \to A_2$, $r_1 = k_1 c_1$, $A_2 \to A_3$, $r_2 = k_2 c_2$, werde in einer stationär betriebenen Kaskade aus $K = 4$ gleichgroßen ideal durchmischten Rührkesseln isotherm ausgeführt. Zu berechnen sind die Ausgangskonzentrationen der Komponenten A_1 und A_2 für alle Kessel in Abhängigkeit von der Verweilzeit ($\tau = 0$; 0,25; 0,50; ...; 5,0 min pro Kessel). Daten: Geschwindigkeitskonstanten $k_1 = 0,3$ min^{-1}, $k_2 = 0,2$ min^{-1}, Eingangskonzentrationen erster Kessel $c_{10} = 2,0$ kmol/m^3, $c_{20} = 0$.

Lösung. Da zwei Schlüsselreaktionen vorliegen, sind die Mengenbilanzen der beiden Komponenten A_1 und A_2 für den ersten Kessel anzuschreiben,

$$0 = c_{10} - c_1^{(1)} - \tau k_1 c_1^{(1)}, \quad 0 = c_{20} - c_2^{(1)} + \tau k_1 c_1^{(1)} - \tau k_2 c_2^{(1)}.$$

Für die Folgereaktion lassen sich diese Mengenbilanzen nach den beiden Ausgangskonzentrationen auflösen, wie für den Einzelkessel in (7.61f) angegeben,

$$c_1^{(1)} = \frac{c_{10}}{1 + k_1 \tau}, \quad c_2^{(1)} = \frac{c_{20} + k_1 \tau c_1^{(1)}}{1 + k_2 \tau}.$$

Für die weiteren Kessel folgen hieraus die Ausgangskonzentrationen als

$$c_1^{(\kappa)} = \frac{c_1^{(\kappa-1)}}{1 + k_1 \tau}, \quad c_2^{(\kappa)} = \frac{c_2^{(\kappa-1)} + k_1 \tau c_1^{(\kappa-1)}}{1 + k_2 \tau} \quad \text{für } \kappa = 2, 3, ..., K.$$

Zahlenbeispiel. Für die Verweilzeit $\tau = 1{,}0$ min berechnet man der Reihe nach

$$\kappa = 1: \quad c_1^{(1)} = \frac{2{,}0}{1 + 0{,}3 \cdot 1{,}0} = 1{,}5385; \qquad c_2^{(1)} = \frac{0 + 0{,}3 \cdot 1{,}0 \cdot 1{,}5385}{1 + 0{,}2 \cdot 1{,}0} = 0{,}3846;$$

$$\kappa = 2: \quad c_1^{(2)} = \frac{1{,}5385}{1 + 0{,}3 \cdot 1{,}0} = 1{,}1835; \qquad c_2^{(2)} = \frac{0{,}3846 + 0{,}3 \cdot 1{,}0 \cdot 1{,}1835}{1 + 0{,}2 \cdot 1{,}0} = 0{,}6164;$$

$$\kappa = 3: \quad c_1^{(3)} = \frac{1{,}1835}{1 + 0{,}3 \cdot 1{,}0} = 0{,}9104; \qquad c_2^{(3)} = \frac{0{,}6164 + 0{,}3 \cdot 1{,}0 \cdot 0{,}9104}{1 + 0{,}2 \cdot 1{,}0} = 07413;$$

$$\kappa = 4: \quad c_1^{(4)} = \frac{0{,}9104}{1 + 0{,}3 \cdot 1{,}0} = 0{,}7003; \qquad c_2^{(4)} = \frac{0{,}7413 + 0{,}3 \cdot 1{,}0 \cdot 0{,}7003}{1 + 0{,}2 \cdot 1{,}0} = 0{,}7928.$$

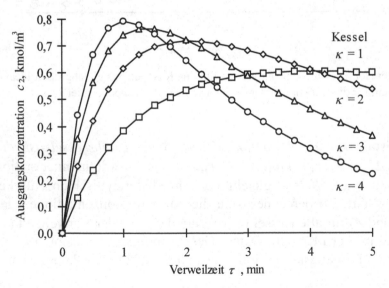

Abb. 7.21 Ausgangskonzentrationen des Zwischenprodukts A_2 für eine Kaskade aus gleichgroßen ideal durchmischten Rührkesseln für die Folgereaktion $A_1 \rightarrow A_2$, $A_2 \rightarrow A_3$ (Rechenbeispiel 7.8).

In Abb. 7.21 sind die berechneten Ausgangskonzentrationen der einzelnen Kessel für das Zwischenprodukt A_2 in Abhängigkeit von der Verweilzeit dargestellt. Für einen bestimmten Wert der Verweilzeit erreicht man in jedem Kessel eine maximale Konzentration, die umso höher wird, je größer die Zahl der Kessel ist.

Bei der Folgereaktion des Rechenbeispiels 7.8 zerfällt Edukt A_1 nach einer Reaktion erster Ordnung, ohne an weiteren Reaktionen teilzunehmen. Da die Reaktion erster Ordnung mit identischen Zahlenwerten im Rechenbeispiel 7.7 behandelt ist, sind auch die Konzentrations-Verweilzeit-Verläufe des Edukts A_1 identisch und der Abb. 7.20 zu entnehmen.

Übungsaufgabe 7.6 *Gleichgewichtsreaktion in einer idealen Rührkesselkaskade.* Die Gleichgewichtsisomerisierung $A_1 \leftrightarrow A_2$, $r = k_{hin}c_1 - k_{rück}c_2$, finde in einer stationären Kaskade aus $K = 3$ gleichgroßen ideal durchmischten Rührkesseln unter isothermen Bedingungen statt. Zu berechnen ist die Ausgangskonzentration der Komponente A_1 für alle Kessel. Daten: Verweilzeit $\tau = 1{,}25$ min pro Kessel, Geschwindigkeitskonstanten $k_{hin} = 0{,}45$ min^{-1}, $k_{rück} = 0{,}05$ min^{-1}, Eingangskonzentrationen des ersten Kessels $c_{10} = 2{,}0$ kmol/m^3, $c_{20} = 0$.

Ergebnis: Mit der für jeden Kessel identischen Gleichgewichtskonzentration $c_1^* = 0{,}20$ kmol/m^3 findet man $c_1^{(1)} = 1{,}308$ kmol/m^3, $c_1^{(2)} = 0{,}882$ kmol/m^3, $c_1^{(3)} = 0{,}619$ kmol/m^3.

7.6 Halbkontinuierlich betriebener idealer Rührkessel

Problemstellung. Bei einem halbkontinuierlich betriebenen Rührkessel werden bestimmte Komponenten zum Zeitpunkt Null im Reaktor vorgelegt. Während der anschließenden Reaktionsdauer findet eine Zufuhr und/oder Entnahme gewisser Komponenten statt, um über die Beeinflussung der Konzentrationsverhältnisse im Reaktor eine gegenüber anderen Betriebsweisen vorteilhafte Prozessführung zu erreichen. In Abb. 7.22 sind die Bezeichnungen für einen halbkontinuierlich und isotherm betriebenen idealen Rührkessel schematisch gezeigt.

Im Folgenden wird nur die Problemstellung betrachtet, die Änderung der Stoffmengen der $i = 1, \ldots, N$ Komponenten A_i und des Reaktionsvolumens V unter isothermen Reaktionsbedingungen zu berechnen. Bekannt seien dabei

- die zum Zeitpunkt Null im Reaktor vorgelegten Stoffmengen $n_{i0} = n_i(0)$ der Komponenten;

- die molaren Massen M_i der Komponenten;
- die in den Reaktor eintretenden Stoffmengenströme $\dot{n}_{i,e}$ der Komponenten;
- die dem Reaktor entnommenen Stoffmengenströme $\dot{n}_{i,a}$ der Komponenten;
- die zeitlich konstante Gesamtdichte ρ.

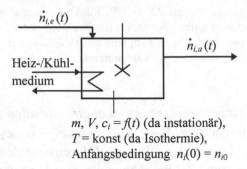

$$m, V, c_i = f(t) \text{ (da instationär)},$$
$$T = \text{konst (da Isothermie)},$$
$$\text{Anfangsbedingung } n_i(0) = n_{i0}$$

Abb. 7.22 Schematische Darstellung der Verhältnisse für einen halbkontinuierlich betriebenen idealen isothermen Rührkessel.

Gesamtmassenbilanz. Die zum Zeitpunkt Null im Reaktor vorgelegte Gesamtmasse m_0 lässt sich über die eingesetzten Stoffmengen n_{i0} ausdrücken,

$$m_0 = \sum m_{i0} = \sum M_i n_{i0}, \tag{7.67}$$

wobei $\sum$ Summation über alle $i = 1, ..., N$ Komponenten bezeichnet. Bei konstanter Gesamtdichte ρ folgt das Reaktionsvolumen V_0 zum Zeitpunkt Null aus

$$V_0 = \frac{m_0}{\rho} = \frac{1}{\rho} \sum M_i n_{i0}. \tag{7.68}$$

Die bereits angeführte Gesamtmassenbilanz (5.45),

$$\frac{dm}{dt} = \dot{m}_e - \dot{m}_a \text{ mit Anfangsbedingung } m(0) = m_0 \tag{7.69}$$

dient nunmehr dazu, die zeitliche Veränderung des Reaktionsvolumens V zu beschreiben. Hierzu werden die Gesamtmasse, der eintretende und der austretende Gesamtmassenstrom über die bekannten Stoffmengenströme dargestellt,

$$m(t) = \rho V(t), \quad \dot{m}_e = \sum \dot{m}_{i,e} = \sum M_i \, \dot{n}_{i,e}, \quad \dot{m}_a = \sum \dot{m}_{i,a} = \sum M_i \, \dot{n}_{i,a}, \tag{7.70}$$

und in (7.69) eingesetzt mit dem Resultat

$$\frac{dV}{dt} = \frac{1}{\rho} \sum M_i \, (\dot{n}_{i,e} - \dot{n}_{i,a}) \text{ mit Anfangsbedingung } V(0) = V_0. \tag{7.71}$$

Dies besagt: *bei konstanter Gesamtdichte ist die zeitliche Änderung des Reaktionsvolumens im halbkontinuierlich betriebenen idealen Rührkessel den Differenzen von eintretenden und austretenden Stoffmengenströmen der Komponenten proportional.*

Stoffmengenbilanzen der Komponenten. Die Gleichungen (5.47),

$$\frac{dn_i}{dt} = \dot{n}_{i,e} - \dot{n}_{i,a} + \dot{n}_{i,R} \text{ mit Anfangsbedingung } n_i(0) = n_{i0}, \tag{7.72}$$

besagen: *in einem halbkontinuierlich betriebenen Rührkessel wird die zeitliche Änderung der Stoffmenge einer Komponente im Reaktor durch die ein- und ausgehenden Stoffmengenströme und durch die Stoffproduktion durch chemische Reaktion bedingt.* Der Produktionsterm in (7.72) ist über die Reaktionsgeschwindigkeit auszudrücken,

$$\dot{n}_{i,R} = \nu_i V r \qquad \text{(eine Reaktion)},$$
$$\dot{n}_{i,R} = \nu_{i1} V r_1 + \nu_{i2} V r_2 + \dots \qquad \text{(mehrere Reaktionen)}.$$

Lösung der Bilanzgleichungen. Um die zeitliche Änderung der Stoffmengen und des Reaktionsvolumens zu bestimmen, sind $N + 1$ Differenzialgleichungen erster Ordnung zu lösen: die N Stoffmengenbilanzen (7.72) und die Gleichung (7.71) für das Reaktionsvolumen. Da die Reaktionsgeschwindigkeiten in Abhängigkeit von den Konzentrationen der Komponenten dargestellt werden, sind diese zu jedem Zeitpunkt aus den Stoffmengen und dem Reaktionsvolumen zu berechnen,

$$c_i(t) = n_i(t) / V(t).$$

Die Lösung der Bilanzgleichungen gelingt in der Regel nur mit numerischen Verfahren, insbesondere dann, wenn mehrere Reaktionen ablaufen. Eine Auswahl numerischer Methoden, die sich durch ihre Genauigkeit und den Rechenaufwand unterscheiden, ist in [4, 5, 6] beschrieben. Um die Lösung von Rechenbeispielen zu illustrieren, wird im Folgenden als besonders einfaches Verfahren das *Euler-Verfahren* benutzt. Es weist den Vorteil auf, dass es sich unproblematisch in Tabellenkalkulationsprogrammen umsetzen lässt[10].

---

[10] Das Euler-Verfahren wird auch in Kapitel 8 für nichtisotherme Reaktionen verwendet.

Euler-Verfahren. Gegeben sei die Differenzialgleichung erster Ordnung[11]

$$\frac{dy}{dt} = f(y) \quad \text{mit Anfangsbedingung } y(0) = y_0. \tag{7.73}$$

Für die gegebene *Zeitschrittweite* Δt werden an den äquidistanten Zeitstellen $t = \Delta t, 2\Delta t, 3\Delta t, \ldots$ die Näherungswerte $y(\Delta t)$, $y(2\Delta t)$, $y(3\Delta t)$, $\ldots$ der Lösung der Differenzialgleichung ermittelt. Man approximiert zunächst den Differenzialquotienten (7.73 links) durch den Differenzenquotienten, der hier als *Vorwärtsdifferenz* [6] formuliert ist,

$$\frac{dy(t)}{dt} \approx \frac{y(t + \Delta t) - y(t)}{\Delta t}. \tag{7.74}$$

In (7.73) eingesetzt und umgeformt, entsteht die *Rechenvorschrift des Euler-Verfahrens*,

$$y(t + \Delta t) = y(t) + \Delta t \, f(y(t)) \quad \text{mit Anfangsbedingung } y(0) = y_0. \tag{7.75}$$

Dies besagt: *der Näherungswert $y(t + \Delta t)$ an der Zeitstelle $t + \Delta t$ lässt sich allein aus dem Näherungswert $y(t)$ an der Zeitstelle t und der Schrittweite Δt berechnen.* Mit der gegebenen Anfangsbedingung $y(0) = y_0$ für den Zeitpunkt $t = 0$ kann das Verfahren gestartet werden,

$$(7.75) \text{ für } t = 0: \quad y(\Delta t) = y(0) + \Delta t \, f(y(0)) = y_0 + \Delta t \, f(y_0),$$

und man gewinnt den Näherungswert $y(\Delta t)$. Indem man das Euler-Verfahren auf diese Weise fortsetzt,

$$(7.75) \text{ für } t = \quad \Delta t: \quad y(2\Delta t) = y(\Delta t) + \Delta t \, f(y(\Delta t)),$$
$$(7.75) \text{ für } t = 2\Delta t: \quad y(3\Delta t) = y(2\Delta t) + \Delta t \, f(y(2\Delta t)),$$
$$(7.75) \text{ für } t = 3\Delta t: \quad y(4\Delta t) = y(3\Delta t) + \Delta t \, f(y(3\Delta t)), \ldots$$

fallen der Reihe nach alle gewünschten Näherungswerte $y(\Delta t)$, $y(2\Delta t)$, $y(3\Delta t)$, $\ldots$ an. Die Rechnung wird dann beendet, wenn ein vorgegebenes *Abbruchkriterium* erfüllt ist. Man kann hierzu einen Endwert für die Zeit t oder einen bestimmten y-Wert, der erreicht werden soll, vorgeben.

---

[11] Aus mathematischer Sicht sind bestimmte Anforderungen an die rechte Seite f zu stellen, um die Existenz und die Eindeutigkeit der Lösung zu garantieren [6]. Diese werden hier ohne weitere Prüfung als erfüllt vorausgesetzt.

Das Verfahren liefert umso genauere Näherungswerte, je kleiner die Schrittweite Δt gewählt wird, da der Fehler bei der Approximation des Differenzialquotienten (7.74) proportional zu Δt ist. Allerdings darf die Schrittweite auch nicht zu klein sein, da sonst aufgrund der endlichen Stellenzahl jedes Rechners Rundungsfehler zum Tragen kommen und das Ergebnis wieder verschlechtern. Die mathematischen Eigenschaften des Euler-Verfahrens sind z. B. in [5, 6] näher beschrieben.

Rechenbeispiel 7.9 *Bestimmung der Konzentrations-Zeit-Verläufe für eine Folgereaktion im halbkontinuierlich betriebenen Rührkessel.* Die Veresterung der Dicarbonsäure S (molare Masse M_S = 132 kg/kmol) mit dem Alkohol A (M_A = 102 kg/kmol) in Lösemittel L (M_L = 88 kg/kmol) führt zu den Produkten Monoester M, Diester D und Wasser W nach den irreversiblen bimolekularen Reaktionen

$$S + A \to M + W, \quad r_1 = k_1 c_S c_A, \quad k_1 = 0{,}4\ \text{h}^{-1},$$
$$M + A \to D + W, \quad r_2 = k_2 c_M c_A, \quad k_2 = 0{,}2\ \text{h}^{-1}.$$

Die Reaktion finde in einem halbkontinuierlich betriebenen ideal durchmischten isothermen Rührkessel statt. n_{A0} = 20 kmol Alkohol werden mit n_{L0} = 50 kmol Lösemittel im Reaktor vorgelegt ($n_{M0} = n_{D0} = n_{W0} = 0$). Nur die Säure wird mit dem konstanten Stoffmengenstrom $\dot{n}_{S,e}$ = 4 kmol/h im Zeitraum $0 \le t \le 5{,}0$ h zugegeben, so dass insgesamt 20 kmol Säure zugeführt werden. Die Gesamtdichte ρ = 920 kg/m^3 sei konstant. Zur Berechnung der Konzentrations-Zeit-Verläufe verwende man die Zeitschrittweite Δt = 0,25 h für das Euler-Verfahren.

Lösung. Da nur die Säure zugeführt wird und keine Komponenten entnommen werden, lauten die Bilanzgleichungen (7.72) für die betrachtete Aufgabenstellung

$$\frac{dn_S}{dt} = \dot{n}_{S,e} - Vr_1 \quad , \quad n_S(0) = n_{S0}, \tag{7.76}$$

$$\frac{dn_A}{dt} = \quad -Vr_1 - Vr_2, \quad n_A(0) = n_{A0}, \tag{7.77}$$

$$\frac{dn_M}{dt} = \quad Vr_1 - Vr_2, \quad n_M(0) = n_{M0}, \tag{7.78}$$

$$\frac{dn_D}{dt} = \quad Vr_2, \quad n_D(0) = n_{D0}, \tag{7.79}$$

$$\frac{dn_W}{dt} = \quad Vr_1 + Vr_2, \quad n_W(0) = n_{W0}, \tag{7.80}$$

$$\frac{dV}{dt} = \frac{M_S}{\rho}\dot{n}_{S,e} \quad , \quad V(0) = V_0. \tag{7.81}$$

Die Anzahl der Stoffmengenbilanzen ließe sich von fünf auf zwei - also auf die Anzahl der Schlüsselreaktionen - reduzieren, wenn man die stöchiometrischen Beziehungen berücksichtigt. So könnte man beispielsweise die Stoffmengen von M, D, W durch die Stoffmengen von S, A ausdrücken, indem man die beiden Reaktionsgeschwindigkeiten über (7.76) und (7.77) bestimmt, in (7.78 rechts) - (7.80 rechts) einsetzt und integriert. Wird jedoch - wie hier - ein numerisches Integrationsverfahren benutzt, so spielt die Anzahl der Gleichungen keine Rolle.

Für das Euler-Verfahren sind diese Differenzialgleichungen umzuformen,

$$n_S(t + \Delta t) = n_S(t) + \Delta t\,[\dot{n}_{S,e}(t) - V(t)r_1(t)], \tag{7.82}$$

$$n_A(t + \Delta t) = n_A(t) + \Delta t\,V(t)\,[-r_1(t) - r_2(t)], \tag{7.83}$$

$$n_M(t + \Delta t) = n_M(t) + \Delta t\,V(t)\,[r_1(t) - r_2(t)], \tag{7.84}$$

$$n_D(t + \Delta t) = n_D(t) + \Delta t\,V(t)\,r_2(t), \tag{7.85}$$

$$n_W(t + \Delta t) = n_W(t) + \Delta t\,V(t)\,[r_1(t) + r_2(t)], \tag{7.86}$$

$$V(t + \Delta t) = V(t) + \Delta t\,M_S\,\dot{n}_{S,e}/\rho. \tag{7.87}$$

Hierin steht $r_1(t)$, $r_2(t)$ für die mit den Konzentrationen zum betrachteten Zeitpunkt t berechneten Reaktionsgeschwindigkeiten,

$$c_i(t) = n_i(t)/V(t), \tag{7.88}$$

$$r_1(t) = k_1 c_S(t) c_A(t), \tag{7.89}$$

$$r_2(t) = k_2 c_M(t) c_A(t). \tag{7.90}$$

Startwerte des Euler-Verfahrens. Die eingesetzten Stoffmengen für $t = 0$ sind

$$n_S(0) = 0; \quad n_A(0) = 20\,\text{kmol}; \quad n_M(0) = n_D(0) = n_W(0) = 0.$$

Das eingesetzte Gesamtvolumen nach (7.68) beträgt

$$V(0) = \frac{M_A n_{A0} + M_L n_{L0}}{\rho} = \frac{102 \cdot 20 + 88 \cdot 50}{920} = 7{,}00\ \text{m}^3,$$

Konzentrationen und Reaktionsgeschwindigkeiten zum Zeitpunkt $t = 0$ lassen sich hiermit berechnen,

aus (7.88): $c_S(0) = 0; \quad c_A(0) = 20/7{,}00 = 2{,}86\ \text{kmol/m}^3;$

$\qquad\qquad\qquad c_M(0) = c_D(0) = c_W(0) = 0,$

aus (7.89): $r_1(0) = 0{,}4 \cdot 0 \cdot 2{,}86 = 0,$

aus (7.90): $r_2(0) = 0{,}2 \cdot 0 \cdot 2{,}86 = 0.$

Durchführung des Euler-Verfahrens. Mit den Startwerten können im ersten „Euler-Schritt" alle Werte für den Zeitpunkt $t = \Delta t = 0{,}25$ h bestimmt werden,

aus (7.82): $\quad n_S(0{,}25) = 0 + 0{,}25 \cdot [4{,}0 - 7{,}00 \cdot 0] = \quad 1{,}00$ kmol,

aus (7.83): $\quad n_A(0{,}25) = 20 + 0{,}25 \cdot 7{,}00 \cdot [-0 - 0] = 20{,}00$ kmol,

aus (7.84): $\quad n_M(0{,}25) = 0 + 0{,}25 \cdot 7{,}00 \cdot [0 - 0] = \qquad 0$ kmol,

aus (7.85): $\quad n_D(0{,}25) = 0 + 0{,}25 \cdot 7{,}00 \cdot 0 = \qquad\quad 0$ kmol,

aus (7.86): $\quad n_W(0{,}25) = 0 + 0{,}25 \cdot 7{,}00 \cdot [0 + 0] = \qquad 0$ kmol,

aus (7.87): $\quad V(0{,}25) = 7{,}00 + 0{,}25 \cdot 102 \cdot 4{,}0/920 = \quad 7{,}14$ m^3,

aus (7.88): $\quad c_S(0{,}25) = 1{,}00/7{,}14 = \qquad\qquad\quad 0{,}14$ kmol/m^3,

$\qquad\qquad\quad c_A(0{,}25) = 20/7{,}14 = \qquad\qquad\qquad 2{,}80$ kmol/m^3,

$\qquad\qquad\quad c_M(0{,}25) = 0/7{,}14 = \qquad\qquad\qquad\quad 0$,

$\qquad\qquad\quad c_D(0{,}25) = 0/7{,}14 = \qquad\qquad\qquad\quad 0$,

$\qquad\qquad\quad c_W(0{,}25) = 0/7{,}14 = \qquad\qquad\qquad\quad 0$,

aus (7.89): $\quad r_1(0{,}25) = 0{,}4 \cdot 0{,}14 \cdot 2{,}80 = \qquad\quad 0{,}16$ kmol/m^{3}h,

aus (7.90): $\quad r_2(0{,}25) = 0{,}2 \cdot 0 \cdot 2{,}80 = \qquad\qquad\quad 0$.

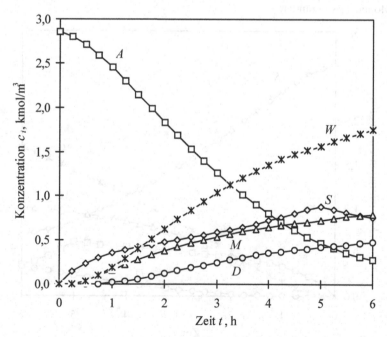

Abb. 7.23 Konzentrations-Zeit-Verläufe im halbkontinuierlich betriebenen Rührkessel für die Veresterungsreaktionen $S + A \rightarrow M + W$, $M + A \rightarrow D + W$ für Rechenbeispiel 7.9 (Alkohol A vorlegen, Säure S zugeben).

Nach diesem Rechenschema lassen sich die Näherungswerte für die Zeitpunkte t = 0,50; 0,75; ...; 6,0 h gewinnen. Das Verfahren ist ersichtlich wegen der vielen Rechenoperationen zu aufwändig für eine Handrechnung. Da die Werte des nächsten Euler-Schritts jeweils aus den Werten des vorherigen Schritts zu bestimmen sind, eignen sich z. B. Tabellenkalkulationsprogramme. In Abb. 7.23 sind die Ergebnisse, die man bei der Fortsetzung der Rechnung findet, dargestellt.

Übungsaufgabe 7.7 *Bestimmung der Konzentrations-Zeit-Verläufe für eine Folgereaktion im halbkontinuierlich betriebenen Rührkessel.* Die Aufgabenstellung des Rechenbeispiels 7.9 ist für den Fall zu lösen, dass nunmehr n_{S0} = 20 kmol Säure mit n_{L0} = 50 kmol Lösemittel vorgelegt ($n_{M0} = n_{D0} = n_{W0} = 0$) und als einzige Komponente Alkohol mit dem konstanten Stoffmengenstrom $\dot{n}_{A,e}$ = 4 kmol/h für den Zeitraum $0 \leq t \leq 5,0$ h zugegeben werde (insgesamt 20 kmol Alkohol).

Lösungshinweis, Ergebnis: Vorzugehen ist wie im Rechenbeispiel 7.9, wobei die Mengenbilanzen (7.76) für Säure und (7.77) für Alkohol der veränderten Aufgabenstellung (vorgelegte und zugeführte Komponenten) anzupassen sind. Die Konzentrations-Zeit-Verläufe sind in Abb. 7.24 dargestellt. Der Vergleich mit den Verläufen der Abb. 7.23 zeigt, dass sich die Produktverteilung, d. h. die gebildeten Mengen an Mono- und Diester, aufgrund der unterschiedlichen Betriebsweise zugunsten des Monoesters verändert hat.

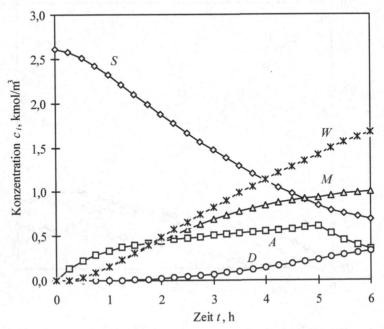

Abb. 7.24 Konzentrations-Zeit-Verläufe im halbkontinuierlich betriebenen Rührkessel für die Veresterungsreaktionen $S + A \rightarrow M + W$, $M + A \rightarrow D + W$ für Übungsaufgabe 7.7 (Säure S vorlegen, Alkohol A zugeben).

Übungsaufgabe 7.8 *Bestimmung der Konzentrations-Zeit-Verläufe für eine Folgereaktion im absatzweise betriebenen Rührkessel.* Das Euler-Verfahren kann auch dazu benutzt werden, die Mengenbilanzen eines *absatzweise betriebenen Rührkessels* numerisch zu lösen. (a) Die Aufgabenstellung des Rechenbeispiels 7.9 ist für den Fall zu lösen, dass sowohl die gesamte Säuremenge $n_{S0} = 20$ kmol als auch die gesamte Alkoholmenge $n_{A0} = 20$ kmol zusammen mit $n_{L0} = 50$ kmol Lösemittel vorgelegt werden, also keine Zufuhr oder Entnahme von Komponenten stattfindet. Es handelt sich um einen *absatzweise betriebenen Rührkessel.* (b) Um den Einfluss der Betriebsweise auf die Produktbildung herauszustellen, vergleiche man das Verhältnis der Konzentrationen c_D / c_M der beiden Produkte Diester und Monoester in Abhängigkeit von der Zeit für Rechenbeispiel 7.9 und die Übungsaufgaben 7.7 und 7.8 miteinander.

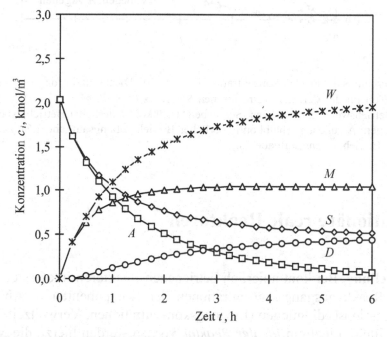

Abb. 7.25 Konzentrations-Zeit-Verläufe im absatzweise betriebenen Rührkessel für die Veresterungsreaktionen $S + A \rightarrow M + W$, $M + A \rightarrow D + W$ für Übungsaufgabe 7.8 (Säure S und Alkohol A vorlegen).

Lösungshinweis, Ergebnis: Für (a) ist das Rechenschema des Rechenbeispiels 7.9 anzuwenden, wobei alle eingehenden und ausgehenden Stoffmengenströme Null betragen und das Reaktionsvolumen wegen der konstanten Gesamtdichte zeitlich konstant bleibt. Die numerisch bestimmten Konzentrations-Zeit-Verläufe sind in Abb. 7.25 dargestellt.

In Abb. 7.26 ist das Ergebnis der Aufgabenstellung (b) gezeigt. Anhand dieses Diagramms wird der Einfluss der Betriebsweise auf die Produktverteilung deutlich. Wird beim halbkontinuierlichen Betrieb der Alkohol vorgelegt und die Säure zugegeben (Rechenbeispiel 7.9), so ist wegen der Konzentrationsverhältnisse im Reaktor die Diesterbildung bevorzugt. Wird dagegen die Säure vorgelegt und der Alkohol zugeführt (Übungsaufgabe 7.7), so ist der Monoester das favorisierte Produkt. Beim absatzweisen Betrieb (Übungsaufgabe 7.8) liegen die Verhältnisse etwa zwischen diesen beiden Fällen.

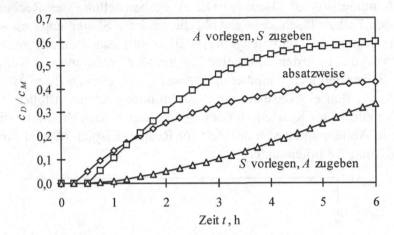

Abb. 7.26 Verhältnis der Produktkonzentrationen c_D / c_M von Diester und Monoester in Abhängigkeit von der Zeit für die Veresterungsreaktionen $S + A \rightarrow M + W$, $M + A \rightarrow D + W$ für unterschiedliche Betriebsweise: „A vorlegen, S zugeben" (halbkontinuierlicher Betrieb, Rechenbeispiel 7.9), „S vorlegen, A zugeben" (halbkontinuierlicher Betrieb, Übungsaufgabe 7.7), „absatzweise" (absatzweiser Betrieb, Übungsaufgabe 7.8).

7.7   Stationäre reale Reaktoren

Problemstellung. Bei kontinuierlich betriebenen Reaktoren interessiert man sich dafür, die Reaktorausgangskonzentrationen der Komponenten in Abhängigkeit von den Reaktionsbedingungen (Eingangskonzentrationen, Verweilzeit, Temperatur) zu ermitteln. Liegt ein *idealer Reaktor* vor, so werden hierzu die Mengenbilanzen gelöst (vgl. Kapitel 7); handelt es sich um einen *realen Reaktor*, so benutzt man die Verweilzeitdichtefunktion $E(t)$, um diese Fragestellung zu bearbeiten.

Berechnung der Reaktorausgangskonzentrationen. Der Wert von $E(t)\Delta t$ gibt den Anteil der Volumenelemente an, die eine Verweilzeit im Bereich ($t \dots t + \Delta t$) besitzen. Da jedes Volumenelement während seines Aufenthalts im Reaktor seine Identität bewahrt, also nicht mit früher oder später in den Reaktor eintretenden Volumenelementen vermischt wird, lässt es sich wie ein absatzweise betriebener Rührkessel behandeln. Der Aufenthaltsdauer des Volumenelements im realen Reaktor entspricht die Reaktionsdauer im Rührkessel. Wird mit $c_{aRk}(t)$ die Konzentration bezeichnet, die man im absatzweise betriebenen idealen Rührkessel für die

Reaktionsdauer t erhält, so gibt $c_{aRk}(t)E(t)\Delta t$ den Anteil an der Ausgangskonzentration des realen Reaktors wieder, den die Volumenelemente mit der Verweilzeit t beisteuern. Um die Ausgangskonzentration c_{real} des realen Reaktors zu bestimmen, ist über alle Aufenthaltsdauern zu summieren bzw. bei einer stetigen Verweilzeitverteilung zu integrieren,

$$c_{real} = \int_0^\infty E(t)c_{aRk}(t)dt .$$ (7.91)

Ideale Reaktoren. Über (7.91) erhält man auch die Ausgangskonzentrationen der idealen Reaktoren, wenn die entsprechenden Verweilzeitdichtefunktionen eingesetzt werden. Findet beispielsweise die Reaktion erster Ordnung $A \to ...$, $r = kc_A$, statt, so ist die Konzentration im absatzweise betriebenen Rührkessel durch (7.25f) gegeben, $c_{aRk}(t) = c_{A0} exp(-kt)$. Mit der Verweilzeitdichte des kontinuierlich betriebenen idealen Rührkessels,

$$E(t) = \frac{1}{\tau} exp(-\frac{t}{\tau}) ,$$

folgt die (bereits über die Lösung der Mengenbilanz hergeleitete) Gleichung (7.58f), mit der man die Reaktorausgangskonzentration bei kontinuierlichem Betrieb (Index „kRk") bestimmen kann,

$$c_{real} = \int_0^\infty \frac{c_{A0}}{\tau} exp[-(k+\frac{1}{\tau})t]dt = \frac{c_{A0}}{1+k\tau} = c_{kRk} .$$

Mit der Verweilzeitdichte $E(t) = \delta(t-\tau)$ des idealen Strömungsrohrs (Index „Str") findet man dagegen das bereits angeführte Ergebnis (7.25f)

$$c_{real} = \int_0^\infty \delta(t-\tau)c_{A0} exp(-kt)dt = c_{A0} exp(-k\tau) = c_{Str} .$$

Wegen der δ-Funktion ist dabei folgende „Rechenregel" zu beachten: $\int_0^\infty \delta(t-\tau)f(t)dt = f(\tau)$.

Diskrete Verweilzeitverteilungen. Bei der experimentellen Bestimmung des Verweilzeitverhaltens (vgl. Abschnitt 6.6) gewinnt man eine diskrete Verweilzeitverteilung. In diesem Fall ist das Integral in (7.91) numerisch auszuwerten. Ist die Verweilzeitdichtefunktion durch die $m = 0, 1, ..., M$ Werte $E_m = E(t_m)$ an den äquidistanten Zeitpunkten $t_m = m\Delta t$ gegeben (vgl. Tab. 6.2), so entsteht, wenn man das Trapez-Verfahren (6.50) für die numerische Integration benutzt,

$$c_{real} \approx [\frac{1}{2} E(0)c_{aRk}(0) + \sum_{m=1}^{M-1} E(t_m)c_{aRk}(t_m) + \frac{1}{2} E(t_M)c_{aRk}(t_M)]\Delta t .$$ (7.92)

Rechenbeispiel 7.9 *Berechnung der Reaktorausgangskonzentration über die Verweilzeitdichte für einen realen Reaktor.* Die Verweilzeitdichtefunktion eines realen Reaktors ist durch die äquidistanten Werte der Tab. 7.9 gegeben. Im Reaktor finde die Reaktion zweiter Ordnung $A \to ...$, $r = kc_A^2$ statt. Daten: Geschwindigkeitskonstante $k = 0{,}89$ m³/kmol h, Verweilzeit $\tau = 1{,}2$ h, Reaktoreingangskonzentration $c_{A0} = 1{,}0$ kmol/m³. Man berechne die Reaktorausgangskonzentration: a) des realen Reaktors; b) des idealen Strömungsrohrs ($\tau = 1{,}2$ h); c) eines kontinuierlich betriebenen idealen Rührkessels ($\tau = 1{,}2$ h); d) einer Kaskade aus zwei gleichgroßen idealen Kesseln mit der Verweilzeit $\tau = 1{,}2/2 = 0{,}6$ h pro Kessel.

Tab. 7.9 Verweilzeitdichtefunktion für Rechenbeispiel 7.10.

t_m, h	0	0,25	0,50	0,75	1,00	1,25	1,50	1,75	2,00	2,25	2,50
E_m, h⁻¹	0	0,47	0,61	0,61	0,53	0,44	0,35	0,27	0,20	0,15	0,11
t_m, h	2,75	3,00	3,25	3,50	3,75	4,00	4,25	4,50	4,75	5,00	
E_m, h⁻¹	0,08	0,06	0,04	0,03	0,02	0,01	0,01	0,01	0	0	

Lösung. a) Für die Reaktion zweiter Ordnung im absatzweise betriebenen Rührkessel erhält man die Konzentration nach der Reaktionsdauer t_m aus (7.25g),

$$c_{aRk}(t_m) = \frac{c_{A0}}{1 + kc_{A0}t_m}.$$

Zur Bestimmung der Reaktorausgangskonzentration über (7.92) ist diese Beziehung zu benutzen; mit den Zahlenwerten findet man

$$c_{real} \approx [\tfrac{1}{2}\cdot 0\cdot 1{,}00 + 0{,}47\cdot 0{,}818 + 0{,}61\cdot 0{,}692 + ...]\cdot 0{,}25 = 0{,}535 \text{ kmol/m}^3.$$

b) Für das ideale Strömungsrohr folgt aus (7.25g)

$$c_{Str} = \frac{c_{A0}}{1 + kc_{A0}\tau} = \frac{1{,}0}{1 + 0{,}89\cdot 1{,}0\cdot 1{,}2} = 0{,}484 \text{ kmol/m}^3.$$

c) Für den kontinuierlich betriebenen Rührkessel erhält man aus (7.58g)

$$c_{kRk} = \frac{-1 + \sqrt{1 + 4k\tau c_{10}}}{2k\tau} = \frac{-1 + \sqrt{1 + 4\cdot 0{,}89\cdot 1{,}2\cdot 1{,}0}}{2\cdot 0{,}89\cdot 1{,}2} = 0{,}607 \text{ kmol/m}^3.$$

d) Für die Kaskade (Index „$Kask$") aus zwei Kesseln ist wiederum (7.58g), jedoch mit der angegebenen Verweilzeit pro Kessel, zu verwenden,

$$c_{Kask}^{(1)} = \frac{-1 + \sqrt{1 + 4k\tau c_{10}}}{2k\tau} = \frac{-1 + \sqrt{1 + 4 \cdot 0,89 \cdot 0,6 \cdot 1,0}}{2 \cdot 0,89 \cdot 0,6} = 0,722 \text{ kmol/m}^3,$$

$$c_{Kask}^{(2)} = \frac{-1 + \sqrt{1 + 4k\tau c_{Kask}^{(1)}}}{2k\tau} = \frac{-1 + \sqrt{1 + 4 \cdot 0,89 \cdot 0,6 \cdot 0,722}}{2 \cdot 0,89 \cdot 0,6} = 0,556 \text{ kmol/m}^3.$$

Der reale Reaktor ist hinsichtlich des Eduktumsatzes zwischen dem Strömungsrohr und der Kaskade aus zwei Kesseln einzuordnen, da die Ausgangskonzentrationen in der Reihenfolge $c_{Str} < c_{real} < c_{Kask}^{(2)} < c_{kRk}$ steigen.

Übungsaufgabe 7.9 *Berechnung der Reaktorausgangskonzentration über die Verweilzeitdichte für einen realen Reaktor.* Man wiederhole Rechenbeispiel 7.9 mit allen dort angegebenen Zahlenwerten für den Fall, dass im Reaktor die *Reaktion erster Ordnung A $\rightarrow$ ..., r = kc_A* stattfinde (die Einheit der Geschwindigkeitskonstante *k* ist dabei in h^{-1} zu ändern).

Ergebnis: c_{Str} = 0,344 kmol/m^3; c_{real} = 0,418 kmol/m^3; $c_{Kask}^{(1)}$ = 0,652 kmol/m^3; $c_{Kask}^{(2)}$ = 0,425 kmol/m^3; c_{kRk} = 0,484 kmol/m^3.

7.8 Vergleich idealer Reaktoren

Problemstellung. Um den Einfluss der Vermischung herauszustellen, werden im Folgenden das ideale Strömungsrohr und der kontinuierlich betriebene ideale Rührkessel im Hinblick auf zwei Fragestellungen miteinander verglichen:

- *Reaktionsvolumen.* Welcher Reaktor benötigt bei gleicher Reaktion, geforderter Produktion und festen Reaktionsbedingungen das kleinste Reaktionsvolumen?
- *Produktverteilung.* Welcher ideale Reaktor liefert bei einer komplexen Reaktion die maximale Menge an erwünschtem Produkt?

Um die erwünschten Produkte wirtschaftlich herzustellen, ist bei komplexen Reaktionen hohe *Produktselektivität* bei hohem Eduktumsatz zu fordern. Je kleiner das *Reaktionsvolumen* wird, desto niedriger sind - zumindest näherungsweise - die Investitionskosten. Es wird aber in der Regel nicht ausreichen, nur den Reaktor hinsichtlich der Kriterien wie minimale Herstellungskosten oder maximale Produktselektivität auszulegen bzw. auszuwählen, da die üblicherweise vor- und nachgeschalteten Verfahrensschritte Aufbereitung und Aufarbeitung sowie die weiteren Umstände der Produktion gleichermaßen zu beachten sind.

Reaktionsvolumen. Die einzige Reaktion $A_1 + ... \rightarrow ...$ laufe in einem idealen Strömungsrohr (Index „Str") bzw. in einem kontinuierlich betriebenen idealen Rührkessel (Index „kRk") ab. Bei geforderten Werten der Reaktorausgangskonzentration c_1 und der Produktion eines Produkts sowie bei festen Reaktionsbedingungen (Reaktoreingangskonzentrationen, Temperatur) verhalten sich die Reaktionsvolumina wie die Verweilzeiten, wie aus (7.38) und (7.57) folgt,

$$\frac{V_{kRk}}{V_{Str}} = \frac{\tau_{kRk}}{\tau_{Str}}. \tag{7.93}$$

Die Verweilzeiten zum geforderten c_1 sind nach (7.10) und (7.48) zu berechnen,

$$\tau_{Str} = \int_{c_1}^{c_{10}} \frac{dc}{r(c)}, \quad \tau_{kRk} = \frac{c_{10} - c_1}{r(c_1)}. \tag{7.94}$$

Welchen Wert das Verhältnis der Reaktionsvolumina (7.93) annimmt, wird von der Konzentrationsabhängigkeit der Reaktionsgeschwindigkeit bestimmt, wobei drei Fälle zu unterscheiden sind:

a) *für eine Reaktion nullter Ordnung sind die Volumina stets gleich*, wie man aus (7.25e) und (7.58d) ersieht,

$$\tau_{kRk} = \tau_{Str} = \frac{c_{10} - c_1}{k} \text{ und } V_{kRk} = V_{Str} \text{ (Reaktion 0-ter Ordnung).}$$

b) *für Reaktionen, bei denen die Reaktionsgeschwindigkeit $r(c_1)$ mit steigender Konzentration c_1 zunimmt, wird für den kontinuierlich betriebenen Rührkessel ein größeres Volumen als für das Strömungsrohr benötigt,*

$$V_{kRk} > V_{Str}, \text{ falls } dr(c)/dc > 0.$$

Hierunter fallen z. B. die Reaktion n-ter Ordnung ($n > 0$), die Gleichgewichtsisomerisierung und die bimolekulare Reaktion (vgl. Tab 5.1). In Abb. 7.27 ist veranschaulicht, wie die Verweilzeiten der Reaktoren grafisch zu ermitteln sind.

Steigt $r(c)$ mit zunehmendem c, so fällt der Kehrwert der Reaktionsgeschwindigkeit $1/r(c)$ mit zunehmendem c. In der in Abb. 7.27 verwendeten Auftragung $1/r(c)$ über c ist wegen (7.94 links) die *Fläche unter der Kurve* im Bereich $c_1 \le c \le c_{10}$ gleich der Verweilzeit im Strömungsrohr τ_{Str}. Die Verweilzeit τ_{kRk} im kontinuierlich betriebenen Rührkessel wird wegen (7.94 rechts) durch die *Fläche des Rechtecks* mit der Grundlinie $c_{10} - c_1$ und der Höhe $1/r(c_1)$ dargestellt. Der Grund für die größere Verweilzeit des Rührkessels ist in der Vermischung zu suchen. Im vollständig durchmischten Reaktionsvolumen des Rührkessels liegen die einheitliche Reaktorausgangskonzentration c_1 und Reaktionsgeschwindigkeit $r(c_1)$ vor. Im idealen Strömungsrohr fällt dagegen die Konzentration vom Wert c_{10} am Eingang auf den Wert c_1 am Ausgang. Die Reaktionsgeschwindigkeit im Strömungsrohr ist (abgesehen vom Wert am Ausgang) stets höher als im Rührkessel, so dass (unter sonst gleichen Bedingungen) ein kleineres Volumen benötigt wird.

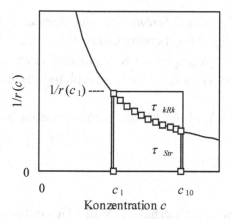

Abb. 7.27 Grafische Darstellung der erforderlichen Verweilzeiten für ein ideales Strömungsrohr (durch □ gekennzeichnete Fläche unter der Kurve = τ_{Str}) und einen kontinuierlich betriebenen Rührkessel (Fläche des Rechtecks = τ_{kRk}) in einer Auftragung von $1/r$ über der Konzentration c.

c) autokatalytische Reaktion: *je nach dem Konzentrationsbereich, in dem der Reaktor arbeitet, kann das Strömungsrohr oder der kontinuierlich betriebene Rührkessel das kleinere Volumen aufweisen.* In Abb. 7.28 sind diese Fälle gezeigt.

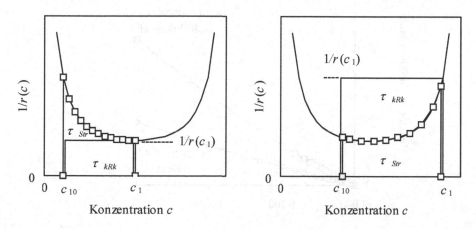

Abb. 7.28 Autokatalytische Reaktion. Schematische Darstellung der erforderlichen Verweilzeiten für ein ideales Strömungsrohr (durch □ gekennzeichnete Fläche unter der Kurve = τ_{Str}) und einen kontinuierlich betriebenen Rührkessel (Fläche des Rechtecks = τ_{kRk}) in einer Auftragung von $1/r$ über der Konzentration c. Links: kleineres Volumen für den kontinuierlich betriebenen Rührkessel; rechts: kleineres Volumen für ein Strömungsrohr.

Im Unterschied zu Fall b) ergibt sich in einer Auftragung von $1/r(c)$ über c ein Minimum, da die Reaktionsgeschwindigkeit $r(c)$ selbst ein Maximum bezüglich c aufweist, vgl. Abb. 7.19 bzw. Gleichung (7.27e). Je nach den Werten der Eingangskonzentration c_{10} und der Ausgangskonzentration c_1 kann der kontinuierlich betriebene Rührkessel (Abb. 7.28 links) oder das Strömungsrohr (Abb. 7.28 rechts) die kleinere Verweilzeit und damit das kleinere Volumen aufweisen.

Rechenbeispiel 7.10 *Vergleich Strömungsrohr, Rührkessel und Kaskade für eine Reaktion erster Ordnung.* Man berechne das Verhältnis der Reaktionsvolumina für eine Kaskade aus K gleichgroßen Kesseln und einem Strömungsrohr für die Reaktion erster Ordnung $A_1 \rightarrow ...,\ r = kc_1$, in Abhängigkeit vom Umsatzgrad X_1.

Lösung. Mit $c_1 = c_{10}(1 - X_1)$ folgt für das Strömungsrohr aus (7.94)

$$\tau_{Str} = -\frac{1}{k} ln(1 - X_1).$$

Für die Kaskade (Index „*Kask*") erhält man die Gesamtverweilzeit τ_{Kask} als K-faches der Verweilzeit τ pro Kessel, die aus (7.66) zu gewinnen ist,

$$\tau_{Kask} = K\tau = \frac{K}{k}[(1 - X_1)^{-1/K} - 1].$$

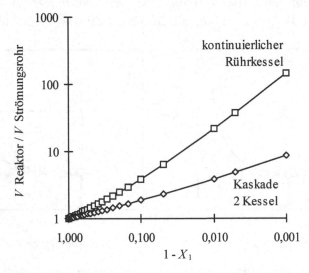

Abb. 7.29 Vergleich der erforderlichen Reaktionsvolumina für Rührkessel und Kaskade aus zwei gleichgroßen Kesseln mit dem idealen Strömungsrohr für die Reaktion erster Ordnung $A_1 \rightarrow A_2$ in Abhängigkeit vom Umsatzgrad X_1 des Edukts.

Damit kann das Volumenverhältnis Kaskade/Strömungsrohr entsprechend (7.93) berechnet werden, wobei sich die Geschwindigkeitskonstante k wegkürzt. Für X_1 = 0,99 und $K = 2$ findet man beispielsweise

$$\frac{V_{Kask}}{V_{Str}} = \frac{\tau_{Kask}}{\tau_{Str}} = \frac{2 \cdot [(1-0,99)^{-1/2} - 1]}{-ln(1-0,99)} = 3,91.$$

In Abb. 7.29 sind die Verläufe für den idealen Rührkessel ($K = 1$) und für eine Kaskade aus $K = 2$ Kesseln in Abhängigkeit von $1 - X_1$ in doppelt-logarithmischer Auftragung gezeigt. Während bei geringen Umsatzgraden das Volumenverhältnis nahe an Eins liegt, steigt es z. B. für $X_1 = 0,999$ auf ca. 144 für den Rührkessel und auf ca. 9 für die Kaskade aus zwei Kesseln.

Rechenbeispiel 7.11 *Vergleich Strömungsrohr und Rührkessel für die autokatalytische Reaktion.* Das Verhältnis der Reaktionsvolumina eines idealen Rührkessels und eines idealen Strömungsrohrs ist für die autokatalytische Reaktion $A_1 + A_2 \rightarrow 2A_1 + A_3$, $r = kc_1c_2$, in Abhängigkeit vom Umsatzgrad X_2 für die Reaktoreingangskonzentrationen $c_{10} = 0,01$ kmol/m^3, $c_{20} = 1,0$ kmol/m^3 zu berechnen.

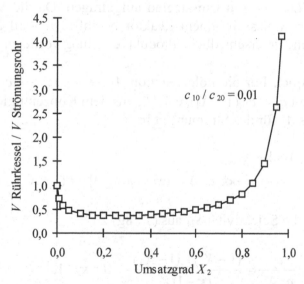

Abb. 7.30 Vergleich der Reaktionsvolumina für Strömungsrohr und Rührkessel für die autokatalytische Reaktion $A_1 + A_2 \rightarrow 2A_1 + A_3$ in Abhängigkeit vom Umsatzgrad X_2 des Edukts.

Lösung. Die Reaktorausgangskonzentrationen betragen $c_2 = c_{20}(1 - X_2)$ und wegen (7.60c) $c_1 = c_{10} + c_{20}X_2$. Führt man als Abkürzung das Verhältnis der Reaktoreingangskonzentrationen $\mu = c_{20}/c_{10}$ ein, so folgt aus (7.27f) bzw. (7.60f)

$$\tau_{Str} = \frac{1}{kc_{10}} \frac{1}{1+\mu} \ln\frac{1+\mu X_2}{1-X_2}, \quad \tau_{kRk} = \frac{1}{kc_{10}} \frac{X_2}{(1+\mu X_2)(1-X_2)}.$$

Damit kann das Volumenverhältnis (7.93) für beliebige Werte des Umsatzgrades X_2 berechnet werden, wobei sich der Faktor $1/kc_{10}$ wegkürzt. Mit den gegebenen Zahlenwerten wird $\mu = c_{20}/c_{10} = 100$; für $X_2 = 0{,}5$ findet man beispielsweise

$$\frac{V_{kRk}}{V_{Str}} = \frac{0{,}5}{(1+100\cdot 0{,}5)(1-0{,}5)} \frac{1+100}{\ln[(1+100\cdot 0{,}5)/(1-0{,}5)]} = 0{,}428.$$

In Abb. 7.30 ist das Volumenverhältnis in Abhängigkeit vom Umsatzgrad X_2 des Edukts dargestellt. Im Bereich $0 < X_2 <$ ca. $0{,}84$ weist der Rührkessel, für Werte $X_2 >$ ca. $0{,}84$ das Strömungsrohr das kleinere Volumen auf.

Produktverteilung. Um die Produktverteilung, d. h. das Ausmaß, in dem die umgesetzten Edukte zu den erwünschten Produkten reagieren, für verschiedene Reaktoren miteinander zu vergleichen, eignet sich ein *Selektivitäts-Umsatzgrad-Diagramm*. Hierfür wird die Selektivität eines bestimmten Produkts bezüglich eines gewissen Edukts über dessen Umsatzgrad aufgetragen. Da die Vermischung die Konzentrationsverhältnisse in einem Reaktor beeinflusst, wird in unterschiedlichen Reaktoren eine unterschiedliche Produktverteilung vorliegen.

Anwendungsbeispiel. Für die Folgereaktion $A_1 \rightarrow A_2$, $r_1 = k_1 c_1$, $A_2 \rightarrow A_3$, $r_2 = k_2 c_2$, erhält man mit $c_1 = c_{10}(1 - X_1)$, $c_{20} = 0$, aus dem Konzentrations-Zeit-Verlauf (7.28f) des Edukts A_1 für das Strömungsrohr

$$exp(-k_1 \tau_{Str}) = 1 - X_1,$$
$$exp(-k_2 \tau_{Str}) = exp(-\kappa k_1 \tau_{Str}) = [exp(-k_1 \tau_{Str})]^\kappa = (1-X_1)^\kappa \quad \text{mit } \kappa = k_2/k_1.$$

Damit ergibt sich die Selektivität S_{21} aus (7.28g) zu

$$S_{21} = \frac{Y_{21}}{X_1} = \frac{c_2}{c_{10}X_1} = \frac{(1-X_1)-(1-X_1)^\kappa}{(\kappa-1)X_1} \quad \text{für } \kappa \neq 1,$$
$$S_{21} = \frac{-(1-X_1)\ln(1-X_1)}{X_1} \qquad \text{für } \kappa = 1.$$

Für den kontinuierlich betriebenen Rührkessel gewinnt man dagegen aus (7.61f)

$$k_1 \tau_{kRk} = \frac{X_1}{1-X_1}, \quad k_2 \tau_{kRk} = \kappa k_1 \tau_{kRk} = \frac{\kappa X_1}{1-X_1}, \quad S_{21} = \frac{(1-X_1)}{1+(\kappa-1)X_1}.$$

Damit lässt sich die Selektivität S_{21} in Abhängigkeit vom Umsatzgrad X_1 berechnen, wobei das *temperaturabhängige* Verhältnis der Geschwindigkeitskonstanten κ auftritt. Die Verläufe sind in Abb. 7.31 gezeigt. Bei gleichem Umsatzgrad des Edukts wird stets für das Strömungsrohr eine höhere Selektivität erhalten.

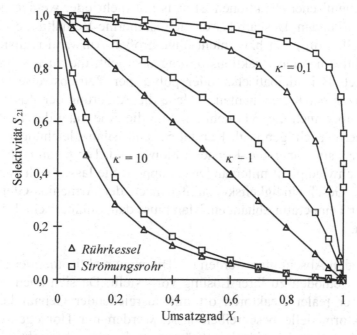

Abb. 7.31 Vergleich der Selektivität S_{21} in Abhängigkeit vom Umsatzgrad X_1 für die Folgereaktion $A_1 \rightarrow A_2$, $A_2 \rightarrow A_3$ im idealen Strömungsrohr und im idealen Rührkessel. Kurvenparameter: Verhältnis der Geschwindigkeitskonstanten $\kappa = k_2/k_1$.

Übungsaufgabe 7.10 *Vergleich Strömungsrohr und Rührkessel für eine Parallelreaktion.* Für die Parallelreaktion $A_1 \rightarrow A_2$, $r_1 = k_1 c_1$, $A_1 \rightarrow A_3$, $r_2 = k_2 c_1$, berechne man in Abhängigkeit vom Umsatzgrad X_1 (a) das Verhältnis der Reaktionsvolumina eines idealen Rührkessels und eines idealen Strömungsrohrs; (b) die Selektivität S_{21}.

Ergebnis: (a) $\dfrac{V_{kRk}}{V_{Str}} = -\dfrac{X_1}{(1-X_1)\,ln(1-X_1)}$ liefert kleinere Volumina für das ideale Strömungsrohr.

(b) Für *beide* Reaktoren beträgt $S_{21} = 1/(1+\kappa)$ mit temperaturabhängigem $\kappa = k_2/k_1$.

8 Nichtisotherme ideale Reaktoren für Homogenreaktionen

8.1 Einführung

Der Ablauf chemischer Reaktionen ist stets mit mehr oder weniger starken Wärmeeffekten verbunden. Deshalb lassen sich isotherme Verhältnisse - wie in Kapitel 7 dargestellt - oft nicht bzw. nicht ohne großen Aufwand realisieren, so dass man zur nichtisothermen Reaktionsführung übergeht, die auch selbst bestimmte Vorteile bietet. Bei adiabatischer oder polytroper Betriebsweise ist neben den Mengenbilanzen der Komponenten, welche die Änderung der Zusammensetzung beschreiben, aber auch die Wärmebilanz, die die Änderung der Temperatur wiedergibt, zu berücksichtigen (vgl. Kapitel 5). Die Bilanzgleichungen nichtisothermer Reaktoren sind über die Konzentrations- und Temperaturabhängigkeit der Reaktionsgeschwindigkeit miteinander gekoppelt. Sie lassen sich analytisch nicht lösen, da die Geschwindigkeitskonstanten nach der Arrhenius-Gleichung nichtlinear von der Temperatur abhängen. Man muss daher numerische Lösungsverfahren einsetzen.

In den folgenden Abschnitten werden die Bilanzen nichtisothermer Reaktoren abgeleitet und Methoden zu ihrer Lösung vorgestellt. Da sich auch das Verhalten nichtisothermer realer Reaktoren oft mit ausreichender Genauigkeit durch die idealen Reaktormodelle beschreiben lässt, werden nur Homogenreaktionen im idealen Rührkessel und im idealen Strömungsrohr näher betrachtet. Als typische Fragestellungen werden behandelt:

- *absatzweise betriebener idealer Rührkessel*: Berechnung der Konzentrations- und Temperaturverläufe in Abhängigkeit von der Reaktionsdauer;
- *stationäres ideales Strömungsrohr*: Berechnung der Konzentrations- und Temperaturverläufe in Abhängigkeit von der Verweilzeit;
- *stationär und kontinuierlich betriebener idealer Rührkessel*: Berechnung der Konzentrationen und der Temperatur am Reaktorausgang für gegebene Reaktionsbedingungen.

8.2 Absatzweise betriebener idealer Rührkessel

In Abb. 8.1 sind Bezeichnungen und Modellbedingungen für einen absatzweise betriebenen ideal durchmischten nichtisothermen Rührkessel schematisch gezeigt.

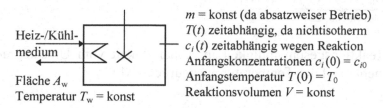

Heiz-/Kühl-medium

Fläche A_w
Temperatur T_w = konst

m = konst (da absatzweiser Betrieb)
$T(t)$ zeitabhängig, da nichtisotherm
$c_i(t)$ zeitabhängig wegen Reaktion
Anfangskonzentrationen $c_i(0) = c_{i0}$
Anfangstemperatur $T(0) = T_0$
Reaktionsvolumen V = konst

Abb. 8.1 Schematische Darstellung der Verhältnisse für einen absatzweise betriebenen nichtiso-thermen idealen Rührkessel.

Stoffmengenbilanz. Ausgegangen wird von einer beliebigen Reaktionsgleichung der Form

$$-A_1 + v_2 A_2 + ... + v_N A_N = 0. \tag{8.1}$$

Die Schreibweise (8.1) unterscheidet sich von der allgemeinen Form „$\sum v_i A_i = 0$" lediglich darin, dass der stöchiometrische Koeffizient des Edukts A_1 nunmehr $v_1 = -1$ beträgt, da dies die nachfolgenden Formeln vereinfacht.

Findet die Reaktion (8.1) unter nichtisothermen Bedingungen statt, so sind (für konstante Gesamtdichte ρ) die Stoffmengenbilanzen der $i = 1, ..., N$ Komponenten mit den Bilanzen (7.4) für isotherme Betriebsweise identisch,

$$\frac{dc_i}{dt} = v_i r(T,c) \quad \text{mit Anfangsbedingung } c_i(0) = c_{i0}. \tag{8.2}$$

Die Schreibweise $r(T, c)$ stellt heraus, dass die Reaktionsgeschwindigkeit in Abhängigkeit von Temperatur und Konzentrationen zu betrachten ist. (8.2) wird in eine für die weitere Bearbeitung vorteilhaftere Form umgewandelt. Man wählt - wie für isotherme Verhältnisse - Komponente A_1 als Bezugskomponente aus. Benutzt man anstelle der Konzentration c_1 den Umsatzgrad X_1 der Bezugskomponente, so lauten die (2.30) entsprechenden stöchiometrischen Beziehungen

$$c_1 = c_{10}(1 - X_1), \quad c_i = c_{i0} + v_i c_{10} X_1 \quad \text{für } i = 2, ..., N, \tag{8.3}$$

wobei $\nu_1 = -1$ eingearbeitet ist. Bei bekanntem Umsatzgrad-Zeit-Verlauf $X_1(t)$ lassen sich alle Konzentrationen berechnen; daher bleibt (wie für isotherme Betriebsweise) allein die Mengenbilanz der Bezugskomponente zu lösen. Werden alle im Geschwindigkeitsansatz auftretenden Konzentrationen über (8.3) ersetzt,

$$r(T, \underbrace{c_1, c_2, \ldots, c_N}_{\text{durch (8.3) ersetzen}}) = r(T, X_1), \tag{8.4}$$

so ist die Reaktionsgeschwindigkeit in Abhängigkeit vom Umsatzgrad der Bezugskomponente und der Temperatur ausgedrückt. Mit

$$\frac{dc_1}{dt} = -c_{10}\frac{dX_1}{dt},$$

das aus (8.3 links) durch Differenzieren nach der Zeit folgt, entsteht *die Mengenbilanz der Bezugskomponente für den absatzweise betriebenen Rührkessel*,

$$\frac{dX_1}{dt} = \frac{r(T, X_1)}{c_{10}} \quad \text{mit Anfangsbedingung } X_1(0) = 0. \tag{8.5}$$

Dies besagt: *im absatzweise betriebenen Rührkessel ist die zeitliche Änderung des Umsatzgrades der Bezugskomponente proportional der Reaktionsgeschwindigkeit.*

Wärmebilanz für polytrope Bedingungen. Da keine Stoffströme ein- und austreten, lautet die Wärmebilanz (5.49) mit den Vereinfachungen der Tab. 5.9:

$$\frac{d}{dt}(mc_pT) = \dot{Q}_W + \dot{Q}_R.$$

Dies besagt: *in einem absatzweise betriebenen idealen Rührkessel kann eine zeitliche Änderung des Wärmeinhalts nur durch den Wärmeaustausch und die Wärmeproduktion durch chemische Reaktion hervorgerufen werden.* Setzt man die konstante Gesamtmasse $m = \rho V$, die (als zusammensetzungs- und temperaturunabhängig angenommene) spezifische Wärme der Mischung c_p = konst, den Wärmeaustauschterm nach (5.43) und die Wärmeproduktion nach (5.41) ein, so resultiert

$$V\rho c_p \frac{dT}{dt} = k_W A_W (T_W - T) + (-\Delta H_R)Vr \quad \text{mit Anfangsbedingung } T(0) = T_0.$$

Mit dem bereits in (5.52) eingeführten charakteristischen Parameter des Wärme-austauschs a_W und der adiabatischen Temperaturerhöhung ΔT_{ad} nach (5.39),

$$a_W = \frac{k_W A_W}{V \rho c_p}, \quad \Delta T_{ad} = \frac{(-\Delta H_R)c_{10}}{\rho c_p}, \tag{8.6}$$

folgt *die Wärmebilanz des absatzweise betriebenen polytropen Rührkessels* zu

$$\frac{dT}{dt} = a_W(T_W - T) + \Delta T_{ad}\frac{r(T, X_1)}{c_{10}} \quad \text{mit } T(0) = T_0. \tag{8.7}$$

Dies besagt: *in einem absatzweise betriebenen idealen polytropen Rührkessel wird die zeitliche Änderung der Temperatur durch den Wärmeaustausch und durch die Wärmeproduktion der chemischen Reaktion verursacht.*

Wärmebilanz für adiabatische Bedingungen. Ohne Wärmetausch resultiert aus (8.7) *die Wärmebilanz des absatzweise betriebenen adiabatischen Rührkessels* zu

$$\frac{dT}{dt} = \Delta T_{ad}\frac{r(T, X_1)}{c_{10}} \quad \text{mit } T(0) = T_0. \tag{8.8}$$

Dies besagt: *in einem absatzweise betriebenen idealen adiabatischen Rührkessel wird die zeitliche Änderung der Temperatur allein durch die Wärmeproduktion der chemischen Reaktion verursacht.* Die rechte Seite in (8.8) kann über die Mengenbilanz (8.5 links) substituiert werden,

$$\frac{dT}{dt} = \Delta T_{ad}\frac{dX_1}{dt}.$$

Dies besagt: *Unter adiabatischen Bedingungen sind die zeitliche Änderung der Temperatur und des Umsatzgrades proportional.* Integration mit den Anfangs-bedingungen für den Umsatzgrad $X_1(0) = 0$ und die Temperatur $T(0) = T_0$ führt auf *die integrierte Form der Wärmebilanz für adiabatische Bedingungen,*

$$T(t) = T_0 + \Delta T_{ad} X_1(t). \tag{8.9}$$

(8.9) besagt: *die Differenz von Reaktions- und Anfangstemperatur $T(t) - T_0$ ist der adiabatischen Temperaturerhöhung und dem Umsatzgrad der Bezugskomponente proportional.*

Für eine exotherme Reaktion mit $\Delta T_{ad} > 0$ liefert (8.9) eine Temperaturzunahme, für eine endotherme Reaktion mit $\Delta T_{ad} < 0$ eine Temperaturabnahme, sobald der Umsatzgrad größer Null wird. Stellt sich vollständiger Umsatz $X_1 = 1$ ein, so beträgt die Endtemperatur $T = T_0 + \Delta T_{ad}$.

Formale Lösung der Bilanzgleichungen. Die Mengenbilanz (8.5) und die Wärmebilanz (8.7) bzw. (8.8) stellen ein System von zwei Differenzialgleichungen erster Ordnung in den abhängigen Variablen Umsatzgrad der Bezugskomponente und Temperatur bezüglich der Zeit als unabhängiger Variabler dar. Die Lösung der Bilanzgleichungen besitzt die Struktur

$$X_1 \text{ bzw. } T = f(t, c_{10}, c_{20}, \ldots, c_{N0}, \text{kinetische Parameter}, T_0, \Delta T_{ad}, a_W, T_W). \quad (8.10)$$
$$|\text{-------------------- isotherm --------------------}|$$
$$|\text{-------------------- adiabatisch -----------------------}|$$
$$|\text{-------------------- polytrop ----------------------------}|$$

Dies besagt: *finden in einem absatzweise betriebenen idealen nichtisothermen Rührkessel chemische Reaktionen statt, so kann der Umsatzgrad der Bezugskomponente bzw. die Temperatur bei adiabatischen Bedingungen durch die Reaktionsdauer, die Anfangskonzentrationen, die Zahlenwerte der kinetischen Parameter, die Anfangstemperatur und die adiabatische Temperaturerhöhung beeinflusst werden. Bei polytropen Bedingungen kommen der Parameter des Wärmeaustauschs und die mittlere Temperatur des Wärmeübertragungsmediums hinzu.*

Numerische Lösung der Bilanzgleichungen. Zur Lösung der Bilanzgleichungen lassen sich alle für Systeme linearer Differenzialgleichungen geeigneten numerischen Methoden benutzen [3]. Wie in Abschnitt 7.6, wird auch hier das besonders einfache *Euler-Verfahren* verwendet. Folgende Schritte sind dabei auszuführen:

- *Start:* Die während der Rechnung konstant bleibenden Werte $c_{10}, \ldots, c_{N0}$, kinetische Parameter, T_0, ΔT_{ad}, a_W, T_W und Schrittweite Δt vorgeben.
- *Durchführung:* Setze wegen der Anfangsbedingung $T(0) = T_0$, $X_1(0) = 0$ und berechne der Reihe nach

$$r(t) = r\big(T(t), X_1(t)\big) \qquad (8.11)$$

$$X_1(t + \Delta t) = X_1(t) + \Delta t \frac{r(t)}{c_{10}} \qquad (8.12)$$

polytrop: $\quad T(t + \Delta t) = T(t) + \Delta t \left[a_W\big(T_W - T(t)\big) + \Delta T_{ad} \frac{r(t)}{c_{10}} \right] \qquad (8.13a)$

adiabatisch: $\quad T(t + \Delta t) = T_0 + \Delta T_{ad} X_1(t + \Delta t) \qquad (8.13b)$

Nach (8.11) wird der Wert der Reaktionsgeschwindigkeit zum betrachteten Zeitpunkt t bestimmt, mit dem man über (8.12) einen „Euler-Schritt" ausführt und den Umsatzgrad für den nächsten Zeitwert $t + \Delta t$ berechnet. Die Temperatur für den Zeitwert $t + \Delta t$ wird durch (8.13a) für polytrope Bedingungen (ebenfalls durch einen „Euler-Schritt") geliefert, während man für adiabatische Verhältnisse die integrierte Wärmebilanz in der Form (8.13b) benutzt. Ausgehend von den Anfangswerten $T(0)$, $X_1(0)$ fallen nacheinander die Näherungswerte $X_1(\Delta t)$, $T(\Delta t)$, $X_1(2\Delta t)$, $T(2\Delta t)$, $X_1(3\Delta t)$, $T(3\Delta t)$, ... an.

- *Ende:* Das Verfahren wird abgebrochen, wenn eine vorgegebene Bedingung, etwa ein bestimmter Zeit-, Umsatzgrad- oder Temperaturwert, erreicht ist.

Rechenbeispiel 8.1 *Irreversible bimolekulare Reaktion im absatzweise betriebenen idealen nichtisothermen Rührkessel.* Für die irreversible bimolekulare Reaktion $A_1 + A_2 \rightarrow A_3$, $r = kc_1c_2$, die in einem absatzweise betriebenen idealen Rührkessel stattfinde, sind der Umsatzgrad $X_1(t)$ und die Temperatur $T(t)$ in Abhängigkeit von der Zeit zu berechnen (a) für polytrope (b) für adiabatische Bedingungen.

Daten: Anfangskonzentrationen $c_{10} = 4$ kmol/m^3, $c_{20} = 5$ kmol/m^3, $c_{30} = 0$, Stoßfaktor $k_0 = 5\cdot10^{11}$ h^{-1}, Aktivierungsenergie $E = 80000$ kJ/kmol, Anfangstemperatur $T_0 = 320$ K, adiabatische Temperaturerhöhung $\Delta T_{ad} = 45$ K, Parameter Wärmeaustausch $a_W = 1,0$ h^{-1}, Kühlmitteltemperatur $T_W = 320$ K, Schrittweite Euler-Verfahren $\Delta t = 0,4$ h.

Lösung. Der Umsatzgrad der Bezugskomponente und die stöchiometrischen Beziehungen lauten nach (8.3): $c_1 = c_{10}(1 - X_1)$, $c_2 = c_{20} - c_{10}X_1$, $c_3 = c_{30} + c_{10}X_1$. Damit lässt sich der Geschwindigkeitsansatz nach (8.4) umformen, wobei Arrhenius-Gleichung (5.26) hinzukommt,

$$r(T, X_1) = kc_1c_2 = k_0 e^{-E/RT} c_{10}(1 - X_1)(c_{20} - c_{10}X_1).$$

(a) Mit den gegebenen Zahlenwerten lauten die Gleichungen des Euler-Verfahrens für *polytrope Bedingungen* (k_0c_{10} und E/R sind zusammengefasst)

aus (8.11): $\quad r(T, X_1) = 20\cdot10^{11} e^{-9622,32/T}(1 - X_1)(5 - 4X_1),$ $\quad$ (8.14)

aus (8.12): $\quad X_1(t + \Delta t) = X_1(t) + 0,4\cdot\dfrac{r(t)}{4},$ $\quad$ (8.15)

aus (8.13a): $\quad T(t + \Delta t) = T(t) + 0,4\cdot\left[1,0\cdot(320 - T(t)) + 45\cdot\dfrac{r(t)}{4}\right].$ $\quad$ (8.16)

Zahlenbeispiel. Die (hier gerundet angegebenen) Rechenwerte für die ersten Schritte sind:

$t = 0$:   Start: $T(0) = 320$ K, $X_1(0) = 0$

        aus (8.14): $r(0) = 20 \cdot 10^{11} e^{-9622,32/320}(1-0)(5-4\cdot 0) = 0,873$ kmol/m^3 h

$t = \Delta t$:   aus (8.15): $X_1(\Delta t) = 0 + 0,4\dfrac{0,873}{4} = 0,0873$

        aus (8.16): $T(\Delta t) = 320 + 0,4 \cdot [1,0(320-320) + 45\dfrac{0,873}{4}] = 323,53$ K

        aus (8.14): $r(\Delta t) = 20 \cdot 10^{11} e^{-9622,32/323,53}(1-0,0873)(5-4\cdot 0,0873) =$
                        $= 1,028$ kmol/m^3 h

$t = 2\Delta t$:   aus (8.15): $X_1(2\Delta t) = 0,0873 + 0,4\dfrac{1,028}{4} = 0,1901$

        aus (8.16): $T(2\Delta t) = 323,53 + 0,4 \cdot [1,0(320-323,53) + 45\dfrac{1,028}{4}] = 327,12$ K

(b) Für adiabatische Verhältnisse sind die Zahlengleichungen (8.14) und (8.15) in Verbindung mit der integrierten Wärmebilanz anstelle von (8.16) zu verwenden,

aus (8.12b): $T(t+\Delta t) = 320 + 45 \cdot X_1(t+\Delta t)$.   (8.17)

Unterschiede zu den Werten für polytrope Bedingungen treten erst ab $t \geq 2\Delta t$ auf:

$t = 0$:   Start: $T(0) = 320$ K, $X_1(0) = 0$; aus (8.14): $r(0) = 0,873$ kmol/m^3 h
$t = \Delta t$:   aus (8.15): $X_1(\Delta t) = 0,0873$; aus (8.17): $T(\Delta t) = 320 + 45\cdot 0,0873 = 323,53$ K
        aus (8.14): $r(\Delta t) = 1,028$ kmol/m^3 h
$t = 2\Delta t$:   aus (8.15): $X_1(2\Delta t) = 0,1901$; aus (8.17): $T(\Delta t) = 320 + 45\cdot 0,1901 = 327,68$ K

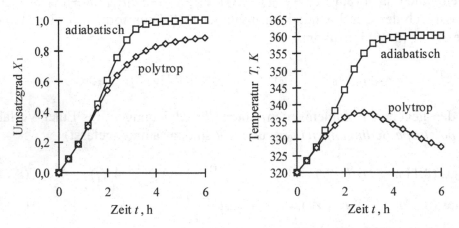

Abb. 8.2 Umsatzgrad X_1 (links) und Temperatur T (rechts) in Abhängigkeit von der Zeit für die irreversible bimolekulare Reaktion $A_1 + A_2 \rightarrow A_3$ im absatzweise betriebenen idealen Rührkessel für polytrope und adiabatische Bedingungen (Rechenbeispiel 8.1).

In Abb. 8.2 sind die Rechenwerte für beide Fälle grafisch dargestellt. Da für adiabatische Verhältnisse die Temperatur stets höher als für polytrope ist, strebt der Umsatzgrad schneller gegen den Endwert $X_1 = 1$ und die Temperatur gegen den Endwert $T_0 + \Delta T_{ad} = 365$ K. Durch geeignete Auslegung des Wärmetauschers (also über die Größen a_W und T_W) kann die maximale Temperatur, die unter polytropen Bedingungen auftritt, begrenzt werden.

Rechenbeispiel 8.2 *Bestimmung kinetischer Parameter aus Temperaturmesswerten bei adiabatischer Reaktion.* Läuft die irreversible Reaktion erster Ordnung A_1 → ..., $r = kc_1$, in einem absatzweise betriebenen adiabatischen Rührkessel ab, so erhält man die Temperaturwerte der Tab. 8.1 in Abhängigkeit von der Zeit, wobei $c_{10} = 0{,}92$ kmol/m^3, $\rho = 1000$ kg/m^3, $c_p = 4{,}2$ kJ/kg K betragen. Zu bestimmen sind (a) die Reaktionsenthalpie ΔH_R; (b) Stoßfaktor k_0 und Aktivierungsenergie E.

Tab. 8.1 Temperatur-Zeit-Messwerte für Rechenbeispiel 8.2.

t, min	0	2	4	6	8	10	12
T, K	310,0	312,1	314,2	316,3	318,2	319,8	321,0
t, min	14	16	18	20	22	24	26
T, K	321,9	322,4	322,8	322,9	323,0	323,1	323,1

Lösung. (a) Wie Abb. 8.2 zeigt, bleibt die Reaktionstemperatur unter adiabatischen Bedingungen bei vollständigem Umsatz des Ausgangsstoffes konstant. Da dies für die beiden letzten Temperaturwerte der Tab. 8.1 der Fall ist, erhält man über (8.9) $\Delta T_{ad} = T(26\ \text{min}) - T(0\ \text{min}) = 323{,}1 - 310{,}0 = 13{,}1$ K. Über (8.6) und die gegebenen Zahlenwerte berechnet man die Reaktionsenthalpie,

$$\Delta H_R = -\rho c_p \Delta T_{ad} / c_{10} = -1000 \cdot 4{,}2 \cdot 13{,}1 / 0{,}92 \approx -59{,}8 \text{ kJ/mol}.$$

(b) Mit der adiabatischen Temperaturerhöhung findet man zu jedem Temperaturwert aus der integrierten Wärmebilanz (8.9) den zugehörigen Umsatzgrad,

$$X_1(t) = [T(t) - T(0)] / \Delta T_{ad}.$$

Über die Mengenbilanz (8.5) folgt die Reaktionsgeschwindigkeit,

$$r(t) = c_{10} \frac{dX_1(t)}{dt} = c_{10} \frac{X_1(t + \Delta t) - X_1(t - \Delta t)}{2\Delta t},$$

worin die Approximation der Ableitung nach (6.53) eingesetzt ist. Die temperaturabhängigen Werte der Geschwindigkeitskonstante ergeben sich aus

$$k(t) = \frac{r(t)}{c_1} = \frac{r(t)}{c_{10}[1 - X_1(t)]}.$$

Zahlenbeispiel. Mit $X_1(0) = 0$; $X_1(2\ \text{min}) = (312,1 - 310,0)/13,1 = 0,160$; $X_1(4\ \text{min}) = (314,2 - 310,0)/13,1 = 0,321$ ergibt sich $r(2\ \text{min}) = 0,92 \cdot [0,321 - 0]/4 = 0,074\ \text{kmol/m}^3\text{min}$ und $k(2\ \text{min}) = 0,074/[0,92 \cdot (1 - 0,160)] = 0,095\ \text{min}^{-1}$.

Führt man (vgl. Abschnitt 5.2.3) eine lineare Regression von $y = ln\ k$ gegen $x = 1/T$ durch, so erhält man über die Regressionsparameter die beiden Arrhenius-Parameter zu $k_0 = 2,15 \cdot 10^{14}\ \text{min}^{-1}$, $E = 91729,4\ \text{kJ/kmol} \approx 91,7\ \text{kJ/mol}$.

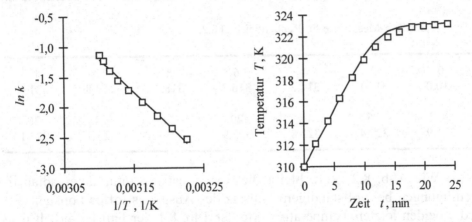

Abb. 8.3 Vergleich der experimentellen Werte (Punkte) und der berechneten Werte (Linie) für die Geschwindigkeitskonstante (links, Auftragung $ln\ k$ über $1/T$) und die Reaktionstemperatur T in Abhängigkeit von der Zeit (rechts) für die irreversible Reaktion erster Ordnung $A_1 \rightarrow ...$ im absatzweise betriebenen idealen adiabatischen Rührkessel, Rechenbeispiel 8.2.

Das in Abb. 8.3 dargestellte Arrhenius-Diagramm zeigt eine gute Übereinstimmung der experimentellen und der berechneten Werte. Führt man mit diesen Parameterwerten die Integration der Bilanzgleichungen durch, lassen sich die berechneten Temperaturwerte mit den experimentellen der Tab. 8.1 vergleichen. Wie Abb. 8.3 zeigt, liegt eine annehmbare Übereinstimmung vor. Die Gleichungen des Euler-Verfahrens (8.11), (8.12), (8.13b) lauten mit den Zahlenwerten

$$r(t) = 2,15 \cdot 10^{14}\, e^{-91729,4/(8,314 \cdot T)} \cdot 0,92 \cdot (1 - X_1),$$

$$X_1(t + \Delta t) = X_1(t) + 2,0 \cdot \frac{r(t)}{0,92}, \quad T(t + \Delta t) = 310 + 13,1 \cdot X_1(t + \Delta t).$$

Übungsaufgabe 8.1 *Irreversible Reaktion erster Ordnung im absatzweise betriebenen adiabatischen Rührkessel.* Um den Einfluss der Anfangsbedingungen exemplarisch zu zeigen, berechne man Umsatzgrad $X_1(t)$ und Temperatur $T(t)$ in Abhängigkeit von der Zeit für die irreversible Reaktion erster Ordnung $A_1 \rightarrow ..., r = kc_1$, für einen absatzweise betriebenen idealen adiabatischen Rührkessel für folgende Werte:

(1) Anfangskonzentration c_{10} = 2,5 kmol/m³, Anfangstemperatur T_0 = 360 K;
(2) Anfangskonzentration c_{10} = 5,0 kmol/m³, Anfangstemperatur T_0 = 360 K;
(3) Anfangskonzentration c_{10} = 2,5 kmol/m³, Anfangstemperatur T_0 = 370 K;

Daten: Stoßfaktor $k_0 = 6{,}1 \cdot 10^8\,\text{h}^{-1}$, Aktivierungsenergie E = 69000 kJ/kmol, Reaktionsenthalpie ΔH_R = −60000 kJ/kmol, Dichte ρ = 990 kg/m³, spezifische Wärme c_p = 4,0 kJ/kg K, Schrittweite Euler-Verfahren Δt = 1,0 h.

Ergebnis, Lösungshinweis: Die Verläufe sind in Abb. 8.4 dargestellt. Die erhöhte Anfangskonzentration bei Fall 2 vergrößert auch den Wert der adiabatischen Temperaturerhöhung. Der Vergleich der Verläufe zeigt, dass sich die Erhöhung der Anfangstemperatur stärker auf die Reaktionsdauer für vollständigen Umsatz von A_1 auswirkt als die Erhöhung der Anfangskonzentration.

Beim Euler-Verfahren und einem Geschwindigkeitsansatz n-ter Ordnung kann (je nach Schrittweite) der Fall auftreten, dass die Reaktionsgeschwindigkeit $r < 0$ bzw. der Umsatzgrad $X_1 > 1$ berechnet wird. In einem Tabellenkalkulationsprogramm ließe sich dies etwa durch die Bedingung

$$X_1(t+\Delta t) = MIN\left(X_1(t) + \Delta t\, \frac{r(t)}{c_{10}}\,;1 \right)$$ verhindern, die $X_1 \leq 1$ (und damit. $r \geq 0$) bewirkt.

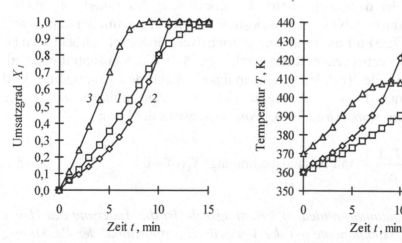

Abb. 8.4 Umsatzgrad X_1 (links) und Temperatur T (rechts) in Abhängigkeit von der Zeit für die irreversible Reaktion erster Ordnung $A_1 \rightarrow ...$ im absatzweise betriebenen idealen adiabatischen Rührkessel bei unterschiedlichen Anfangsbedingungen (*1*: c_{10} = 2,5 kmol/m³, T_0 = 360 K; *2*: c_{10} = 5,0 kmol/m³, T_0 = 360 K; *3*: c_{10} = 2,5 kmol/m³, T_0 = 370 K); Übungsaufgabe 8.1.

8.3   Stationäres ideales Strömungsrohr

In Abb. 8.5 sind die Bezeichnungen und die Modellbedingungen für ein kontinuierlich und stationär betriebenes ideales nichtisothermes Strömungsrohr gezeigt.

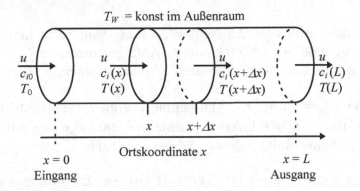

Abb. 8.5 Schematische Darstellung der Verhältnisse für ein kontinuierlich und stationär betriebenes ideales nichtisothermes Strömungsrohr.

Stoffmengenbilanz. Auch für das Strömungsrohr wird die Reaktionsgleichung als

$$- A_1 + v_2 A_2 + ... + v_N A_N = 0$$

geschrieben, in der der stöchiometrische Koeffizient des Edukts A_1 $v_1 = -1$ beträgt. Die Stoffmengenbilanz der *Bezugskomponente* A_1 ist mit der bereits angegebenen Bilanz (7.33) für die isotherme Betriebsweise identisch. Drückt man (wie beim absatzweise betriebenen Rührkessel, vgl. 8.2) die Konzentrationen aller Komponenten und die Reaktionsgeschwindigkeit durch den Umsatzgrad X_1 der Bezugskomponente A_1 aus, so ergibt sich *die Mengenbilanz der Bezugskomponente für das stationäre ideale Strömungsrohr* in der Form

$$\frac{dX_1}{d\tau} = \frac{r(T, X_1)}{c_{10}} \quad \text{mit Anfangsbedingung } X_1(0) = 0. \tag{8.18}$$

Dies besagt: *im stationären idealen Strömungsrohr ist die Änderung des Umsatzgrades der Bezugskomponente mit der Verweilzeit proportional der Reaktionsgeschwindigkeit*. Bei bekanntem Umsatzgrad-Verweilzeit-Verlauf $X_1(\tau)$ lassen sich alle Konzentrationen aus den stöchiometrischen Beziehungen berechnen,

$$c_1 = c_{10}(1 - X_1), \quad c_i = c_{i0} + v_i c_{10} X_1 \text{ für } i = 2, ..., N. \tag{8.19}$$

Wärmebilanz. Als Bilanzraum wird - wie bei der Herleitung der Mengenbilanz in Abschnitt 6.5.2 - ein differenzielles Scheibchen der Dicke Δx an der Stelle x des Reaktors mit dem Durchmesser d_R betrachtet, das in Abb. 8.5 gezeigt ist. Bei stationärer Betriebsweise lautet die Wärmebilanz (5.49)

$$0 = \dot{Q}_e - \dot{Q}_a + \dot{Q}_W + \dot{Q}_R. \tag{8.20}$$

Mit den folgenden Bedingungen und Größen

- Volumen des Bilanzraums $V = A\Delta x = \frac{\pi}{4}d_R^2\Delta x$;
- eingehender Wärmestrom $\dot{Q}_e = \dot{m}\,c_pT(x) = \dot{V}\rho c_pT(x) = Au\rho c_pT(x)$;
- ausgehender Wärmestrom $\dot{Q}_a = Au\rho c_pT(x + \Delta x)$;
- Mantelfläche des Bilanzraums = Wärmeaustauschfläche $A_W = \pi d_R\Delta x$;
- Wärmeaustauschterm $\dot{Q}_W = k_WA_W(T_W - T(x)) = k_W\pi d_R\Delta x(T_W - T(x))$;
- Wärmeproduktion durch chemische Reaktion $\dot{Q}_R = (-\Delta H_R)Vr = (-\Delta H_R)A\Delta x\, r$

entsteht hieraus

$$0 = Au\rho c_p[T(x) - T(x + \Delta x)] + k_W\pi d_R\Delta x(T_W - T(x)) + (-\Delta H_R)A\Delta x\, r.$$

Setzt man die Taylor-Entwicklung für die Temperatur,

$$T(x + \Delta x) = T(x) + \frac{dT}{dx}\Delta x + \dots,$$

in diese Gleichung ein, kürzt durch $A\rho c_p\Delta x$ und lässt Δx gegen Null gehen, so verbleibt nur die erste Ableitung der Temperatur nach der Ortskoordinate,

$$u\frac{dT}{dx} = \frac{k_W\pi d_R}{A\rho c_p}(T_W - T) + \frac{(-\Delta H_R)}{\rho c_p}r.$$

Wird anstelle der Ortskoordinate x die Verweilzeit τ verwendet, $d\tau = dx/u$, die adiabatische Temperaturerhöhung gemäß (8.6 rechts) substituiert und schließlich noch der mit (8.6 links) identische Parameter für den Wärmeaustausch eingeführt,

$$a_W = \frac{k_WA_W}{V\rho c_p} = \frac{k_W\pi d_R\Delta x}{A\Delta x\rho c_p} = \frac{k_W\pi d_R}{A\rho c_p} = \frac{k_W}{\rho c_p}\frac{4}{d_R}, \tag{8.21}$$

so folgt *die Wärmebilanz des stationären idealen polytropen Strömungsrohrs* als

$$\frac{dT}{d\tau} = a_W\,(T_W - T) + \Delta T_{ad}\,\frac{r(T, X_1)}{c_{10}} \quad \text{mit Anfangsbedingung } T(0) = T_0. \quad (8.22)$$

Dies besagt: *an einer beliebigen Stelle im stationären idealen polytropen Strömungsrohr wird die Änderung der Temperatur durch den Wärmeaustausch und durch die Wärmeproduktion der chemischen Reaktion verursacht.* Fehlt der Wärmeaustausch, so ergibt sich *die Wärmebilanz des stationären idealen adiabatischen Strömungsrohrs* als

$$\frac{dT}{d\tau} = \Delta T_{ad}\,\frac{r(T, X_1)}{c_{10}} \quad \text{mit Anfangsbedingung } T(0) = T_0. \quad (8.23)$$

Ersetzt man (wie beim absatzweise betriebenen Rührkessel) die rechte Seite in (8.23) über die Mengenbilanz (8.18) und integriert mit den Anfangsbedingungen, so verbleibt *die integrierte Wärmebilanz des stationären idealen adiabatischen Strömungsrohrs* in der Form

$$T(\tau) = T_0 + \Delta T_{ad} X_1(\tau). \quad (8.24)$$

Formale Lösung der Bilanzgleichungen. Die Mengenbilanz (8.18) und die Wärmebilanz (8.22) bzw. (8.23) stellen ein System von zwei Differenzialgleichungen erster Ordnung in den abhängigen Variablen Umsatzgrad der Bezugskomponente und Temperatur bezüglich der Verweilzeit als unabhängige Variable dar. Die formale Lösung besitzt die Struktur

$$X_1 \text{ bzw. } T = f\,(\tau, c_{10}, c_{20}, \ldots, c_{N0}, \textit{kinetische Parameter}, T_0, \Delta T_{ad}, a_W, T_W). \quad (8.25)$$

|------------------- isotherm --------------------|
|------------------- adiabatisch ----------------------|
|------------------- polytrop ----------------------------------|

Dies besagt: *finden in einem stationären idealen nichtisothermen Strömungsrohr chemische Reaktionen statt, so kann der Umsatzgrad der Bezugskomponente bzw. die Temperatur bei adiabatischen Bedingungen durch die Verweilzeit, die Eingangskonzentrationen, die Zahlenwerte der kinetischen Parameter, die Eingangstemperatur und die adiabatische Temperaturerhöhung beeinflusst werden. Bei polytropen Bedingungen kommen der Parameter des Wärmeaustauschs und die mittlere Temperatur des Wärmeübertragungsmediums hinzu.*

Lösung der stationären Bilanzgleichungen. Vergleicht man die Mengen- und die Wärmebilanzen des absatzweise betriebenen idealen Rührkessels mit denen des idealen Strömungsrohrs, so zeigt sich, dass beide Gleichungen eine *identische Struktur* besitzen - wie für isotherme Verhältnisse im Abschnitt 7.3 gefunden. Daher können alle für den absatzweise betriebenen idealen Rührkessel in Abschnitt 8.2 dargestellten Lösungsmethoden (Berechnung des Umsatzgrads und der Temperatur) sofort auf das Strömungsrohr übertragen werden (oder umgekehrt). Zu beachten ist, dass anstelle der unabhängigen Variablen Zeit t (beim Rührkessel) die Verweilzeit τ (beim Strömungsrohr) erscheint, und dass die Größen c_{i0} bzw. T_0 die Anfangskonzentrationen bzw. die Anfangstemperatur (beim Rührkessel) oder die Eingangskonzentrationen bzw. die Eingangstemperatur (beim Strömungsrohr) bezeichnen. Der Grund hierfür ist im Mischungsverhalten des idealen Strömungsrohrs, also in der zugrunde gelegten Pfropfenströmung, zu suchen.

Übungsaufgabe 8.2 *Gleichgewichtsreaktion im stationären idealen nichtisothermen Strömungsrohr.* Umsatzgrad $X_1(\tau)$ und Temperatur $T(\tau)$ in Abhängigkeit von der Verweilzeit sind für ein stationäres Strömungsrohr zu berechnen (a) für polytrope; (b) für adiabatische Bedingungen, falls die Gleichgewichtsreaktion

$$A_1 \leftrightarrow A_2 + A_3, \ r = k\left[c_1 - \frac{c_2 c_3}{K}\right],$$

in der Gasphase stattfindet. Daten: Eingangskonzentrationen $c_{10} = 0{,}0036$ kmol/m^3, $c_{20} = c_{30} = 0$, Stoßfaktor $k_0 = 5{,}1 \cdot 10^4$ s^{-1}, Aktivierungsenergie $E = 88000$ kJ/kmol, Stoßfaktor Gleichgewichtskonstante (siehe Lösungshinweis) $K_0 = 6{,}6 \cdot 10^5$ s^{-1}, Aktivierungsenergie Gleichgewichtskonstante $E_K = 132000$ kJ/kmol, Eingangstemperatur $T_0 = 923$ K, Reaktionsenthalpie $\Delta H_R = +120000$ kJ/kmol, $\rho c_p = 1{,}00$ kJ/m^{3}K, Parameter Wärmeaustausch $a_W = 2{,}5$ s^{-1}, Kühlmitteltemperatur $T_W = 923$ K, Schrittweite Euler-Verfahren $\Delta\tau = 0{,}1$ s.

Ergebnis, Lösungshinweis: Da nur Edukt A_1 eingesetzt wird, lauten der Umsatzgrad der Bezugskomponente und die stöchiometrische Beziehungen $c_1 = c_{10}(1 - X_1)$, $c_2 = c_3 = c_{10}X_1$. Die Temperaturabhängigkeit nach Arrhenius ist für die Geschwindigkeitskonstante $k = k_0 exp(-E/RT)$ und für die Gleichgewichtskonstante $K = K_0 exp(-E_K/RT)$ zu berücksichtigen. Für die endotherme Reaktion wird die adiabatische Temperaturerhöhung $\Delta T_{ad} = -432$ K. In Abb. 8.6 sind die mit dem Euler-Verfahren berechneten Verläufe gezeigt. Bei adiabatischer Betriebsweise liegt der Umsatzgrad bei niedrigeren Werten als für den polytropen Fall, da wegen der endothermen Reaktion die Temperatur stärker abnimmt und zu einer niedrigeren Reaktionsgeschwindigkeit führt.

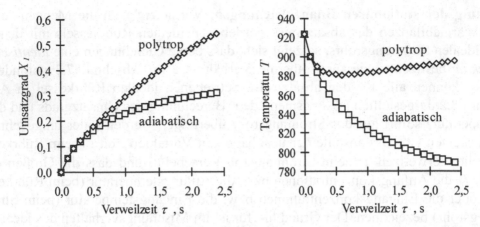

Abb. 8.6 Umsatzgrad (links) und Temperatur (rechts) in Abhängigkeit von der Verweilzeit τ für die endotherme Gleichgewichtsreaktion $A_1 \leftrightarrow A_2 + A_3$ im stationären idealen Strömungsrohr (Übungsaufgabe 8.2).

Übungsaufgabe 8.3 *Autokatalytische Reaktion im stationären idealen nichtisothermen Strömungsrohr.* Um den Einfluss des Wärmeaustauschs im stationären polytropen Strömungsrohr exemplarisch darzustellen, berechne man Umsatzgrad $X_2(\tau)$ und Temperatur $T(\tau)$ in Abhängigkeit von der Verweilzeit für die autokatalytische Reaktion $A_1 + A_2 \rightarrow 2A_1 + A_3$, $r = kc_1c_2$, für die Werte des Parameters für den Wärmeaustausch (1) $a_W = 0{,}1$ min^{-1}; (2) $a_W = 0{,}3$ min^{-1}; (3) $a_W = 0{,}6$ min^{-1}.

Daten: Eingangskonzentrationen $c_{10} = 0{,}3$ kmol/m^3, $c_{20} = 2{,}2$ kmol/m^3, $c_{30} = 0$, Eingangstemperatur $T_0 = 300$ K, Stoßfaktor $k_0 = 6{,}0 \cdot 10^{10}$ m^3/(kmol min), Aktivierungsenergie $E = 69000$ kJ/kmol, Reaktionsenthalpie $\Delta H_R = -78000$ kJ/kmol, Dichte $\rho = 990$ kg/m^3, spezifische Wärme $c_p = 4{,}0$ kJ/kg K, mittlere Temperatur Kühlmittel $T_W = 300$ K, Schrittweite Euler-Verfahren $\Delta\tau = 1{,}0$ min.

Lösungshinweis, Ergebnis: Da A_2 als Bezugskomponente benutzt wird, lauten Umsatzgrad und stöchiometrische Beziehungen $c_2 = c_{20}(1 - X_2)$, $c_1 = c_{10} + c_{20}X_2$, $c_3 = c_{30} + c_{20}X_2$. Die Geschwindigkeitsgleichung und die Mengenbilanz werden zu

$$r(T, X_2) = k_0 e^{-E/RT} c_{20}(1 - X_2)(c_{10} + c_{20}X_2), \quad \frac{dX_2}{d\tau} = \frac{r(T, X_2)}{c_{20}},$$

während die Wärmebilanz in der Form (8.22) zu verwenden ist. Die Verläufe für die drei Fälle sind in Abb. 8.7 dargestellt. Mit zunehmendem Wärmeaustausch wird eine größere Verweilzeit benötigt, um vollständigen Umsatz zu erzielen, da aufgrund der niedrigeren Temperatur die Reaktionsgeschwindigkeit kleiner ist. Die ausgeprägte Temperaturspitze im ersten Fall verschwindet mit zunehmendem Wärmeaustausch.

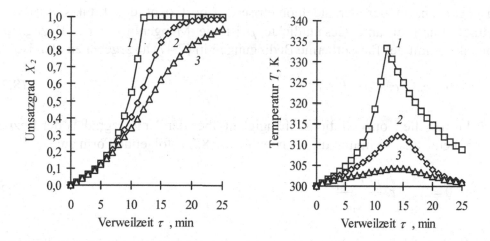

Abb. 8.7 Einfluss des Wärmeaustausches auf den Umsatzgrad X_2 (links) und die Temperatur T (rechts) in Abhängigkeit von der Verweilzeit für die autokatalytische Reaktion $A_1 + A_2 \rightarrow 2A_1 + A_3$ im stationären idealen Strömungsrohr (*1*: $a_W = 0,1$ min^{-1}; *2*: 0,3 min^{-1}; *3*: 0,6 min^{-1}); Übungsaufgabe 8.3.

8.4 Kontinuierlich betriebener stationärer idealer Rührkessel

In Abb. 8.8 sind Bezeichnungen und Modellbedingungen für einen kontinuierlich und stationär betriebenen idealen nichtisothermen Rührkessel gezeigt.

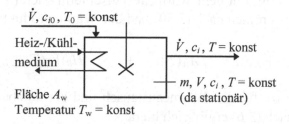

Abb. 8.8 Schematische Darstellung der Verhältnisse für einen kontinuierlich und stationär betriebenen idealen nichtisothermen Rührkessel.

Stoffmengenbilanz. Es wird wiederum von einer Reaktionsgleichung der Form

$$- A_1 + \nu_2 A_2 + \ldots + \nu_N A_N = 0$$

ausgegangen, in der der stöchiometrische Koeffizient des Edukts $A_1 \nu_1 = -1$ beträgt. Für konstante Gesamtdichte ρ ist die Mengenbilanz der Bezugskomponente A_1 mit der für isotherme Bedingungen in (7.47) angegebenen identisch,

$$0 = c_{10} - c_1 - \tau\, r(T, c_1)\,. \tag{8.26}$$

Drückt man die Konzentrationsabhängigkeit über den Umsatzgrad X_1 der Bezugskomponente aus, so nimmt die Mengenbilanz (8.26) folgende Form an:

$$0 = X_1 - \tau\,\frac{r(T, X_1)}{c_{10}}\,. \tag{8.27}$$

Dies besagt: *in einem kontinuierlich und stationär betriebenen idealen Rührkessel ist der Umsatzgrad der Bezugskomponente der Verweilzeit und der Reaktionsgeschwindigkeit proportional.* Ist der Umsatzgrad der Bezugskomponente bekannt, so lassen sich alle Konzentrationen berechnen,

$$c_1 = c_{10}(1 - X_1), \quad c_i = c_{i0} + \nu_i c_{10} X_1 \quad \text{für } i = 2, ..., N. \tag{8.28}$$

Wärmebilanz. Bei stationärer Betriebsweise lautet die bereits angeführte Wärmebilanz mit den Vereinfachungen aus Tab. 5.9

$$0 = \dot{Q}_e - \dot{Q}_a + \dot{Q}_W + \dot{Q}_R\,.$$

Falls die Gesamtdichte ρ konstant und die spezifische Wärme c_p der Mischung am Eingang und am Ausgang gleich (also unabhängig von Zusammensetzung und Temperatur) ist, so folgt mit dem Wärmeaustauschterm nach (5.43), den ein- und ausgehenden Wärmeströmen nach (5.50) und der Wärmeproduktion nach (5.40)

$$0 = \dot{V}\rho c_p T_0 - \dot{V}\rho c_p T + k_W A_W (T_W - T) + (-\Delta H_R) V r(T, X_1)\,.$$

Mit dem Parameter a_W für den Wärmeaustausch und der adiabatischen Temperaturerhöhung ΔT_{ad} nach (8.6) ergibt sich hieraus

$$0 = T_0 - T + \tau a_W (T_W - T) + \Delta T_{ad}\tau\frac{r(T, X_1)}{c_{10}}\,.$$

Hierin kann der letzte Term der rechten Seite über die Mengenbilanz (8.27) ersetzt werden, so dass schließlich *die stationäre Wärmebilanz des kontinuierlich betriebenen idealen Rührkessels für polytrope Bedingungen* resultiert,

$$0 = T_0 - T + \tau a_W (T_W - T) + \Delta T_{ad} X_1. \tag{8.29}$$

Dies besagt: *in einem kontinuierlich und stationär betriebenen nichtisothermen idealen Rührkessel wird der Unterschied von Eingangs- und Ausgangstemperatur durch Wärmeaustausch und Wärmeproduktion der Reaktion hervorgerufen.*

Entfällt der Wärmeaustauschterm, gewinnt man *die stationäre Wärmebilanz des kontinuierlich betriebenen idealen Rührkessels für adiabatische Bedingungen* zu

$$T = T_0 + \Delta T_{ad} X_1. \tag{8.30}$$

Unter adiabatischen Reaktionsbedingungen sind die Wärmebilanz (8.30) des kontinuierlich betriebenen Rührkessels, die integrierte Wärmebilanz (8.9) des absatzweise betriebenen Rührkessels und die integrierte Wärmebilanz (8.24) des idealen Strömungsrohrs identisch.

Formale Lösung der Bilanzgleichungen. Die Mengenbilanz (8.27) und die Wärmebilanz (8.29) bzw. (8.30) stellen ein System von zwei nichtlinearen Gleichungen in den Größen Umsatzgrad der Bezugskomponente und Temperatur dar. Die formale Lösung besitzt die folgende Struktur:

$$X_1 \text{ bzw. } T = f(\tau, c_{10}, c_{20}, ..., c_{N0}, \textit{kinetische Parameter}, T_0, \Delta T_{ad}, a_W, T_W). \tag{8.31}$$

$$|\text{-------------------- isotherm --------------------}|$$
$$|\text{-------------------- adiabatisch ----------------------}|$$
$$|\text{-------------------- polytrop ----------------------------}|$$

Dies besagt: *finden in einem kontinuierlich betriebenen idealen nichtisothermen Rührkessel chemische Reaktionen statt, so kann der Umsatzgrad der Bezugskomponente bzw. die Temperatur bei adiabatischen Bedingungen durch die Verweilzeit, die Eingangskonzentrationen, die Zahlenwerte der kinetischen Parameter, die Eingangstemperatur und die adiabatische Temperaturerhöhung beeinflusst werden. Bei polytropen Bedingungen kommen der Parameter des Wärmeaustauschs und die mittlere Temperatur des Wärmeübertragungsmediums hinzu.*

Verweilzeit, Eingangskonzentrationen, Eingangstemperatur und die kinetischen Parameter bilden auch die Einflussgrößen bei isothermer Reaktionsführung (wobei $T = T_0$ beträgt), wie unterhalb (8.31) angegeben ist. Bei adiabatischer Reaktionsführung tritt die adiabatische Temperaturerhöhung auf, die proportional der Eingangskonzentration c_{10} ist. Für polytrope Verhältnisse kommen die beiden charakteristischen Werte des Wärmeaustauschers hinzu. (8.31) besitzt denselben Aufbau wie die formale Lösung für den absatzweise betriebenen Rührkessel (8.10) und für das ideale Strömungsrohr (8.25).

Betriebspunkt. Die Werte des Umsatzgrades der Bezugskomponente und der Temperatur (X_1, T), die für bestimmte Reaktionsbedingungen - für feste Werte der Größen in der Argumentliste von (8.31) - am Ausgang eines kontinuierlich betriebenen idealen nichtisothermen Rührkessels vorliegen, werden als ein *Betriebspunkt des Reaktors* bezeichnet. Um einen Betriebspunkt zu ermitteln, sind die Mengenbilanz (8.27) und die Wärmebilanz (8.29) bzw. (8.30), die ein nichtlineares Gleichungssystem bilden, *simultan* zu lösen. Dies kann mit verschiedenen numerischen Methoden geschehen [3]. Folgende Schritte sind auszuführen:

- *Schritt 1*: konstante Werte τ, c_{10}, ..., c_{N0}, kinetische Parameter, T_0, ΔT_{ad} und für polytrope Bedingungen zusätzlich a_W und T_W vorgeben;
- *Schritt 2*: berechne aus der Wärmebilanz (Index „WB") den Umsatzgrad $X_{1,WB}(T)$ in Abhängigkeit von der Temperatur T;
- *Schritt 3*: ermittle aus der Mengenbilanz (Index „MB") den Umsatzgrad $X_{1,MB}(T)$ in Abhängigkeit von der Temperatur T;
- *Schritt 4*: bestimme mögliche Betriebspunkte als Schnittpunkte der Verläufe $X_{1,WB}(T)$ und $X_{1,MB}(T)$.

Sind für eine bestimmte Temperatur T die beiden Umsatzgrade gleich, $X_1 = X_{1,WB}(T) = X_{1,MB}(T)$, so stellt (X_1, T) einen Betriebspunkt dar, da die Mengen- und die Wärmebilanz simultan erfüllt sind. Numerisch kann man hierzu zwei Verfahren verwenden: entweder sucht man die *Nullstelle(n)* der Funktionen f_1 oder alternativ f_2 oder man bestimmt das *Minimum* (die *Minima*) der Funktion f_2,

$$f_1(T) = X_{1,MB}(T) - X_{1,WB}(T) \quad \text{oder} \quad f_2(T) = \left(X_{1,MB}(T) - X_{1,WB}(T)\right)^2. \tag{8.32}$$

Ein einfaches *Suchverfahren* für Tabellenkalkulationsprogramme besteht darin, zu den Temperaturwerten T, $T + \Delta T$, $T + 2\Delta T$, ... (mit vorzugebender Schrittweite ΔT) die f-Werte nach (8.32) links) zu berechnen. Wechselt f das Vorzeichen für aufeinander folgende Temperaturwerte, so liegt eine Nullstelle im Intervall T ... $T + \Delta T$. Durch Verkleinerung der Schrittweite ΔT lässt sich die Nullstelle weiter eingrenzen. Eleganter sind jedoch die in Tabellenkalkulationsprogrammen integrierten "Solver", die Nullstellen- und Extremwertsuche ermöglichen. Welcher Endwert gefunden wird, hängt aber immer von der Wahl des Startwerts ab.

Wärmeabfuhrgerade. Die *Wärmeabfuhrgerade* wird erhalten, wenn man entsprechend Schritt 2 den Umsatzgrad der Bezugskomponente $X_{1,WB}$ aus der Wärmebilanz in Abhängigkeit von der Temperatur T als variabler Größe ermittelt. In Tab. 8.2 sind die Gleichungen der Wärmeabfuhrgeraden für adiabatische und für polytrope Bedingungen angegeben.

Der Zusammenhang zwischen Umsatzgrad und Temperatur ist für die Wärmeabfuhrgerade immer linear, wie (8.33) zeigt, und wird im X_1-T-Diagramm durch eine Gerade wiedergegeben. Da jede Gerade durch zwei Punkte festliegt, sind in (8.35) bzw. (8.36) die Beziehungen zur Berechnung der Temperaturwerte für den Umsatzgrad $X_1 = 0$ und für vollständigen Umsatz $X_1 = 1$ zu finden, mit denen sich die Wärmeabfuhrgerade zeichnen lässt. Die Wärmeabfuhr-"gerade" geht in eine nichtlineare Wärmeabfuhr-"kurve" über, wenn die adiabatische Temperaturerhöhung nicht mehr - wie oben angenommen - konstant ist, sondern temperaturabhängig wird. Dies kann dann eintreten, wenn die Temperaturabhängigkeit der Reaktionsenthalpie oder der Stoffdaten zu beachten ist.

Tab. 8.2 Wärmeabfuhrgerade für adiabatische und polytrope Bedingungen.

	polytrop, aus (8.29)	adiabatisch, aus (8.30)	
Umsatzgrad	$X_{1,WB} = \dfrac{T - T_0 + \tau a_W(T - T_W)}{\Delta T_{ad}}$	$X_{1,WB} = \dfrac{T - T_0}{\Delta T_{ad}}$	(8.33)
Steigung	$\left(\dfrac{dX_{1,WB}}{dT}\right)_{polytrop} = \dfrac{1 + \tau a_W}{\Delta T_{ad}}$	$\left(\dfrac{dX_{1,WB}}{dT}\right)_{adiabatisch} = \dfrac{1}{\Delta T_{ad}}$	(8.34)
Temperatur für $X_1 = 0$	$T_{X=0} = \dfrac{T_0 + \tau a_W T_W}{1 + \tau a_W}$	$T_{X=0} = T_0$	(8.35)
Temperatur für $X_1 = 1$	$T_{X=1} = \dfrac{T_0 + \tau a_W T_W + \Delta T_{ad}}{1 + \tau a_W}$	$T_{X=1} = T_0 + \Delta T_{ad}$	(8.36)

In den Abb. 8.9 - 8.11 sind die verschiedenen Fälle gezeigt, die sich für die Wärmeabfuhrgerade ergeben können. Hierbei ist zu berücksichtigen, ob

- eine exotherme ($\Delta T_{ad} > 0$) oder eine endotherme ($\Delta T_{ad} < 0$) Reaktion vorliegt, da das Vorzeichen von ΔT_{ad} die Steigung der Wärmeabfuhrgerade bestimmt;
- die Reaktoreingangstemperatur T_0 und die mittlere Temperatur T_W des Wärmeübertragungsmediums gleich (Abb. 8.9: $T_0 = T_W$) oder unterschiedlich sind (Abb. 8.10: $T_0 < T_W$ bzw. Abb. 8.11: $T_0 > T_W$).

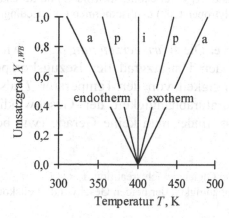

Abb. 8.9 Wärmeabfuhrgeraden $X_{1,WB}$ für exotherme und endotherme Reaktion unter adiabatischen („a"), polytropen („p") und isothermen („i") Bedingungen für $T_0 = T_W$.

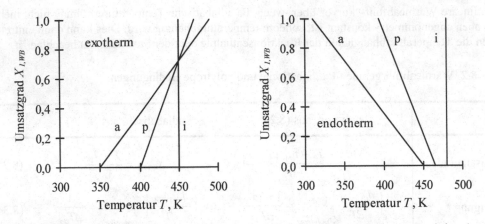

Abb. 8.10 Wärmeabfuhrgeraden $X_{1,WB}$ für exotherme (links) und für endotherme Reaktion (rechts) unter adiabatischen („a"), polytropen („p") und isothermen („i") Bedingungen für $T_0 < T_W$.

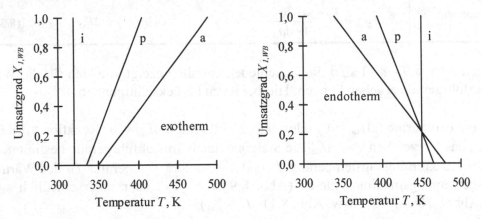

Abb. 8.11 Wärmeabfuhrgeraden $X_{1,WB}$ für exotherme (links) und für endotherme Reaktion (rechts) unter adiabatischen („a"), polytropen („p") und isothermen („i") Bedingungen für $T_0 > T_W$.

Wärmeerzeugungskurve. Die *Wärmeerzeugungskurve* wird erhalten, wenn man entsprechend Schritt 3 den Umsatzgrad der Bezugskomponente $X_{1,MB}$ aus der Mengenbilanz in Abhängigkeit von der Temperatur T als variabler Größe bestimmt. Da die Temperaturabhängigkeit der Geschwindigkeitskonstante nach Arrhenius nichtlinear ist, findet man keine Gerade (wie bei der Wärmeabfuhr), sondern eine Kurve.

Anwendungsbeispiel. Für die Gleichgewichtsreaktion $A_1 \leftrightarrow A_2$, $r = k_{hin}c_1 - k_{rück}c_2$, erhält man mit $c_{20} = 0$ und der Arrhenius-Abhängigkeit der beiden Geschwindigkeitskonstanten

$$r(X_1, T) = k_{hin,0}\, exp(-E_{hin}/RT)c_{10}(1 - X_1) - k_{rück,0}\, exp(-E_{rück}/RT)c_{10}X_1 . \tag{8.37}$$

In die Mengenbilanz (8.27) eingesetzt und nach dem Umsatzgrad aufgelöst, ergibt sich

$$X_{1,MB}(T) = \frac{\tau\, k_{hin,0}\, exp(-E_{hin}/RT)}{1 + \tau[\, k_{hin,0}\, exp(-E_{hin}/RT) + k_{rück,0}\, exp(-E_{rück}/RT)]}, \tag{8.38}$$

und die Wärmeerzeugungskurve kann in Abhängigkeit von der Temperatur berechnet werden.

Für Wärmeerzeugungskurven ergeben sich zwei unterschiedliche Verläufe:

- bei *irreversiblen Reaktionen* (mit Aktivierungsenergie $E > 0$) und bei *endothermen Gleichgewichtsreaktionen* steigt der Umsatzgrad X_1 mit zunehmender Temperatur T (typischerweise s-förmig) an, wie Abb. 8.12 zeigt;
- bei *exothermen Gleichgewichtsreaktionen* durchläuft der Umsatzgrad X_1 mit zunehmender Temperatur T ein Maximum, wie in Abb. 8.13 dargestellt ist.

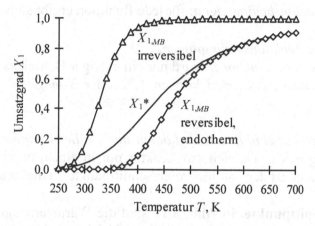

Abb. 8.12 Typische Wärmeerzeugungskurve $X_{1,MB}$ für irreversible Reaktion (Δ) und reversible endotherme Reaktion ($\Diamond$) mit Gleichgewichtsumsatz X_1^* in Abhängigkeit von der Temperatur.

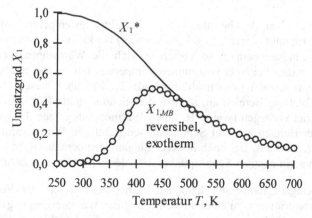

Abb. 8.13 Typische Wärmeerzeugungskurve $X_{1,MB}$ für reversible exotherme Reaktion (o) mit Gleichgewichtsumsatz X_1^* in Abhängigkeit von der Temperatur.

Bei einer *irreversiblen Reaktion* beträgt der Gleichgewichtsumsatz definitionsgemäß für alle Temperaturwerte $X_1^* = 1$, da das Gleichgewicht vollständig auf der Seite der Produkte liegt. Bei einer *endothermen reversiblen Reaktion* steigt der Gleichgewichtsumsatz X_1^* mit zunehmender Temperatur T, während er bei einer *exothermen reversiblen Reaktion* fällt. Da bei niedrigen Temperaturen die Reaktionsgeschwindigkeit klein ist, liegt der für eine bestimmte Verweilzeit erhaltene Umsatzgrad relativ weit vom jeweiligen Gleichgewichtsumsatz entfernt. Erst bei hoher Temperatur erfolgt wegen der hohen Reaktionsgeschwindigkeit in den drei Fällen eine weitgehende Annäherung an den Gleichgewichtsumsatz, wie Abb. 8.12 und 8.13 zu entnehmen ist.

Bestimmung der Betriebspunkte. Gemäß Schritt 4 des Verfahrens sind die Schnittpunkte der Wärmeabfuhrgerade mit der Wärmeerzeugungskurve zu ermitteln. Hierzu wird der in Frage kommende Verlauf der Abb. 8.8 - 8.10 mit dem der Abb. 8.11 bzw. 8.12 kombiniert. Zu unterscheiden sind:

- *isotherme Reaktionsbedingungen*: für jede Reaktion ergibt sich nur ein einziger Betriebspunkt;
- *nichtisotherme Reaktionsbedingungen*:
  - bei *endothermen Reaktionen* wird nur ein einziger Betriebspunkt erhalten;
  - bei *exothermen Reaktionen* können 1, 2 oder 3 *mögliche* Betriebspunkte auftreten.

Tritt nur ein einziger Schnittpunkt und damit nur ein Betriebspunkt auf, so ist die Aufgabenstellung gelöst. Da sich ein Reaktor nur in einem einzigen Betriebszustand befinden kann, ist der Fall mehrerer Schnittpunkte zu diskutieren.

Anzahl der Schnittpunkte. In Abb. 8.14 sind die Wärmeerzeugungskurve einer irreversiblen exothermen Reaktion und Wärmeabfuhrgeraden, die sich bei unterschiedlichen Werten der Eingangstemperatur T_0 ergeben, dargestellt. Je nach Eingangstemperatur verändern sich *die Anzahl* und *die Lage* der Schnittpunkte.

Aus Abb. 8.14 ist zu ersehen, dass bei niedriger Reaktoreingangstemperatur (Wärmeabfuhrgerade 1) ein einziger Betriebspunkt (durch „o" gekennzeichnet) bei kleinem Umsatzgrad gefunden wird. Erhöht man die Eingangstemperatur, so verschiebt sich die Wärmeabfuhrgerade im X_1-T-Diagramm nach rechts, so dass bei einer bestimmten Temperatur ein zweiter Schnittpunkt bei hohem Umsatzgrad („$\triangle$") hinzukommt (Wärmeabfuhrgerade 2). Für über diesem Wert liegende Eingangstemperaturen folgt ein Bereich an, in dem drei Schnittpunkte („$\square$") bei kleinem, mittleren und hohen Umsatzgrad vorliegen (wie z. B. durch Wärmeabfuhrgerade 3 wiedergegeben). Nach oben begrenzt ist der Bereich mit drei Schnittpunkten durch die Wärmeabfuhrgerade 4, die auf zwei Schnittpunkte („$\triangle$") führt. Bei noch höherer Eingangstemperatur ergibt sich, wie Wärmeabfuhrgerade 5 zeigt, nur ein einziger Schnittpunkt („o"), der bei hohem Umsatzgrad liegt.

Neben der Reaktoreingangstemperatur kann auch eine Veränderung der Verweilzeit oder der Reaktoreingangskonzentrationen zu einer Verschiebung der Wärmeerzeugungskurve und/oder der Wärmeabfuhrgerade im X_1-T-Diagramm führen und damit die Anzahl und die Lage der Schnittpunkte bestimmen, vgl. Übungsaufgabe 8.4.

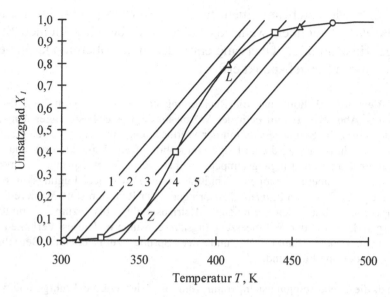

Abb. 8.14 Mögliche Betriebspunkte für eine exotherme irreversible Reaktion bei Veränderung der Reaktoreingangstemperatur (o: 1 Schnittpunkt, Δ: 2 Schnittpunkte, □: 3 Schnittpunkte).

Stabilität der Betriebspunkte. Ohne auf die mathematischen Details einzugehen, die z. B. in [1, 2] ausgeführt sind, treffen folgende Aussagen zu:

- treten drei Schnittpunkte auf, so ist der (hinsichtlich des Umsatzgrades) mittlere stets *instabil*, der obere und der untere dagegen *stabil*.
- die Anfahrweise des Reaktors (also das instationäre Verhalten) bestimmt, welcher der möglichen stabilen Betriebspunkte sich einstellt.

Unter der *Stabilität eines Betriebspunktes* versteht man, dass bei einer beliebig kleinen Störung (z. B. einer kurzzeitigen Abweichung der Eingangstemperatur, der Verweilzeit, ...) nach einem instationären Übergang wieder der *ursprüngliche stationäre Zustand* erreicht wird. Als Kriterium für die Stabilität dient [1]

$$\text{Stabilität: } \frac{dX_{1,MB}}{dT} < \frac{dX_{1,WB}}{dT}, \text{ Instabilität: } \frac{dX_{1,MB}}{dT} > \frac{dX_{1,WB}}{dT}. \tag{8.39}$$

Dies besagt: *ein stationärer Betriebspunkt ist dann stabil* (instabil), *wenn die Steigung der Wärmeerzeugungskurve kleiner* (größer) *als die Steigung der Wärmeabfuhrgerade ist.*

Aus Abb. 8.14 ist zu ersehen, dass der untere und der obere der Schnittpunkte auf der Wärmeabfuhrgerade 3 das Kriterium (8.39 links) erfüllt. Beide Schnittpunkte sind stabile Betriebspunkte. Für den mittleren Schnittpunkt trifft dagegen (8.39

rechts) zu: es handelt sich um einen instabilen Betriebspunkt. Ein Betriebspunkt wird als *instabil* bezeichnet, wenn als Folge einer beliebig kleinen Störung ein selbständiger (instationärer) Übergang entweder in den oberen oder in den unteren stabilen stationären Betriebspunkt erfolgt.

Zünd-Lösch-Verhalten. Erhöht man die Reaktoreingangstemperatur vom Wert der Wärmeabfuhrgerade 1 der Abb. 8.14 bis zu dem der Wärmeabfuhrgerade 4, so folgen Umsatzgrad und Temperatur den durch die Schnittpunkte mit der Wärmeerzeugungskurve festgelegten Werten, bis der Punkt „Z" erreicht ist. Es wird eine Folge von stabilen Betriebspunkten durchlaufen. Bei beliebig geringer Erhöhung der Eingangstemperatur über diesen Wert „springen" Umsatzgrad und Temperatur auf den oberen stabilen Schnittpunkt der Wärmeerzeugungskurve mit Wärmeabfuhrgerade 4. Es findet ein *Zünden* („Anspringen") der Reaktion statt. Weitere Erhöhung der Eingangstemperatur lässt den einzigen Betriebspunkt bis zum Schnittpunkt der Wärmeabfuhrgerade 5 mit der Wärmeerzeugungskurve wandern. Dieses Verhalten ist in Abb. 8.15 eingetragen, wobei Punkt „Z" und der Sprung zum oberen Betriebspunkt der Wärmeabfuhrgerade 4 markiert sind.

Erniedrigt man die Reaktoreingangstemperatur vom Wert der Wärmeabfuhrgerade 5 bis zu dem der Wärmeabfuhrgerade 2, so folgen Umsatzgrad und Temperatur den durch die stabilen Schnittpunkte mit der Wärmeerzeugungskurve festgelegten Werten, bis der Punkt „L" erreicht ist. Bei beliebiger Verkleinerung der Eingangstemperatur unter diesen Wert „springen" Umsatzgrad und Temperatur auf den unteren Schnittpunkt der Wärmeerzeugungskurve mit Wärmeabfuhrgerade 2. Es findet ein *Löschen* der Reaktion statt. Weitere Verkleinerung der Eingangstemperatur lässt den (einzigen) Betriebspunkt bis zum Schnittpunkt der Wärmeabfuhrgerade 1 mit der Wärmeerzeugungskurve wandern. Dieses Verhalten ist ebenfalls in Abb. 8.15 mit dem Punkt „L" und dem Sprung zum unteren Betriebspunkt der Wärmeabfuhrgerade 2 eingetragen.

Alle instabilen Betriebspunkte, die sich in Abb. 8.14 und 8.15 zwischen den beiden Punkten „L" und „Z" befinden, können wegen des Zünd-Lösch-Verhaltens nicht erreicht werden.

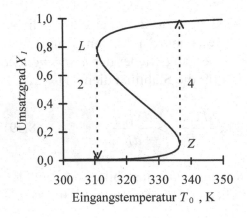
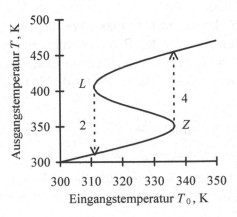

Abb. 8.15 Zünd-Lösch-Verhalten für eine exotherme irreversible Reaktion bei Veränderung der Reaktoreingangstemperatur (Erläuterung s. Text).

Rechenbeispiel 8.3 *Irreversible bimolekulare Reaktion im kontinuierlich betriebenen idealen nichtisothermen Rührkessel.* Die irreversible bimolekulare Reaktion $A_1 + A_2 \rightarrow A_3$, $r = kc_1c_2$, finde in einem kontinuierlich und stationär betriebenen idealen Rührkessel statt. Daten: Eingangskonzentrationen $c_{10} = 4$ kmol/m^3, $c_{20} = 5$ kmol/m^3, $c_{30} = 0$, Stoßfaktor $k_0 = 5 \cdot 10^{11}$ h^{-1}, Aktivierungsenergie $E = 80000$ kJ/kmol, adiabatische Temperaturerhöhung $\Delta T_{ad} = 45$ K.

(a) Welche Verweilzeit τ und welche Reaktoreingangstemperatur T_0 sind zu wählen, wenn unter adiabatischen Bedingungen der Betriebspunkt Umsatzgrad $X_1 = 0,91$ und Temperatur $T = 391$ K vorliegen soll?
(b) Welchen Betriebspunkt erhält man bei polytroper Betriebsweise für T_0 aus (a), Parameter Wärmeaustausch $a_W = 1,0$ h^{-1}, Kühlmitteltemperatur $T_W = T_0$?
(c) Welcher Betriebspunkt ergibt sich bei polytroper Betriebsweise für T_0 aus (a), Parameter Wärmeaustausch $a_W = 1,0$ h^{-1}, Kühlmitteltemperatur $T_W = 320$ K?

Lösung. Umsatzgrad der Bezugskomponente, stöchiometrische Beziehungen und Reaktionsgeschwindigkeit lauten, wie schon im Rechenbeispiel 8.1 verwendet,

$$c_1 = c_{10}(1 - X_1), \quad c_2 = c_{20} - c_{10}X_1, \quad c_3 = c_{30} + c_{10}X_1,$$
$$r(T, X_1) = kc_1c_2 = k_0 e^{-E/RT} c_{10}(1 - X_1)(c_{20} - c_{10}X_1).$$

(a) Am geforderten Betriebspunkt beträgt die Reaktionsgeschwindigkeit

$$r = 5 \cdot 10^{11} \exp[-80000/(8{,}314 \cdot 391)] \cdot 4 \cdot (1 - 0{,}91)(5 - 4 \cdot 0{,}91) = 5{,}024 \text{ kmol/m}^3\text{h}.$$

Aus der Mengenbilanz (8.27) folgt die benötigte Verweilzeit τ zu

$$\tau = c_{10}X_1/r = 4 \cdot 0{,}91/5{,}024 = 0{,}7246 \text{ h}.$$

Die Eingangstemperatur T_0 erhält man aus der adiabatischen Wärmebilanz (8.30),

$$T_0 = T - \Delta T_{ad}X_1 = 391 - 45 \cdot 0{,}91 = 350{,}05 \text{ K}.$$

Für die weitere Rechnung wird gerundet $\tau = 0{,}725$ h und $T_0 = 350$ K benutzt. Für diese Werte liegt die adiabatische Wärmeabfuhrgerade fest durch die Punkte $T_{X=0} = 350$ K aus (8.34 links), $T_{X=1} = 350 + 45 = 395$ K aus (8.35 links).

Um die Wärmeerzeugungskurve zu ermitteln, gibt man einen Temperaturwert vor und löst die Mengenbilanz nach dem Umsatzgrad auf. Falls der Geschwindigkeitsansatz nur eine einzige Geschwindigkeitskonstante enthält (wie hier), kann man auch den Umsatzgrad vorgeben, die Geschwindigkeitskonstante aus der Mengenbilanz berechnen und die Temperatur aus der Arrhenius-Gleichung bestimmen,

$$\text{aus (8.27): } k = \frac{X_1}{\tau(1-X_1)(c_{20}-c_{10}X_1)}, \text{ aus (5.26): } T = -\frac{E}{R\,ln(k/k_0)}.$$

Beispielsweise findet man so für $X_1 = 0,50$

$$k = 0,5/[0,725(1-0,5)(5-4\cdot0,5)] = 0,4598 \text{ m}^3/\text{kmol h},$$
$$T = -80000/[8,314\cdot ln(0,4598/5\cdot10^{11})] = 347,19 \text{ K}.$$

Auf diese Weise berechnet man die Wärmeerzeugungskurve der Abb. 8.16. Der (einzige) Betriebspunkt für adiabatische Verhältnisse ist durch den Schnittpunkt mit der ebenfalls eingetragenen Wärmeabfuhrgerade festgelegt.

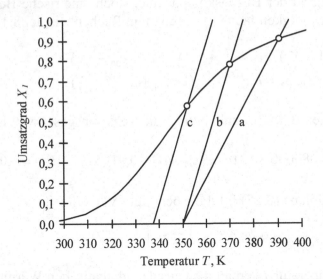

Abb. 8.16 Bestimmung der Betriebspunkte (Kreise) im X_1-T-Diagramm für die irreversible bimolekulare Reaktion $A_1 + A_2 \rightarrow A_3$ des Rechenbeispiels 8.3. a: adiabatische Bedingungen; b: polytrope Bedingungen ($T_W = T_0 = 350$ K); c: polytrope Bedingungen ($T_0 = 350$ K, $T_W = 320$ K).

(b) Die Wärmeabfuhrgerade für polytrope Bedingungen und gleiche Kühlmittel- und Eingangstemperatur $T_W = T_0 = 350$ K liegt fest durch die Punkte aus (8.34 rechts): $T_{X=0} = T_0 = 350$ K, aus (8.35 rechts): $T_{X=1} = 376,1$ K.

Damit kann die Wärmeabfuhrgerade in das X_1-T-Diagramm der Abb. 8.16 eingezeichnet und der Betriebspunkt bestimmt werden. Man findet (grafisch oder numerisch über (8.32)) die Werte $X_1 = 0,7801$ und $T = 370,4$ K. Gegenüber (a) verringert sich der Umsatzgrad, da der Reaktor (obwohl mit gleicher Verweilzeit betrieben) wegen des Wärmeaustauschs bei niedrigerer Temperatur arbeitet.

(c) Im Vergleich mit (b) verändert sich die Wärmeabfuhrgerade, die durch die Punkte

$$T_{X=0} = \frac{350+0,725\cdot1,0\cdot320}{1+0,725\cdot1,0} = 337,4 \text{ K}; \quad T_{X=1} = \frac{350+0,725\cdot1,0\cdot320+45}{1+0,725\cdot1,0} = 363,5 \text{ K}$$

festliegt. In Abb. 8.16 ist diese Wärmeabfuhrgerade eingetragen; man findet den Betriebspunkt $X_1 = 0,5757$ und $T = 352,4$ K. Gegenüber Fall (b) verkleinert sich der Umsatzgrad, da der Reaktor wegen der verringerten Kühlmitteltemperatur bei niedrigerer Temperatur arbeitet.

Rechenbeispiel 8.4 *Reversible exotherme Reaktion im kontinuierlich betriebenen idealen adiabatischen Rührkessel.* Die Gleichgewichtsreaktion $A_1 \leftrightarrow A_2$, $r = k_{hin}c_1 - k_{rück}c_2$, laufe in einem kontinuierlich und stationär betriebenen idealen adiabatischen Rührkessel ab. Daten: Eingangskonzentrationen $c_{10} = 1,5$ kmol/m^3, $c_{20} = 0$, Verweilzeit $\tau = 3,0$ h, Stoßfaktoren $k_{hin,0} = 8\cdot10^7$ h^{-1}, $k_{rück,0} = 1,52\cdot10^{15}$ h^{-1}, Aktivierungsenergien $E_{hin} = 60000$ kJ/kmol, $E_{rück} = 120000$ kJ/kmol, adiabatische Temperaturerhöhung $\Delta T_{ad} = 180$ K. Zu bestimmen sind die Betriebspunkte für die Reaktoreingangstemperaturen $T_0 = 260$ K; $T_0 = 300$ K; $T_0 = 340$ K. Bei welchen Reaktoreingangstemperaturen werden zwei Betriebspunkte erhalten?

Lösung. Zur Bestimmung der Wärmeerzeugungskurve ist zunächst (8.38) zu benutzen. Für die interessierenden Temperaturwerte berechnet man die beiden Geschwindigkeitskonstanten und den Umsatzgrad aus

$$k_{hin} = k_{hin,0}\, exp(-E_{hin}/RT), \quad k_{rück} = k_{rück,0}\, exp(-E_{rück}/RT),$$

$$X_{1,MB}(T) = \frac{\tau\, k_{hin}}{1+\tau[\,k_{hin}+k_{rück}]}.$$

Für die Temperatur $T = 400$ K findet man beispielsweise $k_{hin} = 8\cdot10^7 exp[-60000/(8,314\cdot400)] = 1,168$ h^{-1}; $k_{rück} = 0,324$ h^{-1}; $X_1 = 3,0\cdot1,168/(1 + 3,0\cdot[1,168 + 0,324]) = 0,640$. Die Wärmeabfuhrgerade für $T_0 = 260$ K folgt aus (8.34): $T_{X=0} = 260$ K, aus (8.35): $T_{X=1} = 260 + 180 = 440$ K.

Die Wärmeerzeugungskurve ist in Abb. 8.17 dargestellt und weist den für eine exotherme Gleichgewichtsreaktion charakteristischen Verlauf auf, wie der Vergleich mit Abb. 8.13 zeigt. Die Wärmeabfuhrgeraden für die gegebenen Eingangstemperaturen und adiabatischen Betrieb sind über (8.34) und (8.35) zu bestimmen.

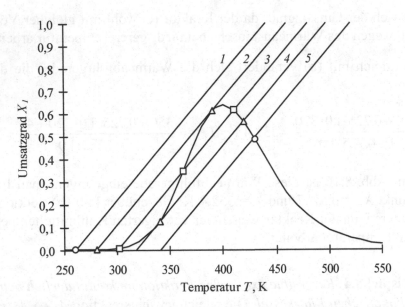

Abb. 8.17 Bestimmung der Betriebspunkte des kontinuierlich und stationär betriebenen adiabatischen Rührkessels im X_1-T-Diagramm für die exotherme Gleichgewichtsreaktion $A_1 \leftrightarrow A_2$ für unterschiedliche Eingangstemperaturen (o: 1 Schnittpunkt, Δ: 2 Schnittpunkte, □: 3 Schnittpunkte). Rechenbeispiel 8.4.

Tab. 8.3 Schnittpunkte von Wärmeerzeugungskurve und Wärmeabfuhrgeraden in Abhängigkeit von der Reaktoreingangstemperatur für Abb. 8.17 (Rechenbeispiel 8.4).

Wärmeab-fuhrgerade	Eingangs-temperatur	Schnittpunkt 1		Schnittpunkt 2		Schnittpunkt 3	
	T_0, K	X_1	T, K	X_1	T, K	X_1	T, K
1	260	0,0002	260,04				
2	279,36	0,0015	279,63	0,6066	388,54		
3	300	0,0098	301,76	0,3480	362,64	0,6158	410,84
4	317,79	0,0950	334,89	0,5657	419,62		
5	340	0,4943	428,98				

Die Schnittpunkte lassen sich durch numerische Verfahren über (8.32) oder näherungsweise auch grafisch ermitteln. Die Werte für Umsatzgrad und Temperatur sind in Tab. 8.3 zusammengestellt. Bei der Eingangstemperatur $T_0 = 260$ K bzw. 340 K liegt nur ein einziger Betriebspunkt vor. Für die Eingangstemperatur $T_0 = 300$ K treten aber drei Schnittpunkte auf, von denen der mittlere instabil, der untere und der obere dagegen stabil ist.

Übungsaufgabe 8.4 *Irreversible exotherme Reaktion im kontinuierlich betriebenen idealen adiabatischen Rührkessel.* Die irreversible Reaktion zweiter Ordnung $A_1 \rightarrow ...$, $r = kc_1^2$, laufe in einem kontinuierlich und stationär betriebenen idealen adiabatischen Rührkessel ab. Daten: Reaktoreingangstemperatur $T_0 = 350$ K, Stoßfaktor $k_0 = 5 \cdot 10^{11}$ m³/(kmol h), Aktivierungsenergie $E = 80000$ kJ/kmol, Reaktionsenthalpie $\Delta H_R = -50000$ kJ/kmol, $\rho c_p = 1000$ kJ/(m³ K). Um den Einfluss der Verweilzeit τ und der Reaktoreingangskonzentration c_{10} auf die Lage der Betriebspunkte exemplarisch festzustellen, bestimme man diese für

a) Verweilzeit $\tau = 1{,}0$ h, Eingangskonzentrationen $c_{10} = 1{,}0$ kmol/m³;
b) Verweilzeit $\tau = 4{,}0$ h, Eingangskonzentrationen $c_{10} = 1{,}0$ kmol/m³;
c) Verweilzeit $\tau = 1{,}0$ h, Eingangskonzentrationen $c_{10} = 2{,}0$ kmol/m³.

Ergebnis: In Abb 8.18 sind die Wärmeerzeugungskurven und die Wärmeabfuhrgeraden dargestellt. Für Fall a) findet man den einzigen Betriebspunkt (durch „Δ" gekennzeichnet) mit den Werten $X_1 = 0{,}667$; $T = 383{,}9$ K. Erhöht man die Verweilzeit, verschiebt sich die Wärmeerzeugungskurve im X_1-T-Diagramm nach links, während die Wärmeabfuhrgerade unverändert bleibt. Hierdurch ergibt sich der Betriebspunkt („o") mit den Werten $X_1 = 0{,}865$; $T = 393{,}2$ K, also mit einem gegenüber a) erhöhten Umsatzgrad. In Abb. 8.18 rechts ist der Einfluss der erhöhten Eingangskonzentration zu sehen: die Wärmeerzeugungskurve *und* die Wärmeabfuhrgerade verändern sich (von „a" nach „c") und führen zum Betriebspunkt („□") mit den Werten $X_1 = 0{,}952$; $T = 445{,}2$ K, also weiter erhöhtem Umsatzgrad. Die Verläufe zeigen, dass neben der Eingangstemperatur (wie bei „Lage und Anzahl der Betriebspunkte" beschrieben) Verweilzeit und Eingangskonzentration dazu benutzt werden können, um eine gezielte Veränderung der Betriebspunkte zu erreichen.

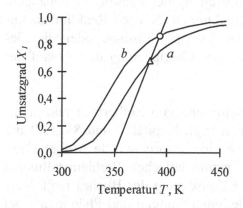 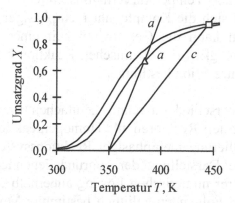

Abb. 8.18 Bestimmung der Betriebspunkte im X_1-T-Diagramm für die exotherme irreversible Reaktion zweiter Ordnung $A_1 \rightarrow ...$. Links: Einfluss der Verweilzeit *a)* $\tau = 1{,}0$ h; *b)* $\tau = 4{,}0$ h; rechts: Einfluss der Eingangskonzentration *a)* $c_{10} = 1{,}0$ kmol/m³; *c)* $c_{10} = 2{,}0$ kmol/m³ (Übungsaufgabe 8.4).

9 Heterogene Reaktionssysteme

9.1 Einführung

Wie in Kapitel 4 dargelegt, werden zahlreiche technisch wichtige Produkte in mehrphasigen Reaktionssystemen hergestellt, wobei insbesondere heterogen katalysierte Gasphasenreaktionen, nichtkatalytische Gas-Feststoff-Reaktionen und Gas-Flüssigkeits-Reaktionen zu nennen sind. Charakteristisch für solche mehrphasige Systeme ist die stets anzutreffende Wechselwirkung der chemischen Reaktion mit den Stoff- und Wärmetransportvorgängen, die innerhalb der Phasen und durch die Phasengrenzfläche erfolgen.

Um eine Reaktorauslegung bzw. Reaktorsimulation für mehrphasige Reaktionssysteme durchzuführen, sind die Mengenbilanzen der Komponenten und die Wärmebilanz für jede Phase zu erstellen. Diese Bilanzen sind über die Geschwindigkeitsgleichungen für die chemische Reaktion, für den Stoff- und für den Wärmetransport miteinander gekoppelt. Eine Lösung der Bilanzgleichungen kann daher in der Regel nur numerisch erfolgen. Dadurch, dass jede dieser Geschwindigkeitsgleichungen spezifische Geschwindigkeitskonstanten enthält, die in unterschiedlicher Weise von den Reaktionsbedingungen (z. B. den lokalen Konzentrations- und Temperaturverhältnissen, der Vermischung der Phasen, ...) abhängen, erklärt sich die Komplexität mehrphasiger Reaktionen. Je nach Reaktionsbedingungen kann die Geschwindigkeit eines der Transportprozesse oder die Geschwindigkeit der chemischen Reaktion oder ihre Überlagerung den Ablauf der Gesamtreaktion bestimmen.

Im Unterschied zur relativ „einfachen" Modellierung von isothermen und nichtisothermen Reaktoren für Homogenreaktionen (vgl. Kapitel 7 und 8) stellt die Modellierung mehrphasiger Reaktionssysteme eine anspruchsvolle Aufgabe dar. Da die Darstellung der zugrundeliegenden mathematischen Problemstellungen und ihrer numerischen Lösung außerhalb der Zielsetzung des Buches liegt, werden im Folgenden lediglich bestimmte Modellvorstellungen und Phänomene bei heterogen katalysierten Gasphasenreaktionen, nichtkatalytischen Gas-Feststoff-Reaktionen und Gas-Flüssigkeits-Reaktionen exemplarisch erläutert. Eine weiterführende Behandlung der Themenbereiche ist in [2, 4, 5, 8, 13, 15, 17] zu finden.

9.2 Heterogen katalysierte Reaktionen

9.2.1 Grundbegriffe

Als Katalysator bezeichnet man einen Stoff, der die Geschwindigkeit einer chemischen Reaktion erhöht[1], ohne selbst nennenswert verbraucht zu werden [10]. Begriffe und Phänomene, die im Zusammenhang mit katalysierten Reaktionen von Bedeutung sind, werden im Folgenden beschrieben.

Aktivierungsenergie. Aus energetischer Sicht beruht die Katalysatorwirkung darauf, dass die Aktivierungsenergie der katalysierten Reaktion gegenüber der der Homogenreaktion verringert wird [10]. Bei einer Gleichgewichtsreaktion geschieht dies gleichermaßen für die Aktivierungsenergie der Hinreaktion und der Rückreaktion; die thermodynamische Gleichgewichtslage und damit der maximal mögliche Umsatz bleibt stets unverändert.

Produktselektivität. Hierunter versteht man die vielfach genutzte Eigenschaft, dass Katalysatoren die selektive Bildung verschiedener Produkte aus denselben Edukten nach gewissen Reaktionstypen ermöglichen.

Die *Dehydrierung* von Ethanol an Cu-Katalysatoren in der Gasphase führt zu Acetaldehyd,

$$C_2H_5OH \xleftrightarrow{Cu-Katalysator} CH_3CHO + H_2.$$

Der Reaktionspfeil „↔" symbolisiert, dass der Katalysator sowohl die Hinreaktion (die Dehydrierung) als auch die Rückreaktion (die Hydrierung) gleichermaßen katalysiert, da die Aktivierungsenergien beider Schritte verringert werden. Die Eigenschaft des Katalysators, den Reaktionstyp Dehydrierung/Hydrierung zu katalysieren, wird als seine *Funktionalität* bezeichnet. Setzt man dagegen saure Al_2O_3-Katalysatoren ein, so findet eine *Dehydratisierung* zu Ethen statt, wobei als Nebenreaktion die Etherbildung auftritt,

$$C_2H_5OH \xleftrightarrow{Al_2O_3-Katalysator} C_2H_4 + H_2O \text{ bzw. } 0,5 \, C_2H_5OC_2H_5 + 0,5 \, H_2O.$$

„↔" drückt aus, dass der Katalysator die Dehydratisierung und die Hydratisierung katalysiert.

Aktive Zentren. Die chemische Wirkung eines Katalysators wird dadurch erklärt, dass sich auf seiner Oberfläche Bindungsstellen befinden, die man *aktive Zentren* nennt. Diese können Reaktionen mit gasförmigen Komponenten eingehen (*Ad-*

---

[1] Ziel des Katalysatoreinsatzes ist in der Regel, die Reaktionsgeschwindigkeit zu *erhöhen*. Dagegen verringern *Reaktionsinhibitoren* die Geschwindigkeit einer Reaktion; man spricht dann von *negativer Katalyse*.

sorption und Desorption) und chemische Reaktionen der an ihnen gebundenen Komponenten ermöglichen (*Oberflächenreaktion adsorbierter Komponenten*). Katalysierte Reaktionen lassen sich durch folgendes Schema kennzeichnen:

- kinetische Reaktionsteilschritte:

- Adsorption des Edukts:	*Edukt* + ( ) = (*Edukt*)	(9.1)
- Oberflächenreaktion:	(*Edukt*) = (*Produkt*)	(9.2)
- Desorption der Produkte:	(*Produkt*) = *Produkt* + ( )	(9.3)

- stöchiometrische Bruttoreaktion: *Edukt* = *Produkt*   (9.4)

Ein freies aktives Zentrum wird im Schema mit „( )" bezeichnet. Nach (9.1) findet eine stöchiometrische Reaktion zwischen einem Molekül des gasförmigen Edukts und einem freien aktiven Zentrum unter Bildung des adsorbierten Eduktmoleküls „(*Edukt*)" statt. In der Oberflächenreaktion (9.2) wird das adsorbierte Edukt in das am aktiven Zentrum adsorbierte Produkt umgewandelt. Durch Desorption entsteht nach (9.3) das gasförmige Produkt, wobei das freie aktive Zentrum zurückgebildet wird und für die erneute Adsorption von Edukt zur Verfügung steht. Addiert man die Reaktionsteilschritte (9.1) - (9.3), so gewinnt man die *stöchiometrische Bruttoreaktionsgleichung* (9.4), in der weder die freien aktiven Zentren noch die adsorbierten Komponenten auftreten. Im Hinblick auf die stöchiometrische Gleichung (9.4) ist ein Katalysator als ein Stoff zu bezeichnen, der die Geschwindigkeit einer Reaktion erhöht, ohne in der Reaktionsgleichung zu erscheinen.

Katalysatorträger. Die bei einer Homogenreaktion erzielte Produktion ist dem Reaktionsvolumen proportional. Um bei heterogen katalysierten Reaktionen eine hohe Produktion zu erreichen, müssen viele aktive Zentren und deshalb *viel Oberfläche pro Einheit des Reaktionsvolumens* vorhanden sein. Da katalytisch aktive Substanzen selbst oft nicht diese Oberfläche besitzen, werden sie auf *poröse Träger* aufgebracht, denen man eine geeignete Form und Größe verleiht.

Als Katalysatorträger finden (neben anderen) Aluminiumoxid, Siliciumdioxid, Aktivkohle oder Zeolithe Verwendung, die spezifische Oberflächen von 100 ... 1000 m^2/g besitzen und mechanische und thermische Stabilität aufweisen [10]. Träger werden in Form von Kugeln (hergestellt durch Granulation), Zylindern, Hohlzylindern, Pellets, Wabenkörpern (hergestellt durch Extrusion), Tabletten (durch Kompaktieren von Pulver) oder als unregelmäßig geformte Kornfraktionen (hergestellt durch Brechen und Sieben größerer Teilchen) verwendet.

Katalysatordesaktivierung. Nimmt die Anzahl der aktiven Zentren während der Betriebszeit des Katalysators ab, so verringert sich seine Aktivität und man spricht von *Katalysatordesaktivierung* oder von *Katalysatoralterung*.

Neben einer „Vergiftung" des Katalysators (irreversible Sorption eines „Katalysatorgifts" an aktiven Zentren) treten mechanische Porenblockierung, Rekristallisations- und Sinterungsvorgänge oder Verdampfung aktiver Komponenten auf. Die Bildung fester Nebenprodukte (z. B. Verkokung) erfordert eine Regeneration des Katalysators (Oxidation der Verkokungsprodukte mit Luft) und kann für die Abnahme der Aktivität verantwortlich sein [14].

Stofftransport und Reaktion. Ein Katalysatorteilchen, das sich in einer Schüttung befindet, wird von den gasförmigen Komponenten umströmt. Jedes Katalysatorteilchen besitzt eine Grenzschicht - den sogenannten *Film* -, in dem die Strömungsgeschwindigkeit in Richtung der äußeren Teilchenoberfläche auf den Wert Null absinkt. Die aktiven Zentren, an denen die chemischen Reaktionen ablaufen, befinden sich vornehmlich auf der inneren Oberfläche, also in den Poren des Katalysators. Damit gasförmige Komponenten vom Strömungskern bis an die aktiven Zentren gelangen können, sind die in Abb. 9.1 schematisch dargestellten *Teilschritte* zu durchlaufen, die sowohl äußere und innere Stofftransportvorgänge als auch die bereits angeführten Reaktionsteilschritte (9.1) - (9.3) umfassen[2]:

1. *Filmdiffusion der Edukte.* Die Edukte werden aus dem Strömungskern durch den Film an die äußere Oberfläche des Katalysatorteilchens transportiert;
2. *Porendiffusion der Edukte.* Da Strömung fehlt, wird Stofftransport von der Oberfläche in die Poren bzw. innerhalb der Poren durch Diffusion bewirkt;
3. *Adsorption der Edukte* am aktiven Zentrum aus der Gasphase gemäß (9.1);
4. *Oberflächenreaktion* am aktiven Zentrum entsprechend (9.2);
5. *Desorption der Produkte* vom aktiven Zentrum in die Gasphase gemäß (9.3);
6. *Porendiffusion der Produkte*;
7. *Filmdiffusion der Produkte.*

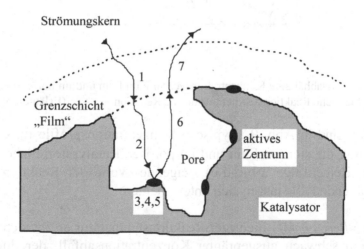

Abb. 9.1 Schematische Darstellung der Teilschritte der heterogenen Katalyse (Erläuterung s. Text).

Die Geschwindigkeiten der hintereinander ablaufenden Einzelschritte 1 - 7 hängen in unterschiedlicher Weise von den lokalen Konzentrations- und Temperatur-

---

[2] Die Wechselwirkung der Reaktions- und Stofftransportvorgänge wird als *Makrokinetik* bezeichnet. Unter *Mikrokinetik* fasst man die Reaktionsschritte 3, 4, 5 zusammen [2].

verhältnissen, den Strömungsbedingungen in der Katalysatorschüttung und den physikalisch-chemischen Eigenschaften des Katalysators ab. Die messbare Geschwindigkeit des Gesamtprozesses - der Umwandlung der Edukte in die Produkte - wird vom langsamsten Teilschritt oder von der Überlagerung mehrerer Teilschritte bestimmt. Verändert man die Reaktionsbedingungen (z. B. die Reaktionstemperatur), so kann ein anderer Teilschritt zum geschwindigkeitsbestimmenden werden.

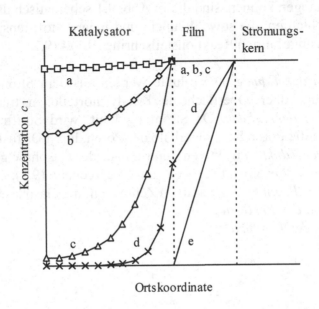

Abb. 9.2 Typische ortsabhängige Konzentrationsverläufe im Film und im porösen Katalysatorteilchen für unterschiedliche Reaktionstemperatur für die Reaktion $A_1 \rightarrow \ldots$ (Erläuterung s. Text).

Zur Illustration sind in Abb. 9.2 typische Konzentrationsprofile für die Reaktion $A_1 \rightarrow \ldots$ gezeigt, die sich im Film und im porösen Katalysatorteilchen einstellen, wenn (in der Reihenfolge a-b-c-d-e) steigende Werte der Reaktionstemperatur vorliegen. Folgende Fälle lassen sich unterscheiden:

a: *Kinetischer Bereich.* Bei niedriger Reaktionstemperatur ergibt sich nur im Katalysator ein schwach ausgeprägter Konzentrationsabfall, der durch die geschwindigkeitsbestimmende chemische Reaktion hervorgerufen wird. Poren- und Filmdiffusion sind schnell gegenüber der Reaktion; die Konzentration im Film ist mit der Konzentration im Strömungskern identisch.

b: *Übergangsbereich.* Bei höherer Reaktionstemperatur nimmt die Konzentration im Katalysator aufgrund des hinzutretenden Einflusses der Porendiffusion bei gleichzeitig erhöhter Reaktionsgeschwindigkeit weiter ab; der Stofftransport durch Filmdiffusion ist jedoch ausreichend.

c: *Porendiffusionsbereich.* Die geschwindigkeitsbestimmende Porendiffusion verursacht in Verbindung mit der schnellen Reaktion einen starken Konzentrationsabfall im Katalysator; Filmdiffusion spielt keine Rolle.

d: *Übergangsbereich.* Weitere Erhöhung der Temperatur bedingt, dass die schnelle Reaktion wegen der langsamen Porendiffusion in den äußeren Schichten des Katalysators erfolgt. Die Konzentration an der äußeren Oberfläche fällt unter den Wert des Strömungskerns, da der Einfluss der Filmdiffusion hinzutritt.

e: *Filmdiffusionsbereich.* Bei weiter steigender Temperatur verläuft die schnelle Reaktion nurmehr an der äußeren Oberfläche; Porendiffusion fehlt. Der Stofftransport durch den Film wird geschwindigkeitsbestimmender Teilschritt.

Neben dem Stofftransport ist in der Regel der Wärmetransport zu beachten, der zu ausgeprägten Temperaturgradienten innerhalb der einzelnen Katalysatorteilchen und in der gesamten Katalysatorschüttung sowie zu lokalen Temperaturdifferenzen zwischen Gas und Feststoff führen kann. Mit den Stoffströmen im Film und in den Poren sind Wärmeströme gekoppelt. Am aktiven Zentrum findet die Wärmeproduktion durch chemische Reaktion statt. Innerhalb eines Katalysatorteilchens erfolgt ein Wärmetransport durch Wärmeleitung, der sich wegen des Kontakts der Teilchen untereinander über die gesamte Schüttung erstrecken kann. Der Wärmeaustausch durch die Reaktorwand geschieht über das Gas und die Katalysatorteilchen, die die Wand berühren [11, 12, 16].

9.2.2 Adsorption

An einem Katalysator kann die reversible Adsorption einer Komponente aus der Gasphase stattfinden, ohne dass eine Oberflächenreaktion hinzutritt. Um diesem Adsorptionsprozess eine Geschwindigkeitsgleichung zuzuordnen, eignet sich die *Langmuir-Adsorption*, der folgende Annahmen zugrunde liegen:

- auf der Oberfläche einer bestimmten Menge des Feststoffs befindet sich eine gleichbleibende Anzahl von aktiven Zentren;
- alle aktive Zentren sind chemisch und energetisch gleichwertig;
- es ist maximal eine monomolekulare Bedeckung möglich[3].

Aus den Annahmen folgt, dass eine Katalysatordesaktivierung nicht eintritt, die aktiven Zentren chemisch nicht unterscheidbar sind und stöchiometrische Reaktionen eingehen, wobei jedes aktive Zentrum nur ein Molekül binden kann. Die Anzahl der freien Zentren pro Masseneinheit Z_{frei} und die Summe aller mit den Komponenten A_i belegten Zentren Z_i muss daher gleich der Gesamtzahl der aktiven Zentren pro Masseneinheit Z_{ges} sein: $Z_{ges} = Z_{frei} + \Sigma Z_i$. Die *Beladung* θ_i wird definiert als der Anteil der mit Komponente A_i belegten aktiven Zentren,

---

[3] Monomolekulare Bedeckung ist charakteristisch für die *Chemiesorption*, während *Physisorption* zu Mehrfachbedeckung führt, vgl. [2, 10].

$$\theta_i = Z_i / Z_{ges} \text{ mit } \theta_{frei} + \sum \theta_i = 1. \tag{9.5}$$

Ersichtlich gilt stets $0 \le \theta_i \le 1$, wobei $\theta_i = 1$ bei Belegung aller aktiven Zentren mit der Komponente A_i und $\theta_{frei} = 1$ bei vollständig unbeladenem Feststoff beträgt.

Langmuirsche Adsorptionsisotherme. Für die reversible Adsorption der einzigen Komponente A_1 lauten Reaktions- und Geschwindigkeitsgleichung

$$A_1 + (\;) \leftrightarrow (A_1), \quad r = k_{ads} p_1 \theta_{frei} - k_{des} \theta_1, \tag{9.6}$$

wobei p_1 den Partialdruck von A_1 und k_{ads} die Adsorptions- und k_{des} die Desorptionsgeschwindigkeitskonstante bezeichnet. Im Gleichgewicht beträgt die Adsorptionsgeschwindigkeit $r = 0$. Da nur eine einzige Komponente adsorbiert, gilt wegen (9.5 rechts) $\theta_{frei} = 1 - \theta_1$. Aus (9.6) erhält man hiermit die Beladung zu

$$\theta_1 = \frac{K_1 p_1}{1 + K_1 p_1}, \tag{9.7}$$

worin die *Adsorptionsgleichgewichtskonstante* $K_1 = k_{ads}/k_{des}$ eingeführt ist. (9.7) wird als *Langmuirsche Adsorptionsisotherme* bezeichnet und ist in Abb. 9.3 für verschiedene Werte der Gleichgewichtskonstante gezeigt.

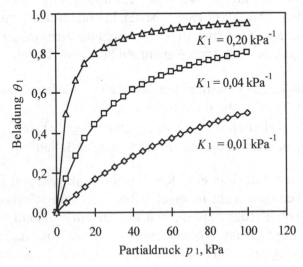

Abb. 9.3 Langmuirsche Adsorptionsisotherme: Abhängigkeit der Beladung θ_1 vom Partialdruck p_1 für die reversible Adsorption $A_1 + (\;) \leftrightarrow (A_1)$. Parameter: Adsorptionsgleichgewichtskonstante K_1.

Aus Abb. 9.3 ist ersichtlich, dass die Beladung mit zunehmendem Partialdruck p_1 gegen den Wert $\theta_1 = 1$ für vollständige Belegung der aktiven Zentren strebt. Bei gleichem Partialdruck liegt die Beladung umso höher, je größer der Wert der Adsorptionsgleichgewichtskonstante K_1 ist, je stärker also die adsorbierten Moleküle an die aktiven Zentren gebunden sind.

Bei *konkurrierender Adsorption* werden $i = 1, ..., N$ Komponenten A_i an denselben aktiven Zentren reversibel sorbiert; die Beladungen θ_i erhält man aus

$$\theta_i = \frac{K_i p_i}{1 + \sum K_i p_i} \quad \text{(für } i = 1, ..., N),$$ (9.8)

worin K_i die Adsorptionsgleichgewichtskonstante der Komponente A_i bezeichnet.

Neben der Langmuir-Isotherme wird die *Freundlich-Isotherme*, $\theta_1 = a p_1{}^n$, zur Beschreibung der Adsorption benutzt; a und $n < 1$ sind Konstanten [9]. Die Freundlich-Isotherme führt nicht zu einer maximalen Bedeckung und ist daher nur in einem begrenzten Druckbereich anwendbar [2].

9.2.3 Geschwindigkeitsansätze katalysierter Reaktionen

Um der stöchiometrischen Bruttoreaktion eine Geschwindigkeitsgleichung zuzuordnen, sind die Reaktionsteilschritte Eduktadsorption, Oberflächenreaktion und Produktdesorption zu berücksichtigen. In diesen Teilschritten und ihren Geschwindigkeitsgleichungen treten Beladungen auf, die einer Messung nicht (bzw. nicht ohne weiteres) zugänglich sind. Um die Bruttoreaktionsgeschwindigkeit allein in Abhängigkeit von den leicht messbaren Partialdrucken der Komponenten darzustellen, bedient man sich des *Prinzips des geschwindigkeitsbestimmenden Teilschritts*. Hierzu sind folgende Schritte zu durchlaufen:

- *Schritt 1*: Reaktionsteilschritte mit Geschwindigkeitsgleichungen formulieren;
- *Schritt 2*: Einer der Teilschritte wird als geschwindigkeitsbestimmend in dem Sinn postuliert, dass die Geschwindigkeit der Bruttoreaktion gleich der Geschwindigkeit dieses Teilschritts ist,

$$r_{brutto} = r_{geschwindigkeitsbestimmender\ Teilschritt};$$ (9.9)

- *Schritt 3*: Alle verbleibenden Teilschritte befinden sich im chemischen Gleichgewicht. Über die Gleichgewichtsbedingungen $r_{Teilschritt} = 0$ berechnet man alle Beladungen in Abhängigkeit von den Partialdrucken und setzt sie in (9.9) ein;
- *Schritt 4*: Schritte 2 und 3 sind gegebenenfalls für andere geschwindigkeitsbestimmende Teilschritte durchzuführen.

Anwendungsbeispiel. Für Isomerisierungen lautet die Bruttoreaktionsgleichung

$A = B$ mit Geschwindigkeit r_{brutto}.

Gesucht ist die Abhängigkeit der Reaktionsgeschwindigkeit r_{brutto} von den Partialdrucken der Komponenten A, B. Gemäß Schritt 1 lassen sich Reaktionsteilschritte und Geschwindigkeitsgleichungen formulieren als

$$A + (\ ) \leftrightarrow (A), \qquad r_1 = k_1 p_A (1 - \theta_A - \theta_B) - k_1' \theta_A, \tag{9.10}$$

$$(A) \leftrightarrow (B), \qquad r_2 = k_2 p_A \theta_A - k_2' \theta_B, \tag{9.11}$$

$$(B) \leftrightarrow B + (\ ), \qquad r_3 = k_3 \theta_B - k_3' p_B (1 - \theta_A - \theta_B). \tag{9.12}$$

Da zwei Komponenten adsorbiert werden, ist der Anteil der freien aktiven Zentren durch $\theta_{frei} = 1 - \theta_A - \theta_B$ gegeben. (9.10) beschreibt die reversible Adsorption des gasförmigen Edukts A, (9.11) die Oberflächenreaktion des adsorbierten Edukts (A) zum adsorbierten Produkt (B) und (9.12) die Desorption des Produkts B. Wird nach Schritt 2 z. B. die Oberflächenreaktion (9.11) als geschwindigkeitsbestimmend postuliert, so gilt

$$r_{brutto} = r_2 = k_2 p_A \theta_A - k_2' \theta_B. \tag{9.13}$$

Die in (9.13) auftretenden Beladungen θ_A, θ_B müssen durch die Partialdrucke p_A, p_B der Komponenten substituiert werden. Nach Schritt 3 befinden sich alle anderen Teilschritte - im betrachteten Fall die Eduktadsorption (9.10) und die Produktdesorption (9.12) - im chemischen Gleichgewicht. Aus den zwei Gleichgewichtsbedingungen $r_1 = 0$ und $r_3 = 0$ erhält man die beiden gesuchten Beladungen zu[4]

$$\theta_A = \frac{K_1 p_A}{1 + K_1 p_A + K_3 p_B}, \quad \theta_B = \frac{K_3 p_B}{1 + K_1 p_A + K_3 p_B}, \tag{9.14}$$

wobei die Adsorptionsgleichgewichtskonstanten $K_1 = k_1 / k_1'$, $K_3 = k_3' / k_3$ auftreten. Wird schließlich (9.14) in (9.13) eingesetzt, so folgt das Endergebnis

$$r_{brutto} = k \frac{p_A - \dfrac{p_B}{K}}{1 + K_A p_A + K_B p_B} \qquad \begin{array}{l}\text{(Oberflächenreaktion (9.11)}\\ \text{geschwindigkeitsbestimmend).}\end{array} \tag{9.15}$$

---

[4] Da die beiden Adsorptionsreaktionen im Gleichgewicht sind, erhält man die Beladungen entsprechend (9.8) für konkurrierende Adsorption.

Wiederholt man das Verfahren entsprechend Schritt 4 für geschwindigkeitsbestimmende Eduktadsorption bzw. Produktdesorption, so findet man dagegen

$$r_{brutto} = k \, \frac{p_A - \dfrac{p_B}{K}}{1 + K_B p_B} \qquad \text{(Eduktadsorption (9.10)}\\ \text{geschwindigkeitsbestimmend)}, \qquad (9.16)$$

$$r_{brutto} = k \, \frac{p_A - \dfrac{p_B}{K}}{1 + K_A p_A} \qquad \text{(Produktdesorption (9.12)}\\ \text{geschwindigkeitsbestimmend)}. \qquad (9.17)$$

Um Unterschiede und Gemeinsamkeiten hervorzuheben, sind in den Geschwindigkeitsgleichungen (9.15) - (9.17) die „formalen" Parameter Geschwindigkeitskonstante k, Adsorptionsgleichgewichtskonstanten K_A, K_B und Gleichgewichtskonstante der Bruttoreaktion K eingeführt, die sich durch die in den Ausgangsgleichungen (9.10) - (9.12) enthaltenen „echten" Konstanten ausdrücken lassen. Welcher dieser Geschwindigkeitsausdrücke für eine konkrete Reaktion zu benutzen ist, wird durch eine Prüfung anhand experimenteller Daten entschieden.

Struktur der Geschwindigkeitsansätze. Die vorgestellte Ableitung der Geschwindigkeitsgleichungen ist umfangreich, wie das Anwendungsbeispiel zeigt. Für eine Vielzahl von typischen Reaktionen mit jeweils unterschiedlichen geschwindigkeitsbestimmenden Teilschritten sind die zugehörigen Geschwindigkeitsgleichungen in der Literatur zu finden [2, 10, 14, 17]. Die so gewonnenen Geschwindigkeitsausdrücke heterogen katalysierter Reaktionen, die als *Hougen-Watson-Geschwindigkeitsansätze* [7] bezeichnet werden, unterscheiden sich deutlich von den für Homogenreaktionen verwendeten (vgl. Kapitel 7); sie besitzen die gemeinsame Struktur

$$r_{brutto} = (Geschwindigkeitskonstante) \, \frac{(Potentialterm)}{(Adsorptionsterm)^n} \, .$$

Potentialterm bezeichnet hierin einen partialdruckabhängigen Ausdruck, der wie das Massenwirkungsgesetz für die Bruttoreaktionsgleichung aufgebaut ist. Der Potentialterm (und damit die Reaktionsgeschwindigkeit) wird Null, wenn chemisches Gleichgewicht vorliegt. Der Zahlenwert des Exponenten n und der Aufbau des *Adsorptionsterms* hängen davon ab, welche Komponenten adsorbiert werden und welcher Teilschritt geschwindigkeitsbestimmend ist. Die komplexe Form der Geschwindigkeitsgleichungen zieht (meist) nach sich, dass numerische Lösungsverfahren einzusetzen sind, um die Mengenbilanzen zu lösen.

Formalkinetische Geschwindigkeitsansätze. Ohne Annahmen zu den Reaktionsteilschritten könnte man z. B. für die Bruttoreaktion $A + B \to \dots$ einen formalen *Potenzansatz*,

$$r_{brutto} = kp_A^n p_B^m,$$

oder einen *hyperbolischen Geschwindigkeitsansatz* benutzen,

$$r_{brutto} = \frac{kp_A^n p_B^m}{(1 + K_A p_A + K_B p_B)^q}.$$

Durch die Vielzahl der Modellparameter (im Beispiel: k, n, m bzw. k, n, m, q, K_A, K_B) gelingt in der Regel eine gute Wiedergabe der experimentellen Werte der Reaktionsgeschwindigkeit.

9.2.4 Filmdiffusion und Reaktion

Problemstellung. Findet eine Reaktion nur an der äußeren Oberfläche eines (unporösen) Katalysators statt, so fehlt Porendiffusion, aber die Wechselwirkung von Stofftransport im Film und chemischer Reaktion ist zu berücksichtigen. Typische Konzentrationsverläufe sind in Abb. 9.1 als Fall „e" wiedergegeben. Die quantitative Behandlung wird im Folgenden exemplarisch anhand der irreversiblen Reaktion erster Ordnung $A_1 \to \dots$, die unter isothermen Bedingungen an der äußeren Oberfläche eines Katalysators abläuft, dargestellt. Dieser „einfache" Fall lässt sich analytisch behandeln; für andere Geschwindigkeitsansätze und für nichtisotherme Bedingungen ist nur eine numerische Behandlung möglich.

Stofftransport. Die pro Zeiteinheit durch den Film transportierte Stoffmenge der Komponente A_1 beträgt

$$\dot{n}_{1,Film} = A_p k_g (c_{1,g} - c_{1,s}). \tag{9.18}$$

Dies besagt: *der durch Filmdiffusion hervorgerufene Stoffmengenstrom ist der äußeren Oberfläche des Katalysators A_p, dem Stoffübergangskoeffizienten k_g und der Differenz der Konzentration im Strömungskern $c_{1,g}$ und der Konzentration an der Oberfläche $c_{1,s}$ proportional.* Da die Diffusion durch die Strömungsgrenzschicht in Richtung der äußeren Oberfläche erfolgt, lässt sich der Stoffübergangskoeffizient k_g durch die jeweiligen Strömungsbedingungen beeinflussen.

Berechnung des Stoffübergangskoeffizienten. In Korrelationsbeziehungen zur Bestimmung des Stoffübergangskoeffizienten treten die dimensionslosen Größen *Sherwood-Zahl Sh*, die *Reynolds-Zahl Re* und die *Schmidt-Zahl Sc* auf,

$$Sh = \frac{k_g d_p}{D}, \quad Re = \frac{u d_p}{v_F}, \quad Sc = \frac{v_F}{D}.$$

(9.19)

Hierin bezeichnet d_p eine charakteristische Abmessung des Feststoffs (z. B. den Durchmesser eines kugelförmigen Katalysatorteilchens), D den molekularen Diffusionskoeffizienten, u die Leerrohrgeschwindigkeit des Fluids und v_F seine kinematische Viskosität. Beziehungen der Form

$$Sh = f(Re, Sc)$$

(9.20)

sind für unterschiedlichste Systeme in der Literatur angegeben [2, 9, 11, 15]. Über (9.20) lässt sich bei bekannter Re- und Sc-Zahl über die Sh-Zahl der Wert des Stoffübergangskoeffizienten k_g berechnen. Für den Stoffübergang Gas/Feststoffpartikel lautet (9.20) beispielsweise [2]

$$Sh = 2,0 + 1,9 \, Re^{0,5} \, Sc^{0,33}.$$

(9.21)

Reaktionsgeschwindigkeit. Die Geschwindigkeit r einer Homogenreaktion wird auf die Volumeneinheit bezogen, z. B. $[r]$ = kmol/m^{3}h. Bei Reaktionen an der äußeren Oberfläche eines Feststoffs bezieht man die Reaktionsgeschwindigkeit r_s (Index „s" für „surface") besser auf die Oberflächeneinheit, z. B. $[r_s]$ = kmol/m^{2}h. Die Produktion der Komponente A_1 durch Reaktion erhält man daher aus

$$\dot{n}_{1,R} = v_1 A_p r_s,$$

(9.22)

worin A_p die äußere Teilchenoberfläche bezeichnet. Für die beispielhaft betrachtete Reaktion $A_1 \rightarrow \dots$ verwendet man zwei Geschwindigkeitsansätze:

- die Geschwindigkeit des Teilschritts „Oberflächenreaktion", die erster Ordnung bezüglich der (nicht messbaren) Eduktkonzentration $c_{1,s}$ an der *Oberfläche* ist,

$$r_s = k c_{1,s};$$

(9.23)

- die Geschwindigkeit des Gesamtprozesses r_{eff} (Index „eff" für effektiv), die erster Ordnung bezüglich der (messbaren) Eduktkonzentration $c_{1,g}$ im *Strömungskern* angesetzt wird,

$$r_{eff} = k_{eff} c_{1g}.$$

(9.24)

Nur die effektive Reaktionsgeschwindigkeit r_{eff} lässt sich (z. B. nach den in Kapitel 7 beschriebenen Methoden) über die Messung der Reaktorausgangskonzentration ermitteln. Die in (9.24) enthaltene effektive Geschwindigkeitskonstante k_{eff} wird daher den Einfluss des Stofftransports und der Reaktion wiedergeben.

Mengenbilanz. Unter stationären Bedingungen lautet die Mengenbilanz für A_1

$$-\dot{n}_{1,R} = A_p r_{eff} = A_p r_s = \dot{n}_{1,Film}.$$

Dies besagt: *die pro Zeiteinheit aus der Gasphase verbrauchte Menge, die an der Feststoffoberfläche umgesetzte Menge und die durch den Film transportierte Menge sind unter stationären Bedingungen gleich groß.* Mit den Geschwindigkeitsausdrücken (9.18), (9.23), (9.24) ergibt sich hieraus

$$k_{eff} c_{1,g} = k c_{1,s} = k_g (c_{1,g} - c_{1,s}).   \tag{9.25}$$

Wechselwirkung von Filmdiffusion und Reaktion. Aus (9.25 Mitte und rechts) findet man die Konzentration an der Oberfläche zu

$$c_{1,s} = \frac{k_g}{k + k_g} c_{1,g}.   \tag{9.26}$$

Die effektive Reaktionsgeschwindigkeit ergibt sich über (9.25) und (9.26) zu

$$r_{eff} = k_{eff} c_{1,g} = k c_{1,s} = \frac{k k_g}{k + k_g} c_{1,g},   \tag{9.27}$$

woraus durch Vergleich die effektive Geschwindigkeitskonstante folgt,

$$k_{eff} = \frac{k k_g}{k + k_g} \quad \text{bzw.} \quad \frac{1}{k_{eff}} = \frac{1}{k} + \frac{1}{k_g}   \tag{9.28}$$

(9.26) - (9.28) zeigen, dass die Konzentration an der äußeren Oberfläche, die messbare effektive Reaktionsgeschwindigkeit und die effektive Geschwindigkeitskonstante von der Geschwindigkeitskonstante der Reaktion und vom Stoffübergangskoeffizienten abhängen. Für zwei Extremfälle gilt:

- Ist $k \ll k_g$, so wird $c_{1,s} \approx c_{1,g}$, $k_{eff} \approx k$, $r_{eff} \approx k c_{1,g}$. Diese Situation bezeichnet man als *reaktionskontrolliert*, da die effektive Geschwindigkeitskonstante gleich der Reaktionsgeschwindigkeitskonstante ist. Da die geschwindigkeitsbestimmende chemische Reaktion langsam im Vergleich zur Diffusion ist, liegt an der Oberfläche dieselbe Konzentration wie im Strömungskern vor. Als scheinbare Aktivierungsenergie wird $E_{eff} \approx E_{Reaktion}$ gefunden.
- Ist $k \gg k_g$, so wird $c_{1,s} \approx 0$, $k_{eff} \approx k_g$, $r_{eff} \approx k_g c_{1,g}$. Diese Situation nennt man *diffusionskontrolliert*, da die effektive Geschwindigkeitskonstante gleich dem

Stoffübergangskoeffizienten ist. Da die chemische Reaktion schnell im Vergleich zur Filmdiffusion ist, fällt die Konzentration an der Oberfläche auf einen Wert nahe Null ab; der Stofftransport wird geschwindigkeitsbestimmend. Die scheinbare Aktivierungsenergie beträgt $E_{eff} \approx E_{Diffusion}$, wobei für den Stoffübergangskoeffizient der Arrhenius-Ansatz $k_g = k_{g,o} exp(-E_{Diffusion}/RT)$ zugrunde gelegt wird.

In der Regel ist die Aktivierungsenergie $E_{Reaktion}$ einer chemischen Reaktion (typische Größenordnung 100 kJ/mol) wesentlich größer als die Aktivierungsenergie $E_{Diffusion}$ von Diffusionsprozessen (typische Größenordnung 10 kJ/mol). Wie in Tab. 5.1 angegeben, wird daher bei steigender Temperatur die Geschwindigkeitskonstante der Reaktion stärker zunehmen als der Stoffübergangskoeffizient: *hohe Temperatur führt daher zu Diffusionskontrolle (mit geschwindigkeitsbestimmender Filmdiffusion), niedrige Temperatur zu Reaktionskontrolle (mit geschwindigkeitsbestimmender Reaktion).*

In dem als Abb. 9.4 gezeigten Arrhenius-Diagramm (Auftragung *ln* k_{eff} über $1/T$), das aus experimentellen Werten gewonnen wird, findet man bei niedriger Temperatur als Steigung die Aktivierungsenergie der chemischen Reaktion, bei hohen Temperaturen die Aktivierungsenergie der Filmdiffusion. Zwischen beiden Bereichen liegt ein Übergangsgebiet, in dem der Einfluss beider Teilschritte auftritt.

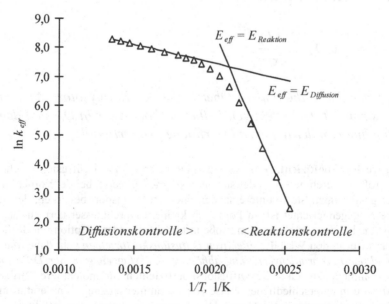

Abb. 9.4 Arrhenius-Diagramm (Auftragung von *ln* k_{eff} über $1/T$) für die Wechselwirkung von Filmdiffusion und chemischer Reaktion an der äußeren Oberfläche eines Katalysators.

9.2.5 Porendiffusion und Reaktion

Problemstellung. Findet eine chemische Reaktion an der inneren Oberfläche eines porösen Katalysators statt, so ist die Wechselwirkung von Porendiffusion und chemischer Reaktion zu berücksichtigen. In Abb. 9.1 sind mögliche Konzentrationsverläufe als Fälle „a, b, c" wiedergegeben. Im Folgenden wird - wie schon bei der Filmdiffusion - eine quantitative Behandlung dieser Situation nur exemplarisch anhand der irreversiblen Reaktion erster Ordnung $A_1 \rightarrow ...$, die unter isothermen Bedingungen in den Poren eines plattenförmigen Katalysators der Dicke L abläuft, dargestellt. Für diesen Fall kann eine analytische Lösung für die ortsabhängige Konzentration $c_1(x)$ gewonnen werden, die die wesentlichen Phänomene erkennen lässt. Weiterhin wird angenommen, dass die Filmdiffusion schnell gegenüber Reaktion und Porendiffusion und daher nicht zu beachten ist: die Konzentration an der äußeren Oberfläche sei bekannt und betrage $c_1(L) = c_{1,s}$. Für viele andere Geschwindigkeitsansätze in Verbindung mit einer anderen „Katalysatorgeometrie" (z. B. zylinder- oder kugelförmige Teilchen) und insbesondere für nichtisotherme Bedingungen ist dagegen nurmehr eine numerische Behandlung möglich.

Stofftransport. Der durch die äußere Oberfläche transportierte Stoffmengenstrom der Komponente A_1 kann nach dem bereits in (6.64) angegebenen ersten Fickschen Gesetz berechnet werden,

$$\dot{n}_{1,Diff} = -A_p D_{eff} \frac{dc_1(L)}{dx}. \tag{9.29}$$

Dies besagt: *der durch die äußere Oberfläche des Katalysators A_p transportierte Stoffmengenstrom ist dem effektiven Diffusionskoeffizienten D_{eff} und dem Konzentrationsgradienten an der äußeren Oberfläche proportional.*

Effektiver Diffusionskoeffizient. In porösen Strukturen treten zwei Diffusionsmechanismen auf: in Poren mit großem Durchmesser findet sich *molekulare Diffusion*, bei der vornehmlich molekulare Stöße der gasförmigen Stoffe untereinander einen Stofftransport bewirken, der dem Konzentrationsgefälle entgegengerichtet ist. In Poren mit kleinem Durchmesser herrscht dagegen *Knudsen-Diffusion* vor, bei der vor allem Wandstöße mit nachfolgender Sorption und Reflexion in Zufallsrichtung auftritt. In den Wert des *effektiven Diffusionskoeffizienten* geht daher *die von der Porenstruktur und der Porenradienverteilung abhängige Überlagerung beider Diffusionsarten* ein. Erschwerend kommt hinzu, dass die Diffusionskoeffizienten für molekulare Diffusion und für Knudsen-Diffusion in unterschiedlicher Weise von Zusammensetzung, Temperatur und Druck (d. h. den Reaktionsbedingungen) abhängen. Die Vorausberechnung des effektiven Diffusionskoeffizienten ist eine anspruchsvolle Aufgabenstellung, die eine experimentelle Charakterisierung der Porenstruktur erfordert [10, 11, 14].

Reaktionsgeschwindigkeit. Wie schon bei der Filmdiffusion, verwendet man auch bei der Behandlung der Porendiffusion zwei Geschwindigkeitsansätze:

- die Geschwindigkeit des Teilschritts „Reaktion an den aktiven Zentren", die erster Ordnung bezüglich der (nicht messbaren) ortsabhängigen Konzentration $c_1(x)$ in der Porengasphase des Katalysators sei,

$$r = kc_1; \tag{9.30}$$

- die (messbare) Geschwindigkeit des Gesamtprozesses r_{eff} (Index „$_{eff}$" für effektiv), die erster Ordnung bezüglich der (berechenbaren) Eduktkonzentration $c_{1,s}$ an der äußeren Oberfläche angesetzt wird,

$$r_{eff} = k_{eff}c_{1,s}. \tag{9.31}$$

Mengenbilanz. Die stationäre Mengenbilanz der Komponente A_1 lautet unter Verwendung des zweiten Fickschen Gesetzes

$$D_{eff}\frac{d^2c_1}{dx^2} + v_1 r = D_{eff}\frac{d^2c_1}{dx^2} - kc_1 = 0. \tag{9.32}$$

Dies besagt: *an einer beliebigen Position x im Katalysator sind die unter stationären Bedingungen durch Diffusion antransportierte und die durch Reaktion verbrauchte Menge gleich.* (9.32) stellt eine gewöhnliche lineare Differenzialgleichung zweiter Ordnung dar, deren Lösung zwei Randbedingungen erfordert,

$$c_1(L) = c_{1,s}, \quad \frac{dc_1(0)}{dx} = 0. \tag{9.33}$$

(9.33 links) gibt an, dass an der äußeren Oberfläche des Katalysators $x = L$ die Konzentration $c_{1,s}$ vorliegt. (9.33 rechts) drückt aus, dass ein zur Mitte $x = 0$ des plattenförmigen Katalysatorteilchens symmetrisches Konzentrationsprofil besteht. Die Lösung der Mengenbilanz (9.33) lautet

$$c_1(x) = c_{1,s}\frac{exp(\Phi x/L) + exp(-\Phi x/L)}{exp(\Phi) + exp(-\Phi)}. \tag{9.34}$$

Als charakteristischer Parameter tritt der dimensionslose *Thiele-Modul* Φ auf,

$$\Phi = L \sqrt{\frac{k}{D_{eff}}} \,. \tag{9.35}$$

In Abb. 9.5 ist die Abhängigkeit der dimensionslos dargestellten Konzentration $c_1(x)/c_{1,s}$ nach (9.34) von der ebenfalls dimensionslosen Ortskoordinate x/L für verschiedene Werte des Thiele-Moduls Φ wiedergegeben. Je größer der Thiele-Modul, desto weiter nähert sich die Konzentration im Inneren des Katalysators dem Wert Null. Bei sehr großen Werten findet die chemische Reaktion nurmehr in den äußeren Schichten des Katalysators statt.

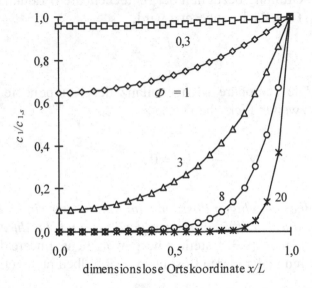

Abb. 9.5 Abhängigkeit der Konzentration von der Ortskoordinate für die Wechselwirkung von Porendiffusion und chemischer Reaktion im plattenförmigen porösen Katalysator. Kurvenparameter: Thiele-Modul Φ.

Wechselwirkung von Porendiffusion und Reaktion. Unter stationären Bedingungen ist die Produktion durch Reaktion (ausgedrückt über die effektive Reaktionsgeschwindigkeit) gleich dem Mengenstrom durch die äußere Oberfläche,

$$V_p r_{eff} = -\dot{n}_{1,Diff} = A_p D_{eff} \frac{dc_1(L)}{dx} \,. \tag{9.36}$$

Für den in (9.36) auftretenden Konzentrationsgradienten folgt aus (9.34)

$$\frac{dc_1(L)}{dx} = c_{1,s} \frac{\Phi}{L} \frac{e^{\Phi} - e^{-\Phi}}{e^{\Phi} + e^{-\Phi}} \,. \tag{9.37}$$

Für die betrachtete Plattengeometrie ist das Verhältnis äußere Oberfläche zu Volumen $A_p/V_p = 1/L$, so dass mit (9.37) aus (9.36) schließlich

$$r_{eff} = \frac{1}{\Phi}\frac{e^\Phi - e^{-\Phi}}{e^\Phi + e^{-\Phi}}kc_{1,s}, \quad k_{eff} = \frac{1}{\Phi}\frac{e^\Phi - e^{-\Phi}}{e^\Phi + e^{-\Phi}}k \tag{9.38}$$

gewonnen wird. Die Gleichungen (9.38) zeigen, dass die messbare effektive Reaktionsgeschwindigkeit in komplizierter Weise von der Geschwindigkeitskonstante k der Reaktion, dem effektiven Diffusionskoeffizienten D_{eff} und der Abmessung L des Teilchens abhängt. Für zwei Extremfälle ergeben sich folgende Aussagen:

- ist Φ klein (typischerweise $\Phi < 0{,}3$), so wird $k_{eff} \approx k$, $r_{eff} \approx kc_{1,s}$. Diese Situation bezeichnet man (wie bei der Filmdiffusion) als *reaktionskontrolliert*, da die effektive Geschwindigkeitskonstante gleich der Reaktionsgeschwindigkeitskonstante ist. Ein Einfluss der Porendiffusion tritt nicht auf, da die geschwindigkeitsbestimmende chemische Reaktion langsam im Vergleich zur Diffusion ist. Als Aktivierungsenergie wird $E_{eff} \approx E_{Reaktion}$, also der unverfälschte Wert für die chemische Reaktion, gefunden;
- ist Φ groß (typischerweise $\Phi > 3$), so ergibt sich

$$k_{eff} \approx k/\Phi = \frac{\sqrt{kD_{eff}}}{L}, \quad r_{eff} \approx \frac{\sqrt{kD_{eff}}}{L}c_{1,s}. \tag{9.39}$$

Diese Situation nennt man (analog zur Filmdiffusion) *diffusionskontrolliert*, da die effektive Geschwindigkeitskonstante nunmehr durch Reaktion, Porendiffusion und die Katalysatorabmessung beeinflusst wird. Die chemische Reaktion ist schnell im Vergleich zur Diffusion, der Stofftransport in den Poren wird geschwindigkeitsbestimmend. Die scheinbare Aktivierungsenergie beträgt

$$E_{eff} = \tfrac{1}{2}(E_{Reaktion} + E_{Diffusion}) \approx \tfrac{1}{2}E_{Reaktion} \tag{9.40}$$

Da die Aktivierungsenergie $E_{Reaktion}$ einer chemischen Reaktion wesentlich größer als die Aktivierungsenergie $E_{Diffusion}$ von Diffusionsprozessen ist, kann die Abschätzung (9.40 rechts) vorgenommen werden.

Um (9.40) zu erhalten, wird nicht nur für die in (9.39 links) auftretende Geschwindigkeitskonstante, sondern auch für den effektiven Diffusionskoeffizienten die Temperaturabhängigkeit nach Arrhenius angenommen, $D_{eff} = D_{eff,0}\,exp(-E_{Diffusion}/RT)$. Logarithmiert lautet (9.39 links)

$$ln\,k_{eff} = ln\,k_{eff,0} - \frac{E_{eff}}{RT} = ln\frac{\sqrt{k_0 D_{eff,0}}}{L} - \frac{E_{Reaktion} + E_{Diffusion}}{2RT},$$

woraus durch Vergleich der Aktivierungsenergien (9.40) entsteht.

Stofftransportlimitierung durch Porendiffusion liegt vor, wenn der Thiele-Modul Φ große Werte annimmt, wie (9.39) und Abb. 9.5 zeigen. Dies ist zum einen gegeben, wenn die charakteristische Abmessung L des Katalysatorteilchens groß wird. Zum anderen wird (vgl. Tab. 5.1) aufgrund der unterschiedlichen Größenordnung der Aktivierungsenergien bei steigender Temperatur die Geschwindigkeitskonstante der Reaktion stärker zunehmen als der effektive Diffusionskoeffizient: *hohe Reaktionstemperatur und große Katalysatorabmessung führen zu Diffusionskontrolle mit Stofftransportlimitierung durch Porendiffusion, niedrige Reaktionstemperatur und kleine Katalysatorabmessung zu Reaktionskontrolle.*

Das Vorliegen von Stofftransportlimitierung durch Porendiffusion kann - wie für die Filmdiffusion bereits erläutert - anhand experimenteller Daten geprüft werden. Wie Abb. 9.6 zeigt, findet man in einem Arrhenius-Diagramm bei niedriger Temperatur als Steigung die Aktivierungsenergie der chemischen Reaktion, bei hohen Temperaturen jedoch nur etwa die Hälfte der Aktivierungsenergie der Reaktion wegen der nunmehr eintretenden Limitierung durch Porendiffusion.

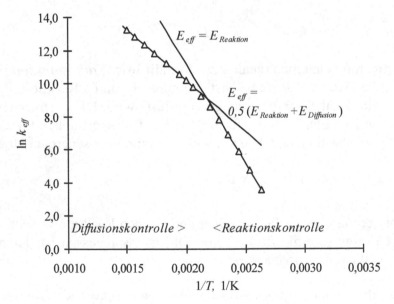

Abb. 9.6 Arrhenius-Diagramm (Auftragung von *ln* k_{eff} über $1/T$) für die Wechselwirkung von Porendiffusion und chemischer Reaktion in einem porösen Katalysator.

9.3 Nichtkatalytische Fluid-Feststoff-Reaktionen

Wie aus den in Tab. 4.3 angeführten Beispielen ersichtlich ist, stellen auch die nichtkatalytischen Fluid-Feststoff-Reaktionen technisch wichtige Verfahren dar. Es handelt sich um zweiphasige Systeme, in denen stets ein reagierender (also nichtkatalytischer) Feststoff die disperse Phase und ein Gas oder eine Flüssigkeit die kontinuierliche Phase bildet. Da die Phasenkombination Gas-Feststoff über-wiegend auftritt, wird nur sie im Folgenden behandelt. Nichtkatalytische Gas-Feststoff-Reaktionen lassen sich, wie in Tab. 9.1 dargestellt, nach der Anzahl der beteiligten festen und gasförmigen Komponenten klassifizieren [2, 13].

Tab. 9.1 Reaktionstypen bei nichtkatalytischen Gas-Feststoff-Reaktionen.

Reaktionstyp	Beispiel
1: $S_1 + G_1 = \quad G_2$	$C + O_2 = CO_2$, $UF_4 + F_2 = UF_6$
2: $S_1 + G_1 = S_2$	$CaO + SO_2 + 0{,}5 O_2 = CaSO_4$
3: $S_1 + G_1 = S_2 + G_2$	$ZnS + 1{,}5 O_2 = ZnO + SO_2$
4: $S_1 \quad = S_2 + G_2$	$CaCO_3 = CaO + CO_2$, $2NaHCO_3 = Na_2CO_3 + CO_2 + H_2O$

Die in Tab. 9.1 aufgeführten Reaktionstypen unterscheiden sich hinsichtlich der in Frage kommenden Teilschritte[1]:

- *Edukt S_1 ist unporös, Reaktionstyp 1.* Die gasförmige Komponente wird durch Filmdiffusion antransportiert. Nur an der äußeren Oberfläche - der *Reaktions-fläche* - findet die chemische Reaktion statt. Wie Abb. 9.7 schematisch zeigt, verringert sich mit zunehmender Reaktionsdauer und damit steigendem Um-satz des Edukts S_1 die Größe des Feststoffteilchens, bis es schließlich vollstän-dig verschwindet.

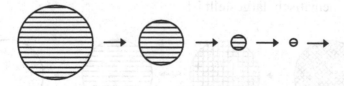

Abb. 9.7 Gas-Feststoff-Reaktion des Typs $S_1 + G_1 = G_2$ bei unporösem Edukt S_1.

---

[1] Die nicht angeführte Kombination *S_1 ist unporös, Reaktionstyp 4* ist wegen der Bildung des gas-förmigen Produkts G_2 nicht möglich.

- *Edukt S_1 ist unporös, Reaktionstyp 2, 3.* Neben Filmdiffusion der gasförmigen Komponenten ist chemische Reaktion an der äußeren Oberfläche des schrumpfenden S_1-Kerns zu beobachten. Wie Abb. 9.8 schematisch wiedergibt, vergrößert sich mit zunehmender Reaktionsdauer und steigendem Umsatz die S_2-Schicht (die sogenannte *Asche*), bis nurmehr Produkt vorhanden ist. Durch die poröse S_2-Schicht erfolgt die Porendiffusion der gasförmigen Stoffe. Dieser Reaktionstyp wird auch als *Asche-Kern-Modell* bezeichnet.

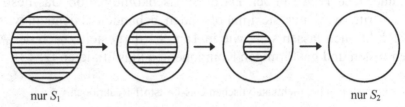

nur S_1 nur S_2

Abb. 9.8 Asche-Kern-Modell: Gas-Feststoff-Reaktion des Typs $S_1 + G_1 = S_2 (+ G_2)$ bei unporösem Edukt S_1.

- *Edukt S_1 ist porös, Reaktionstyp 1.* Das gasförmige Edukt wird durch Filmdiffusion an die äußere Feststoffoberfläche und durch Porendiffusion im Inneren des Teilchens transportiert. Die chemische Reaktion kann im gesamten Inneren des Feststoffs stattfinden und, wie in Abb. 9.9 schematisch dargestellt, gegebenenfalls zu einem Zerfallen des Teilchens führen.

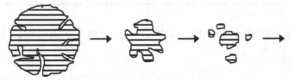

Abb. 9.9 Gas-Feststoff-Reaktion des Typs $S_1 + G_1 = G_2$ bei porösem Edukt S_1.

- *Edukt S_1 ist porös, Reaktionstyp 2, 3, 4.* Die gasförmigen Komponenten werden zum einen durch Filmdiffusion an die äußere Feststoffoberfläche, zum anderen durch Porendiffusion im Inneren des Teilchens transportiert. Die chemische Reaktion läuft im Inneren des Feststoffs ab. Mit zunehmender Reaktionsdauer bildet sich das Produkt S_2 aus umgesetztem S_1 im gesamten Feststoff, wie in Abb. 9.10 schematisch dargestellt ist.

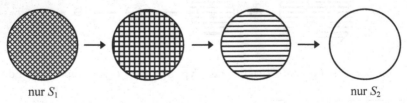

nur S_1 nur S_2

Abb. 9.10 Gas-Feststoff-Reaktion des Typs $S_1 + G_1 = S_2 (+ G_2)$ bei porösem Edukt S_1.

Die Modellierung von Gas-Feststoff-Reaktionen stellt in der Regel eine komplexe Aufgabenstellung dar, bei der folgende Aspekte eine Rolle spielen können:

- die Form der Feststoffteilchen weicht von der Kugelform, für die sich die Mengenbilanzen vergleichsweise leicht formulieren lassen, mehr oder weniger stark ab und muss berücksichtigt werden;
- die Feststoffteilchen besitzen keine einheitliche Abmessung, vielmehr ist ihre Korngrößenverteilung für das Reaktionsverhalten zu beachten;
- während der Reaktion können strukturelle Veränderungen des Feststoffs eintreten, die sich auf die Dichte, die Porosität, den effektiven Diffusionskoeffizienten und damit auf die Porendiffusion auswirken;
- die zum Teil beachtliche Wärmeproduktion bei Gas-Feststoff-Reaktionen kann zu Temperaturdifferenzen zwischen Gas und Feststoff oder zu Temperaturgradienten innerhalb der Teilchen führen, die eine nichtisotherme Beschreibung erfordern;
- die Annahme, dass Reaktion, Filmdiffusion und Porendiffusion stationär sind, trifft aufgrund der kurzen Reaktionsdauern nicht immer zu; stattdessen sind instationäre Vorgänge in Betracht zu ziehen.

Im Folgenden werden daher nur zwei einfache Anwendungsbeispiele betrachtet, um die prinzipielle Vorgehensweise zu erläutern. Komplexere Modelle sind z. B. in [13] beschrieben.

Anwendungsbeispiel: Edukt S_1 ist unporös, Reaktionstyp 1. Die irreversible Reaktion zwischen dem Gas G_1 und dem *unporösen* Feststoff S_1,

$$G_1 + \nu_{S1} S_1 \rightarrow \nu_{G2} G_2, \tag{9.41}$$

finde an der äußeren Oberfläche eines kugelförmigen Teilchens statt, das zum Zeitpunkt $t = 0$ den Anfangsradius R besitze. Gesucht ist die Abhängigkeit des Umsatzgrades X_{S1} des Edukts S_1 von der Zeit.

Die auf die Einheit der Oberfläche bezogene Reaktionsgeschwindigkeit r_s wird, da die Feststoffkonzentration c_{S1} im Inneren und an der Reaktionsfläche zeitlich konstant bleibt, pseudo-erster Ordnung bezüglich der Gasphasenkonzentration $c_{G1,s}$ der Komponente G_1 an der Oberfläche angesetzt,

$$r_s = k' c_{S1} c_{G1,s} = k c_{G1,s} \quad \text{mit} \quad k = k' c_{S1}. \tag{9.42}$$

Der Verbrauch der Edukte G_1 und S_1 durch die chemische Reaktion beträgt

$$\dot{n}_{G1,R} = -4\pi r_t^2 kc_{G1,s}, \quad \dot{n}_{S1,R} = \nu_{S1} 4\pi r_t^2 kc_{G1,s}, \tag{9.43}$$

wobei r_t den Radius des schrumpfenden Feststoffteilchens zum Zeitpunkt t angibt. Stoffmenge und momentaner Radius r_t hängen zusammen über

$$n_{S1} = \frac{m_{S1}}{M_{S1}} = \frac{\rho_p}{M_{S1}} V_p = \frac{\rho_p}{M_{S1}} \frac{4}{3} \pi r_t^3, \tag{9.44}$$

worin ρ_p die Dichte und V_p das Volumen des Teilchens sowie M_{S1} die molare Masse des Feststoffs bezeichnet. Da die zeitliche Änderung der Feststoffmenge nur durch chemische Reaktion hervorgerufen wird, lautet die Mengenbilanz

$$\frac{dn_{S1}}{dt} = \dot{n}_{S1,R} \tag{9.45}$$

Über (9.43 rechts) und (9.44) folgt damit eine Differenzialgleichung, die die zeitliche Änderung des Teilchenradius r_t beschreibt,

$$\frac{dr_t}{dt} = \nu_{S1} \frac{M_{S1}}{\rho_p} kc_{G1,s} \quad \text{mit Anfangsbedingung } r_t(0) = R. \tag{9.46}$$

Um (9.46) zu lösen, muss aber die (unbekannte) Konzentration $c_{G1,s}$ der gasförmigen Komponente an der Feststoffoberfläche mittels der (messbaren) Konzentration $c_{G1,g}$ im Bulk der Gasphase ausgedrückt werden. Unter stationären Bedingungen besagt die Mengenbilanz für G_1: der durch den Film transportierte Mengenstrom und der Verbrauch durch chemische Reaktion sind gleich,

$$-\dot{n}_{G1,R} = 4\pi r_t^2 kc_{G1,s} = 4\pi r_t^2 k_g (c_{G1,g} - c_{G1,s}) = \dot{n}_{G1,Film}. \tag{9.47}$$

Hieraus resultiert das (mit (9.26) identische) Ergebnis

$$c_{G1,s} = \frac{k_g}{k + k_g} c_{G1,g}. \tag{9.48}$$

Wird dies in (9.46) eingesetzt, so erhält man schließlich nach Integration

$$\frac{r_t}{R} = 1 + \nu_{S1} \frac{M_{S1}}{R\rho_p} c_{G1,g} \frac{t}{1/k + 1/k_g}. \tag{9.49}$$

Dies besagt: *der Radius des unporösen Feststoffteilchens nimmt linear mit der Zeit ab*. Nach der Zeitdauer t_0 ist das Teilchen vollständig umgesetzt, es gilt $r_t = 0$. Aus (9.49) folgt hierfür

$$\frac{r_t}{R} = 1 - \frac{t}{t_0} \quad \text{mit} \quad t_0 = -\frac{R\rho_p}{\nu_{S1} M_{S1} c_{G1,g}} \left(\frac{1}{k} + \frac{1}{k_g}\right). \tag{9.50}$$

Dies besagt: *die Zeitdauer t_0 für die vollständige Abreaktion des unporösen Teilchens ist dem Anfangsradius R und dem Kehrwert der Konzentration $c_{G1,g}$ im Bulk der Gasphase proportional und hängt von der Geschwindigkeitskonstante k der Reaktion und dem Stoffübergangskoeffizienten k_g ab*. Da die Stoffmenge des Edukts S_1 bei konstanter Dichte dem Teilchenvolumen $V_p = 4\pi r_t^3/3$ proportional ist, lässt sich der Umsatzgrad X_{S1} über den Radius r_t ausdrücken,

$$X_{S1} = 1 - \frac{n_{S1}}{n_{S1,0}} = 1 - \frac{r_t^3}{R^3}. \tag{9.51}$$

Anstelle von (9.50) gewinnt man damit

$$X_{S1} = 1 - \left(1 - \frac{t}{t_0}\right)^3 \quad \text{bzw.} \quad \frac{t}{t_0} = 1 - (1 - X_{S1})^{1/3}. \tag{9.52}$$

In Abb. 9.11 ist diese nichtlineare Abhängigkeit des Umsatzgrades X_{S1} von der dimensionslosen Zeit t/t_0 gezeigt.

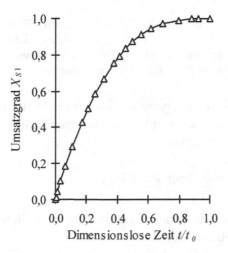

Abb. 9.11 Abhängigkeit des Umsatzgrades X_{S1} von der dimensionslosen Zeit nach (9.52) für die Gas-Feststoff-Reaktion $G_1 + \nu_{S1} S_1 \rightarrow \nu_{G2} G_2$ bei unporösem Edukt S_1.

Anwendungsbeispiel: Asche-Kern-Modell. Für die irreversible Reaktion

$$G_1 + \nu_{S1} S_1 \rightarrow \nu_{S2} S_2 (+ \nu_{G2} G_2), \tag{9.53}$$

die zwischen dem Gas G_1 und dem *unporösen* Feststoff S_1 stattfinde, ist die Abhängigkeit des Umsatzgrades X_{S1} des Edukts S_1 von der Zeit gesucht. S_1 liegt als kugelförmiges Teilchen vor, das zum Zeitpunkt $t = 0$ den Anfangsradius R besitzt. Der Konzentrationsverlauf der gasförmigen Komponente G_1 ist in Abb. 9.12 links schematisch wiedergegeben; zu berücksichtigen sind nunmehr Filmdiffusion, Porendiffusion durch die Ascheschicht und Reaktion an der äußeren Oberfläche des Kerns.

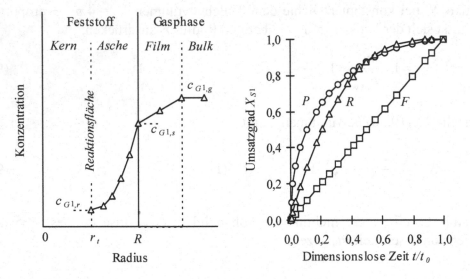

Abb. 9.12 Asche-Kern-Modell für die Gas-Feststoff-Reaktion $G_1 + \nu_{S1} S_1 \rightarrow \nu_{S2} S_2 (+ \nu_{G2} G_2)$. Links: schematischer Konzentrationsverlauf des gasförmigen Edukts G_1. Rechts: Abhängigkeit des Umsatzgrades X_{S1} von der dimensionslosen Zeit (Kurvenparameter: geschwindigkeitsbestimmender Teilschritt Porendiffusion P, Reaktion R, Filmdiffusion F).

Die auf die Flächeneinheit bezogene Reaktionsgeschwindigkeit r_s ist pseudo-erster Ordnung bezüglich der Konzentration der gasförmigen Komponente $c_{G1,r}$ *an der Reaktionsfläche r_t* anzusetzen,

$$r_s = k' c_{S1} c_{G1,r} = k c_{G1,r} \quad \text{mit } k = k' c_{S1}. \tag{9.54}$$

Der durch Porendiffusion in einem kugelförmigen Teilchen transportierte Mengenstrom an G_1 ist gegeben durch

$$\dot{n}_{G1,Pore} = 4\pi\, r_t\, D_{eff}\, \frac{c_{G1,s} - c_{G1,r}}{1 - r_t / R} \tag{9.55}$$

Über die Mengenbilanzen Film/Reaktion und Porendiffusion/Reaktion lassen sich die unbekannten Konzentrationen $c_{G1,r}$ an der Reaktionsfläche und $c_{G1,s}$ an der äußeren Oberfläche durch die messbare Konzentration $c_{G1,g}$ im Bulk der Gasphase ausdrücken. Da dieser Lösungsweg weitgehend dem im vorhergehenden Anwendungsbeispiel dargestellten gleicht, aber wegen der Vielzahl von Umformungen sehr umfangreich ist, wird auf eine Ausführung verzichtet. Stattdessen sind die Ergebnisse in Tab. 9.2 zusammengestellt. Je nach dem geschwindigkeitsbestimmenden Teilschritt (Filmdiffusion oder Porendiffusion oder Reaktion) erhält man einen anderen Zusammenhang, um die Zeitdauer t_0 für die vollständige Abreaktion des Kerns bzw. um den gesuchten Umsatzgrad X_{S1} in Abhängigkeit von der Zeit zu bestimmen.

Tab. 9.2 Zeitdauer für den vollständigen Umsatz und Umsatzgrad in Anhängigkeit von der Zeit für die Gas-Feststoff-Reaktion $G_1 + \nu_{S1}\, S_1 \rightarrow \nu_{S2}\, S_2\; (+\; \nu_{G2}\, G_2)$ nach dem Asche-Kern-Modell für verschiedene geschwindigkeitsbestimmende Teilschritte.

Geschwindigkeits-bestimmender Teilschritt	Zeitdauer für vollständigen Umsatz	Zeitabhängigkeit des Umsatzgrades	
Filmdiffusion	$t_0 = -\dfrac{R\rho_p}{\nu_{S1} M_{S1} c_{G1,g}}\dfrac{1}{3k_g}$	$\dfrac{t}{t_0} = X_{S1}$	(9.56)
Porendiffusion	$t_0 = -\dfrac{R\rho_p}{\nu_{S1} M_{S1} c_{G1,g}}\dfrac{R}{6D_{eff}}$	$\dfrac{t}{t_0} = 1 + 2(1-X_{S1}) - 3(1-X_{S1})^{2/3}$	(9.57)
Reaktion	$t_0 = -\dfrac{R\rho_p}{\nu_{S1} M_{S1} c_{G1,g}}\dfrac{1}{k}$	$\dfrac{t}{t_0} = 1 - (1-X_{S1})^{1/3}$	(9.58)

In Abb. 9.12 rechts ist die Abhängigkeit des Umsatzgrades von der dimensionslosen Zeit dargestellt. Limitiert Filmdiffusion, so ergibt sich nach (9.56) eine lineare Abhängigkeit, bei limitierender Porendiffusion (9.57) oder Reaktion (9.58) dagegen eine nichtlineare Abhängigkeit. Man beachte, dass die beiden Modelle (9.57) und (9.58) nahe beieinander liegende Verläufe ergeben, für die eine experimentelle Unterscheidung schwierig sein kann.

9.4 Fluid-Fluid-Reaktionen

9.4.1 Einführung

In die Gruppe der Fluid-Fluid-Reaktionen fallen, wie anhand der in Tab. 4.3 angegebenen Beispiele zu erkennen ist, eine Reihe technisch bedeutsamer Verfahren. Es handelt sich hierbei um zweiphasige Systeme, die entweder aus einem Gas und einer Flüssigkeit oder aus zwei nicht miteinander mischbaren Flüssigkeiten aufgebaut sind. Charakteristisch für solche Fluid-Fluid-Systeme ist, dass

- eine chemische Reaktion des Typs $\nu_1 A_1 + \nu_2 A_2 \rightarrow \nu_3 A_3$ (+ ...), an der zwei Edukte beteiligt sind, nur *in einer der Phasen* stattfindet;
- jede dem Reaktor zugeführte Phase jeweils nur eines der Edukte A_1 *oder* A_2 enthält.

Um miteinander reagieren zu können, muss daher eine der Komponenten die Phase wechseln und ins Innere der zweiten Phase transportiert werden, in der sie schließlich für die Reaktion zur Verfügung steht. Daher wird immer mit einer mehr oder weniger stark ausgeprägten Wechselwirkung von Stofftransport und chemischer Reaktion zu rechnen sein. Im Folgenden wird diese Wechselwirkung exemplarisch für Gas-Flüssigkeits-Reaktionen dargestellt, um die charakteristischen Phänomene zu erläutern. Andere Reaktionssysteme, Flüssig-Flüssig-Reaktionen und Besonderheiten der verwendeten Reaktoren sind in [2, 4, 5, 8, 15, 17] behandelt.

9.4.2 Stoffübergang

Die Konzentrationsverhältnisse in der Umgebung der Phasengrenze bei einer Gas-Flüssigkeits-Reaktion sind in Abb. 9.13 schematisch dargestellt. In der Regel geht man von folgenden Annahmen aus:

- die chemische Reaktion

$$A_1 + \nu_2 A_2 \rightarrow \nu_3 A_3 \tag{9.59}$$

findet lediglich in der Flüssigphase statt. Komponente A_1 (für die $\nu_1 = -1$ ist) wird nur mit der Gasphase (mit Partialdruck $p_{1,g}$), Komponente A_2 nur mit der Flüssigphase (mit Konzentration $c_{2,l}$) zugeführt. Der Stoffübergang ist auf

Komponente A_1 beschränkt, da Komponente A_2 und gegebenenfalls anwesende Begleitstoffe als nichtflüchtig betrachtet werden.

- das Innere - der sogenannte *Bulk* - der Einzelphasen ist aufgrund der vorherrschenden Strömungsbedingungen vollständig durchmischt, örtliche Konzentrations- und Partialdruckunterschiede treten nicht auf;
- an der Phasengrenze besitzt jede Phase eine eigene Grenzschicht - den sogenannten *Film* -, in dem die Konzentrationsgradienten vorliegen, welche die Geschwindigkeit des Stoffaustausches bestimmen. Die gas- und flüssigkeitsseitigen Stoffmengenströme der Komponente A_1 sind definiert als[2]

$$\dot{n}_{1,g} = A\frac{k_g}{RT}(p_{1,g} - p_1^*), \quad \dot{n}_{1,l} = Ak_l(c_1^* - c_{1,l}). \tag{9.60}$$

Hierin bezeichnet A die Phasengrenzfläche, k_g den *gasseitigen* und k_l den *flüssigkeitsseitigen Stoffübergangskoeffizienten*;
- an der Phasengrenze besteht *Phasengleichgewicht*, dessen Lage man durch das *Henrysche Gesetz* beschreibt,

$$p_1^* = H_1 c_1^*, \tag{9.61}$$

worin H_1 die *Henry-Konstante* für die Komponente A_1 bezeichnet.

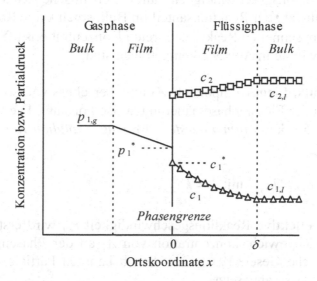

Abb. 9.13 Schematische Darstellung der Konzentrationsverhältnisse an der Phasengrenze für Gas-Flüssigkeits-Reaktionen (Erläuterung s. Text).

---

[2] In (9.60 links) sind die Konzentrationen durch die Partialdrucke ersetzt, wobei das ideale Gasgesetz in der Form $c_1 = p_1/RT$ benutzt wird.

Stoffübergangskoeffizienten. Nach der *Filmtheorie* postuliert man *stagnierende Fluidfilme* auf beiden Seiten der Phasengrenze. Die Ursache des Stofftransports durch die Filme ist in der molekularen Diffusion zu sehen, die aufgrund der vorherrschenden Konzentrationsgradienten auftritt. In diesem Fall erhält man die Stoffübergangskoeffizienten (über das 1. Ficksche Gesetz) aus

$$k_i = D_i/\delta_i, \tag{9.62}$$

wobei D_i der Diffusionskoeffizient in der Phase i und δ_i die Dicke des Films bezeichnet. Nach den *Oberflächenerneuerungstheorien* nimmt man dagegen an, dass Fluidelemente eine bestimmte Zeitdauer an der Phasengrenze verweilen und dort so lange am Stoffaustausch teilnehmen, bis sie durch andere Fluidelemente ersetzt werden. Je nach Verweilzeitverteilung der Fluidelemente ergeben sich andere Zusammenhänge zwischen Stoffübergangs- und Diffusionskoeffizient [2, 4].

9.4.3 Stoffübergang und Reaktion

Steigt die Geschwindigkeit der Reaktion (9.59) im Verhältnis zum Stoffübergang an, so verschiebt sich das räumliche Gebiet, in dem die chemische Reaktion stattfindet. Folgende Situationen werden unterschieden:

- bei niedriger Reaktionsgeschwindigkeit findet die chemische Reaktion vornehmlich im Inneren der Flüssigkeit (im Bulk) statt; der Anteil der Reaktion im Film kann demgegenüber vernachlässigt werden;
- bei hoher Reaktionsgeschwindigkeit läuft die chemische Reaktion nahezu vollständig im Film ab, der Reaktionsanteil im Bulk spielt keine Rolle;
- nur bei extrem schnellen Reaktionen treten Konzentrationsdifferenzen im Gasfilm auf [5], wie sie in Abb. 9.13 eingetragen sind.

Reaktion im Bulk. Liegt Komponente A_2 im Überschuss vor, so bleibt ihre Konzentration $c_{2,l}$ in der Flüssigphase näherungsweise konstant. Die Geschwindigkeit der Reaktion (9.59) kann *pseudo-erster Ordnung bezüglich Komponente A_1* formuliert werden,

$$r = k'c_{1,l}c_{2,l} = kc_{1,l} \quad \text{mit} \quad k = k'c_{2,l}. \tag{9.63}$$

Die (messbare) effektive Reaktionsgeschwindigkeit r_{eff} wird erster Ordnung bezüglich der Gleichgewichtskonzentration von A_1 an der Phasengrenze, die sich über das Henrysche Gesetz (9.61) aus dem bekannten Partialdruck in der Gasphase berechnen lässt, angesetzt,

$$r_{eff} = k_{eff}c_1^*. \tag{9.64}$$

Gesucht ist der Einfluss von Stofftransport und Reaktion auf die effektive Geschwindigkeit. Bei allen Fluid-Fluid-Reaktionen tritt die *spezifische Oberfläche*,
d. h. die pro Volumeneinheit vorhandene Phasengrenzfläche[3], auf,

$$a_V = A/V. \tag{9.65}$$

Unter stationären Bedingungen muss der Verbrauch von A_1 durch Reaktion in der
Flüssigphase gleich dem durch den Film transportierten Mengenstrom sein,

$$\dot{n}_{1,l} = Vr = Vr_{eff}. \tag{9.66}$$

Setzt man hierin (9.60 rechts), (9.63) - (9.65) ein und eliminiert die unbekannte
Konzentration $c_{1,l}$, so resultiert schließlich

$$r_{eff} = k_{eff} c_1^* = \frac{a_V k_l k}{a_V k_l + k} c_1^*. \tag{9.67}$$

Durch Vergleich folgt die effektive Geschwindigkeitskonstante zu

$$\frac{1}{k_{eff}} = \frac{1}{a_V k_l} + \frac{1}{k}. \tag{9.68}$$

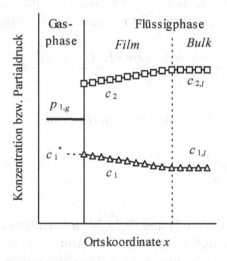

Abb. 9.14 Konzentrations- und Partialdruckverläufe für langsame Reaktion im Flüssigkeitsbulk.

---

[3] Welche Phasengrenzfläche in einem konkreten System vorhanden ist, hängt zum einen von der
Art, in der die beiden Phasen miteinander in Kontakt gebracht werden, und zum anderen von der
Art des Reaktors ab, vgl. Abschnitt 4.3.2.

(9.67) und (9.68) zeigen, dass sich in den messbaren effektiven Größen der Einfluss der Reaktion, des flüssigkeitsseitigen Stoffübergangskoeffizienten und der spezifischen Oberfläche niederschlägt. In Abb. 9.14 sind die Konzentrationsverläufe in der Gas- und der Flüssigphase für den Fall einer langsamen Reaktion im Bulk wiedergegeben. Im Flüssigkeitsfilm treten hierbei nur schwach ausgeprägte Konzentrationsgradienten der beiden Komponenten auf.

Reaktion im Film. Falls die chemische Reaktion nur im Flüssigkeitsfilm stattfindet, ist die Wechselwirkung von Diffusion und chemischer Reaktion zu berücksichtigen, die sich durch das zweite Ficksche Gesetz beschreiben lässt[4],

$$D_1 \frac{d^2 c_1}{dx^2} - k c_1 = 0, \quad D_2 \frac{d^2 c_2}{dx^2} - v_2 k c_1 = 0. \tag{9.69}$$

Die Integration der Differenzialgleichungen geschieht mit den Randbedingungen

$$x = 0: \ c_1 = c_1^*, \qquad \frac{dc_2}{dx} = 0, \tag{9.70}$$

$$x = \delta: \ c_1 = c_{1,l} = 0, \quad c_2 = c_{2,l}. \tag{9.71}$$

(9.70) besagt, dass an der Phasengrenze $x = 0$ die Gleichgewichtskonzentration der Komponente A_1 vorliegt und ein Stoffstrom von A_2 fehlt. (9.71) drückt aus, dass A_1 an der Grenze Film/Bulk $x = \delta$ vollständig umgesetzt ist, während für A_2 die Bulkkonzentration vorherrscht. Damit lautet die Lösung von (9.69 links)

$$c_1(x) = \frac{exp[Ha(1 - x/\delta)] - exp[-Ha(1 - x/\delta)]}{exp(Ha) - exp(-Ha)} c_1^*. \tag{9.72}$$

Ha bezeichnet hierin die dimensionslose *Hatta-Zahl*[5],

$$Ha = \delta \sqrt{\frac{k}{D_1}} = \frac{\sqrt{k D_1}}{k_l}. \tag{9.73}$$

(9.73 rechts) entsteht mit (9.62) aus (9.73 Mitte). Unter stationären Bedingungen ist die pro Zeiteinheit durch chemische Reaktion im Film verbrauchte Menge an A_1 gleich dem durch die Phasengrenze $x = 0$ transportierten Mengenstrom,

---

[4] Die Mengenbilanzen für Porendiffusion und Reaktion im Katalysator sind analog aufgebaut, vgl. Abschnitt 9.5.2, werden hier jedoch für andere Randbedingungen gelöst.
[5] Man beachte die Ähnlichkeit von Hatta-Zahl und Thiele-Modul, vgl. Abschnitt 9.5.2.

$$Vr_{eff} = \dot{n}_{1,l} = -AD_1 \frac{dc_1(0)}{dx} . \tag{9.74}$$

Für den in (9.74) auftretenden Konzentrationsgradienten erhält man aus (9.72)

$$\frac{dc_1(0)}{dx} = -c_1^* \frac{Ha}{\delta} \frac{e^{Ha} + e^{-Ha}}{e^{Ha} - e^{-Ha}} , \tag{9.75}$$

womit aus (9.74) schließlich folgt:

$$r_{eff} = Ha \frac{e^{Ha} + e^{-Ha}}{e^{Ha} - e^{-Ha}} k_l a_V c_1^* , \quad k_{eff} = Ha \frac{e^{Ha} + e^{-Ha}}{e^{Ha} - e^{-Ha}} k_l a_V . \tag{9.76}$$

Nach (9.76) hängt die effektive Reaktionsgeschwindigkeit in komplizierter Weise von der Geschwindigkeitskonstante k der Reaktion, dem Diffusionskoeffizienten D_1, dem Stoffübergangskoeffizienten k_l und der spezifischen Oberfläche a_V ab. Drei Fälle werden gesondert betrachtet:

- *langsame Reaktion im Film*. Für kleine Werte der Hatta-Zahl (etwa $Ha < 0,3$) findet man aus (9.76)

$$r_{eff} = k_l a_V c_1^* , \quad k_{eff} = k_l a_V . \tag{9.77}$$

Die effektive Reaktionsgeschwindigkeit wird nur vom Stoffaustausch bestimmt. Der Konzentrationsgradient im Film wird von der chemischen Reaktion nicht beeinflusst, die Konzentrationsverhältnisse entsprechen daher den in Abb. 9.14 gezeigten.
- *Reaktion mittlerer Geschwindigkeit im Film*. Diese Bezeichnung wird für Werte im Bereich $0,3 < Ha < 3$ gewählt. In Abb. 9.15 links sind die Konzentrationsverläufe im Film für diesen Fall schematisch gezeigt: gegenüber der langsamen Reaktion sind nunmehr stärkere Konzentrationsgradienten im Film anzunehmen, die zu einer Abreaktion von A_1 innerhalb des Films führen.
- *schnelle Reaktion im Film*. Für Werte der Hatta-Zahl $Ha > 3$ entsteht aus (9.76)

$$r_{eff} = Ha \, k_l a_V c_1^* = a_V \sqrt{kD_1} \, c_1^* , \quad k_{eff} = a_V \sqrt{kD_1} . \tag{9.78}$$

Die Reaktionsgeschwindigkeit hängt von der spezifischen Oberfläche, der Reaktionsgeschwindigkeitskonstanten und dem Diffusionskoeffizienten ab. Der Stoffaustausch zwischen den Phasen wird durch die schnelle chemische Reaktion gegenüber der langsamen Reaktion um den Faktor *Ha* vergrößert, wie der Vergleich von (9.77) mit (9.78) zeigt. Daher treten starke Konzentrationsgradienten auf, die zu vollständiger Abreaktion des Edukts A_1 innerhalb des Films führen, wie in Abb. 9.15 rechts zu sehen ist.

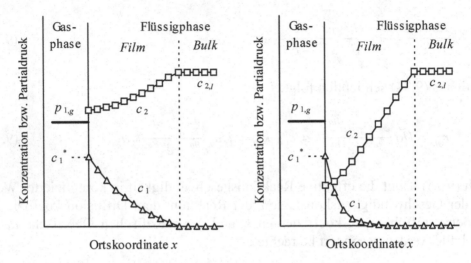

Abb. 9.15 Schematische Konzentrations- und Partialdruckverläufe für eine Reaktion mittlerer Geschwindigkeit (links, *Ha* = 2) und für schnelle Reaktion (rechts, *Ha* = 7,5).

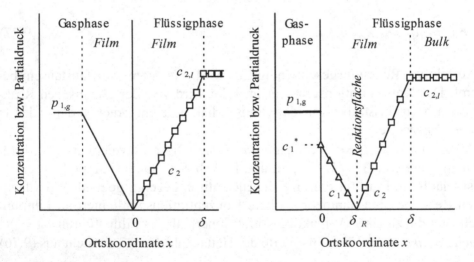

Abb. 9.16 Schematische Konzentrations- und Partialdruckverläufe für momentane Reaktion in der Phasengrenzfläche (links) und im Film (rechts).

Momentane Reaktion. Reagieren die beiden Komponenten A_1 und A_2 so schnell miteinander, dass sie an einer Stelle nicht gleichzeitig vorliegen können, so spricht man von *momentaner Reaktion*. Die Reaktion findet in einer *Reaktionsfläche* statt (und nicht in einer *Reaktionszone*). Diese Fläche befindet sich im Film, kann sich aber im Extremfall bis in die Phasengrenzfläche verlagern. In Abb. 9.16 sind die Konzentrationsverläufe im Bereich der Phasengrenze für diese beiden Fälle schematisch gezeigt. Fällt die Reaktionsfläche in die Phasengrenze, so ist mit Konzentrationsgradienten auf der Gasseite zu rechnen, die den Stoffübergang der Komponente A_1 bedingen. Als Beispiele für momentane Reaktionen lassen sich $SO_2 + NaOH$, $NH_3 + H_2O$ und $HCl + H_2O$ nennen.

Befindet sich im Flüssigkeitsfilm der Dicke δ die Reaktionsfläche an der Stelle δ_R (vgl. Abb. 9.16 rechts), so betragen die Stoffmengenströme

$$\dot{n}_{1,l} = A\frac{D_1}{\delta_R}c_1^*, \quad \dot{n}_{2,l} = A\frac{D_2}{\delta - \delta_R}c_{2,l}. \tag{9.79}$$

Die beiden Stoffmengenströme sind aufgrund der stöchiometrischen Koeffizienten der Reaktionsgleichung (9.59) gekoppelt,

$$\dot{n}_{2,l} = -\nu_2 \dot{n}_{1,l}. \tag{9.80}$$

Hieraus lässt sich über (9.79) die unbekannte Größe δ_R berechnen und wieder in (9.79) einsetzen; es resultiert mit $k_l = D_1/\delta_R$

$$\dot{n}_{1,l} = Ak_l c_1^* \left[1 - \frac{D_2}{\nu_2 D_1}\frac{c_{2,l}}{c_1^*}\right]. \tag{9.81}$$

Nimmt man an, dass die beiden Diffusionskoeffizienten gleich sind, $D_1 = D_2$, und der stöchiometrische Koeffizient $\nu_2 = -1$ beträgt, so folgt

$$\dot{n}_{1,l} = Ak_l c_1^* \left[1 + \frac{c_{2,l}}{c_1^*}\right]. \tag{9.82}$$

Die effektive Reaktionsgeschwindigkeit wird daher zu

$$r_{eff} = a_V k_l c_1^* \left[1 + \frac{c_{2,l}}{c_1^*}\right]. \tag{9.83}$$

Dies zeigt, dass die effektive Reaktionsgeschwindigkeit über das Konzentrationsverhältnis $c_{2,l}/c_1^*$ beeinflusst werden kann. Vergleicht man (9.83) im dem Ergebnis für langsame Reaktion im Film (9.77), so ist wiederum die Verstärkung des Stoffaustausches durch chemische Reaktion zu erkennen.

Anhang: Klausuraufgaben zur Chemischen Reaktionstechnik[1]

Aufgabe 1: Die Gleichgewichtsreaktionen

(1) $A = B$ mit Gleichgewichtskonstante K_1
(2) $B = 2C$ mit Gleichgewichtskonstante K_2

finden ausgehend von $n_{A0} = 10$ mol reinem A beim Gesamtdruck $P = 150$ kPa statt. Im Gleichgewicht ergibt sich der Umsatzgrad $X_A = 0{,}89$ und die Ausbeute $Y_{B,A} = 0{,}79$.

a) Die Werte der Gleichgewichtskonstanten K_1 und K_2 sind zu berechnen.
b) Der Massenanteil w_A im Gleichgewicht ($M_A = 162$ g/mol) ist zu bestimmen.
c) Wie groß ist die Gleichgewichtskonstante K_3 der Reaktion $A = 2C$?

Ergebnis: a) $K_1 = 7{,}182$; $K_2 = 6{,}904$ kPa. b) $w_A = 0{,}11$. c) $K_3 = 49{,}587$ kPa.

Aufgabe 2: Bei der Gleichgewichtsreaktion $2A = B + C$, die in der Gasphase stattfindet, werden die Stoffmengen $n_{A0} = 10$ mol, $n_{B0} = n_{C0} = 0$ eingesetzt. Die Gleichgewichtskonstante hat den Wert $K = 65{,}61$. Man berechne die Massenanteile w_i aller Komponenten im Gleichgewicht, wenn die molaren Massen $M_A = 81$ g/mol und $M_B = 118$ g/mol betragen.

Ergebnis: $w_1 = 0{,}058$; $w_2 = 0{,}686$.

Aufgabe 3: Ein Abgas, das 160 mol/h Methan und 90 mol/h Kohlenmonoxid enthält, soll mit Luft (ideales Gas mit 20,5 Vol.-% O_2, 79,5 Vol.-% N_2) vollständig verbrannt werden.

a) Welcher Luftvolumenstrom (bei Normalbedingungen) ist stöchiometrisch erforderlich?
b) Welche Zusammensetzung in Vol.-% hat das Verbrennungsgas?
c) Die Temperatur T des Verbrennungsgases ist zu bestimmen.

---

[1] Die folgenden Aufgaben wurden in Klausuren im Rahmen der Vorlesung Chemische Reaktionstechnik im Bachelor-Studiengang Pharma- und Chemietechnik der Beuth Hochschule für Technik Berlin gestellt.

Daten: Reaktionsenthalpie Methanverbrennung $\Delta H_{R1} = -748.500$ J/mol
Reaktionsenthalpie CO-Verbrennung $\Delta H_{R2} = -540.000$ J/mol
spezifische Wärme Gase $c_p = 30$ J/mol K
Eingangstemperatur $T_0 = 400$ K

Ergebnis: a) $\dot{V} = 39{,}92$ Nm^3/h. b) CO_2 12,59 Vol.-%, H_2O 16,12 Vol.-%, N_2 71,29 Vol.-%. c) $T =$ 3236 K.

Aufgabe 4: 1,6 kmol/h Benzol und 0,9 kmol/h Toluol werden in 800,0 kmol/h Luft (ideales Gas mit 20,5 Vol.-% O_2 , 79,5 Vol.-% N_2) verdampft und vollständig verbrannt. Man bestimme:

a) die Stoffmengenströme $\dot{n}_i$ aller Komponenten im Abgas;

b) die Abgaszusammensetzung in Vol.-%;

c) die Abgastemperatur T;

d) den Volumenstrom des Abgases.

Daten: Reaktionsenthalpie Benzolverbrennung $\Delta H_{R1} = -3{,}82 \cdot 10^6$ kJ/kmol
Reaktionsenthalpie Toluolverbrennung $\Delta H_{R2} = -4{,}21 \cdot 10^6$ kJ/kmol
spezifische Wärme Gase $c_p = 30$ kJ/kmol K
Eingangstemperatur $T_0 = 400$ K

Ergebnis: a) CO_2 15,9 kmol/h, H_2O 8,4 kmol/h, O_2 143,9 kmol/h, N_2 636,0 kmol/h. b) CO_2 1,98 Vol.-%, H_2O 1,04 Vol.-%, O_2 17,89 Vol.-%, N_2 79,08 Vol.-%. c) $T = 809{,}5$ K. d) $\dot{V} = 53418$ m^3/h.

Aufgabe 5: Bei der Gleichgewichtsreaktion $A = B$, die in der Gasphase stattfindet, werden die Stoffmengen $n_{A0} = 2{,}0$ mol, $n_{B0} = 0{,}1$ mol eingesetzt. Die fehlenden Werte der Tabelle sind zu bestimmen. Für die Temperaturabhängigkeit der Gleichgewichtskonstante gelte $K = K_0 \exp(-E/RT)$.

Temperatur T, K	400	500	
GG-Konstante K, -		19,89	7,00
n_A^* , mol			
n_B^* , mol	1,198		

Ergebnis:

Temperatur T, K	400	500	456,01
GG-Konstante K, -	1,328	19,89	7,00
n_A^* , mol	0,902	0,101	0,263
n_B^* , mol	1,198	1,999	1,838

Aufgabe 6: In einem _kontinuierlich und stationär betriebenen_ ideal durchmisch-ten Rührkessel findet die irreversible bimolekulare Reaktion $A_1 + A_2 \to A_3$, $r = kc_1c_2$, unter isothermen Bedingungen statt. Die fehlenden Werte der Tabelle sind zu berechnen.

Verweilzeit τ, min	0	10	20		∞
Konzentration c_1, kmol/m3	2,0				
Konzentration c_2, kmol/m3	2,3			1,0	
Konzentration c_3, kmol/m3	0,1	1,1			

Ergebnis:

Verweilzeit τ, min	0	10	20	24,1	∞
Konzentration c_1, kmol/m3	2,0	1,0	0,76	0,70	0
Konzentration c_2, kmol/m3	2,3	1,3	1,06		0,3
Konzentration c_3, kmol/m3	0,1	1,1	1,34	1,40	2,1

Aufgabe 7: In einem kontinuierlich, stationär und isotherm betriebenen idealen Rührkessel findet die Gleichgewichtsreaktion $A_1 \leftrightarrow A_2$, $r = k_{hin}c_1 - k_{rück}c_2$, statt.

a) Die fehlenden Tabellenwerte sind zu ergänzen.

b) Die Werte der Geschwindigkeitskonstanten k_{hin} und $k_{rück}$ sind zu berechnen.

Verweilzeit τ, min	0	10	20		∞
Konzentration c_1, kmol/m3	2,4			0,386	0,119
Konzentration c_2, kmol/m3	0,1	1,372			

Ergebnis: b) $k_{hin} = 0,12006$ min^{-1}, $k_{rück} = 0,006$ min^{-1}. a)

Verweilzeit τ, min	0	10	20	59,835	∞
Konzentration c_1, kmol/m3	2,4	1,128	0,7668	0,386	0,119
Konzentration c_2, kmol/m3	0,1	1,372	1,7332	2,114	2,381

Aufgabe 8: In einem stationär und isotherm betriebenen idealen Strömungsrohr mit dem Durchmesser $d_R = 0,05$ m und der Länge $L = 50$ m läuft die irreversible Reaktion zweiter Ordnung $A \to 3B$, $r = kc_A^2$, ab. Welche Reaktionstemperatur T ist zu wählen, um eine Produktion von $\dot{n}_B = 0,24$ kmol/h bei einem Umsatzgrad von $X_A = 0,94$ zu erzielen ?

Daten: Eingangskonzentrationen $c_{A0} = 2,1$ kmol/m³, $c_{B0} = 0$
        Stoßfaktor $k_0 = 7,94 \cdot 10^{13}$ m³/(kmol h)
        Aktivierungsenergie $E = 102$ kJ/mol

Ergebnis: $T = 397,8$ K.

Aufgabe 9: Bei der Zerfallsreaktion $A \rightarrow \dots$ werden zu vorgegebenen Werten der Konzentration c_A und Temperatur T die in der Tabelle angeführten Werte der Reaktionsgeschwindigkeit r ermittelt.

a) Zu bestimmen sind Stoßfaktor k_0, Aktivierungsenergie E und Reaktionsordnung n des Geschwindigkeitsansatzes n-ter Ordnung $r = k_0\, e^{-E/RT}\, c_A^n$.

b) Welchen Wert hat die Reaktionsgeschwindigkeit für $c_A = 0,9$ mol/l bei $T = 100\ °C$?

Messwert	c_A [mol/l]	T [°C]	r [mol / (l min)]
1	0,85	77	15,8
2	0,85	127	109,0
3	1,05	77	20,6

Lösungshinweis: da jeweils nur 2 verschiedene c_A- und T-Werte vorliegen, berechnet man die Parameter aus einem linearen Gleichungssystem.
Ergebnis: a) $k_0 = 9,999\ 10^{+7}$, $E = 44996$ kJ/kmol, $n = 1,2554$. b) $r = 44,01$ mol/(l min).

Aufgabe 10: Die Folgereaktion $A_1 \rightarrow A_2$, $r_1 = k_1 c_1$, $A_2 \rightarrow A_3$, $r_2 = k_2 c_2$, wird in einem kontinuierlich, stationär und isotherm betriebenen idealen Rührkessel so durchgeführt, dass A_2 in maximaler Konzentration c_{2max} vorliegt.

a) Umsatzgrad X_1 und Ausbeute Y_{21} sind zu berechnen für die Werte: Temperatur $T = 394$ K; Stoßfaktoren $k_{10} = 2,60 \cdot 10^6$ h^{-1}, $k_{20} = 1,36 \cdot 10^4$ h^{-1}; Aktivierungsenergien $E_1 = 43,1$ kJ/mol, $E_2 = 39,6$ kJ/mol; Eingangskonzentrationen $c_{10} = 1,54$ kmol/m^3, $c_{20} = c_{30} = 0$.

b) Welche Produktion $\dot{n}_2$ ergibt sich für das Reaktionsvolumen $V = 30$ m^3?

c) Welcher Volumenstrom $\dot{V}$ und welcher Stoffmengenstrom $\dot{n}_{10}$ liegen am Reaktoreingang vor?

Ergebnis: a) $X_1 = 0,8902$; $Y_{21} = 0,7924$. b) $\dot{n}_2 = 22,68$ kmol/h. c) $\dot{V} = 18,59$ m^3/h; $\dot{n}_{10} = 28,62$ kmol/h.

Aufgabe 11: Die Reaktion $A_1 \rightarrow 3A_2 + A_3$, $r = kc_1^n$, wird isotherm in idealen Reaktoren mit dem Reaktionsvolumen $V = 0,22$ m^3 so durchgeführt, dass der Umsatzgrad $X_1 = 0,97$ und die Produktion $\dot{n}_2 = 2,0$ kmol/h vorliegen. Welche Reaktionstemperatur T ist zu wählen für

a) ein kontinuierlich betriebenes Strömungsrohr?
b) einen absatzweise betriebenen Rührkessel (Rüstzeit $t_V = 0,30$ h)?
c) einen kontinuierlich betriebenen Rührkessel?

Daten: Stoßfaktor $k_0 = 1{,}9 \cdot 10^{15}$ $(kmol/m^3)^{1-n}\, h^{-1}$
        Aktivierungsenergie $E = 105{,}0$ kJ/mol; Reaktionsordnung $n = 1{,}09$
        Anfangskonzentrationen $c_{10} = 2{,}2$ kmol/m³, $c_{20} = 0$, $c_{30} = 0$

Ergebnis: a) $T = 377{,}17$ K. b) $T = 383{,}53$ K. a) $T = 405{,}97$ K.

Aufgabe 12: Die irreversible bimolekulare Reaktion $A_1 + A_2 \rightarrow A_3$, $r = k c_1 c_2$, wird unter isothermen Bedingungen in zwei gleichgroßen, hintereinander geschalteten kontinuierlich betriebenen idealen Rührkesseln (Verweilzeit pro Kessel $\tau = 2{,}0$ min) durchgeführt.

a) Zu berechnen sind die Konzentrationen $c_{1,1}$, $c_{2,1}$, $c_{3,1}$ der Komponenten am Ausgang des ersten Kessels sowie die Konzentrationen $c_{1,2}$, $c_{2,2}$, $c_{3,2}$ am Ausgang des zweiten Kessels.

b) Welcher Gesamtumsatzgrad X_1 wird erhalten?

Daten: Eingangskonzentrationen 1. Kessel: $c_{10} = 1{,}51$ kmol/m³,
        $c_{20} = 1{,}41$ kmol/m³, $c_{30} = 0$, Reaktionstemperatur $T = 85$ °C

Ergebnis: a) $c_{1,1} = 0{,}6175$ kmol/m³; $c_{2,1} = 0{,}5175$ kmol/m³; $c_{3,1} = 0{,}8925$ kmol/m³; $c_{1,2} = 0{,}3586$ kmol/m³; $c_{2,2} = 0{,}2586$ kmol/m³; $c_{3,2} = 1{,}1514$ kmol/m³. b) $X_1 = 0{,}7625$.

Aufgabe 13: Um die irreversible Reaktion 2. Ordnung $A \rightarrow \ldots$, $r = k c_A^2$, durchzuführen, werden ein Strömungsrohr (Verweilzeit $\tau_{Str} = 0{,}30$ h) und ein Rührkessel (Verweilzeit $\tau_{Rk} = 1{,}00$ h) benutzt. Beide Reaktoren verhalten sich ideal und werden kontinuierlich, stationär und isotherm betrieben. Für welche Art der Hintereinanderschaltung der Reaktoren errechnet sich der höchste Umsatzgrad X_A :

a) erst Strömungsrohr (= Reaktor 1), dann Rührkessel (= Reaktor 2)?
b) erst Rührkessel (= Reaktor 1), dann Strömungsrohr (= Reaktor 2)?

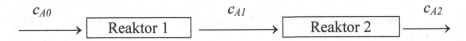

Daten: Eingangskonzentration $c_{A0} = 1{,}40$ kmol/m³
        Stoßfaktor $k_0 = 2{,}331 \cdot 10^{15}$ m³/(kmol h)
        Aktivierungsenergie $E = 110{,}0$ kJ/mol
        Temperatur $T = 402$ K

Ergebnis: a) $X_A = 0{,}9253$. a) $X_A = 0{,}8957$.

Literaturverzeichnis

Kapitel 1

[1]   Aris, R.: Elementary Chemical Reactor Analysis. Mineola NY: Dover Publications 2006.
[2]   Autorenkollektiv: Reaktionstechnik I. Leipzig: Dt. Verlag für Grundstoffindustrie 1985.
[3]   Autorenkollektiv: Reaktionstechnik II (Aufgabensammlung). Leipzig: Dt. Verlag für Grundstoffindustrie 1985.
[4]   Baerns, M., Hofmann, H., Renken, A.: Chemische Reaktionstechnik (3. Aufl.). Stuttgart: Georg Thieme Verlag 2001.
[5]   Baerns, M., Behr, A., Brehm, A., Gmehling, J., Hofmann, H., Onken, U., Renken, A.: Technische Chemie. Weinheim: Wiley-VCH 2006.
[6]   Behr, A., Agar, D. W., Jörissen, J.: Einführung in die Technische Chemie. Heidelberg: Spektrum Verlag 2010.
[7]   Fogler, H. S.: Elements of Chemical Reaction Engineering (4. Aufl.). Upper Saddle River NJ: Prentice Hall 2005
[8]   Dialer, K., Löwe, A.: Chemische Reaktionstechnik. München: Hanser Verlag 1975.
[9]   Emig, G., Klemm, E.: Technische Chemie: Eine Einführung in die Chemische Reaktionstechnik (5. Aufl.). Berlin: Springer-Verlag 2005.
[10]   Froment, G. F., Bischoff, K. B., De Wilde, J.: Chemical Reactor Analysis and Design. New York: Wiley & Sons 2010.
[11]   Hagen, J.: Chemische Reaktionstechnik. Weinheim: Verlag Chemie 1992.
[12]   Hill, C. G.: An Introduction to Chemical Engineering Kinetics and Reactor Design. New York: Wiley & Sons 1977.
[13]   Levenspiel, O.: Chemical Reaction Engineering (3. Aufl.). New York: Wiley & Sons 1999.
[14]   Levenspiel, O.: The Chemical Reactor Omnibook. Corvallis: OSU Book Stores 1996.
[15]   Smith, J. M.: Chemical Engineering Kinetics. Tokio: McGraw-Hill Kogakusha 1979.
[16]   Westerterp, K. R., van Swaaij, W. P. M., Beenackers, A.: Chemical Reactor Design and Operation (2. Aufl.). New York: Wiley & Sons 1987.
[17]   Arpe, H. J.: Industrielle Organische Chemie (6. Aufl.). Weinheim: Verlag Chemie 2007.

[18] Büchel, K. H., Moretto, H. H., Woditsch, P.: Industrielle Anorganische Chemie (3. Aufl.). Weinheim: Wiley-VCH 1999.

[19] Dittmeyer, R., Keim, W., Kreysa, G., Oberholz, A. (Hrsg.): Winnacker-Küchler: Chemische Technik. Weinheim: Wiley-VCH 2003-2005.

[20] Ullmann's Encyclopedia of Industrial Chemistry. Wiley-VCH, Weinheim. Buchfassung: 6. Aufl., Bände 1-40, 2002 (sowie elektronische Fassung).

[21] Autorenkollektiv: Verfahrenstechnische Berechnungsmethoden Band 1-8. Weinheim: Verlag Chemie 1986.

[22] Perry, R. H., Green, D. W.: Perry's Chemical Engineers' Handbook. 8th Edition: McGraw-Hill 2007.

[23] Löwe, A.: Chemische Reaktionstechnik mit Matlab und Simulink. Weinheim: Wiley-VCH 2009.

[24] Müller-Erlwein, E.: Computeranwendungen in der Chemischen Reaktionstechnik. Weinheim: Verlag Chemie 1991.

[25] Reschetilowski, W.: Technisch-Chemisches Praktikum. Weinheim: Wiley-VCH 2002.

Kapitel 2

[1] Baerns, M., Hofmann, H., Renken, A.: Chemische Reaktionstechnik (3. Aufl.). Stuttgart: Georg Thieme Verlag 2001.

[2] Lang, S.: Linear Algebra (3. Aufl.). Berlin: Springer-Verlag 1987.

[3] Moore, W. J., Hummel, D. O.: Physikalische Chemie (4. Aufl.). Berlin: de Gruyter 1996.

[4] Müller-Erlwein, E.: Computeranwendungen in der Chemischen Reaktionstechnik. Weinheim: Verlag Chemie 1991.

[5] Reid, R. C., Prausnitz, J. M., Sherwood, T. K.: The Properties of Gases and Liquids. New York: McGraw-Hill 1977.

[6] Wedler, G., Freund, H. J.: Lehrbuch der Physikalischen Chemie (6. Aufl.). Weinheim: Wiley-VCH 2012.

Kapitel 3

[1] Arpe, H. J.: Industrielle Organische Chemie (6. Aufl.). Weinheim: Verlag Chemie 2007.

[2]   Atkins, P. W., De Paula, J.: Physikalische Chemie (5. Aufl.). Weinheim: Wiley-VCH 2013.

[3]   Baerns, M., Hofmann, H., Renken, A.: Chemische Reaktionstechnik (3. Aufl.). Stuttgart: Georg Thieme Verlag 2001.

[4]   Daubert, T. E.: Chemical Engineering Thermodynamics. New York: McGraw-Hill 1985.

[5]   De Groot, S. R., Mazur, P.: Non-Equilibrium Thermodynamics. Mineola NY: Dover Publications 1985.

[6]   Haynes, W. M. (Hrsg.): Handbook of Chemistry and Physics (95. Aufl.), Boca Raton, Florida: CRC Press Inc. 2014.

[7]   Moore, W. J., Hummel, D. O.: Physikalische Chemie (4. Aufl.). Berlin: de Gruyter 1996.

[8]   Müller-Erlwein, E.: Computeranwendungen in der Chemischen Reaktionstechnik. Weinheim: Verlag Chemie 1991.

[9]   Press, W. H., Flannery, B. P., Teukolsky, S. A., Vetterling, W. T.: Numerical Recipes - The Art of Scientific Computing (2. Aufl.). Cambridge: Cambridge University Press 1992.

[10]   Reid, R. C., Prausnitz, J. M., Sherwood, T. K.: The Properties of Gases and Liquids. New York: McGraw-Hill 1977.

[11]   Stoer, J., Bulirsch, R.: Introduction to Numerical Analysis (3. Aufl.). Berlin: Springer-Verlag 2002.

[12]   Storey, S. H., van Zeggeren, F.: The Computation of Chemical Equilibria. Cambridge: Cambridge University Press 1970.

[13]   VDI-Wärmeatlas (10. Aufl.). Berlin: Springer-Verlag 2006.

[14]   Wedler, G., Freund, H. J.: Lehrbuch der Physikalischen Chemie (6. Aufl.). Weinheim: Wiley-VCH 2012.

Kapitel 4

[1]   Arpe, H. J.: Industrielle Organische Chemie (6. Aufl.). Weinheim: Verlag Chemie 2007.

[2]   Autorenkollektiv: Verfahrenstechnische Berechnungsmethoden Band 1-8. Weinheim: Verlag Chemie 1986.

[3]   Bailey, J. E., Horn, F. J. M.: Chem. Eng. Sci. **27** (1972) 109.

[4]   Büchel, K. H., Moretto, H. H., Woditsch, P.: Industrielle Anorganische Chemie (3. Aufl.). Weinheim: Wiley-VCH 1999.

[5]   Deckwer, W.-D.: Reaktionstechnik in Blasensäulen. Frankfurt/M.: Verlag Salle und Sauerländer 1985.

[6]   Deutsche Norm DIN 28136 (Rührkessel). Berlin: Beuth-Verlag 2005.

[7]   Dittmeyer, R., Keim, W., Kreysa, G., Oberholz, A. (Hrsg.): Winnacker-Küchler: Chemische Technik. Weinheim: Wiley-VCH 2003-2005.

[8]   Mersmann, A.: Stoffübertragung. Berlin: Springer-Verlag 1986.

[9]   Perry, R. H., Green, D. W.: Perry's Chemical Engineers' Handbook. 8th Edition: McGraw-Hill 2007.

[10]   Schlünder, E.-U., Tsotsas, E.: Wärmeübertragung in Festbetten, durchmischten Schüttgütern und Wirbelschichten. Stuttgart: Thieme Verlag 1988.

[11]   Ullmann's Encyclopedia of Industrial Chemistry. Wiley-VCH, Weinheim. Buchfassung: 6. Aufl., Bände 1-40, 2002 (sowie elektronische Fassung).

[12]   VDI-Wärmeatlas (10. Aufl.). Berlin: Springer-Verlag 2006.

[13]   Westerterp, K. R., van Swaaij, W. P. M., Beenackers, A.: Chemical Reactor Design and Operation. New York: Wiley & Sons 1984.

Kapitel 5

[1]   Beck, J. V., Arnold, K. J.: Parameter Estimation in Engineering and Science. New York: Wiley & Sons 1977.

[2]   De Groot, S. R., Mazur, P.: Non-Equilibrium Thermodynamics. Mineola NY: Dover Publications 1985.

[3]   Kreyszig, E.: Statistische Methoden und ihre Anwendungen (7. Aufl.). Göttingen: Vandenhoeck & Ruprecht 1998.

[4]   Moore, W. J., Hummel, D. O.: Physikalische Chemie (4. Aufl.). Berlin: de Gruyter 1996.

[5]   Präve, P., Faust, U., Sittig, W., Sukatsch, D. A.: Basic Biotechnology. Weinheim: Verlag Chemie 1987.

[6]   VDI-Wärmeatlas (10. Aufl.). Berlin: Springer-Verlag 2006.

Kapitel 6

[1]   Braun, M.: Differential Equations and Their Applications (4. Aufl.). Berlin: Springer-Verlag 1993.

[2]   Courant, R., Hilbert, D.: Methoden der mathematischen Physik (4. Aufl.). Berlin: Springer-Verlag 1993.

[3]   Froment, G. F., Bischoff, K. B., De Wilde, J.: Chemical Reactor Analysis and Design. New York: Wiley & Sons 2010.

[4] Truckenbrodt, E.: Lehrbuch der angewandten Fluidmechanik (2. Aufl.). Berlin: Springer-Verlag 1988.

[5] Unger, J.: Konvektionsströmungen. Stuttgart: Teubner-Verlag 1988.

[6] Wedler, G., Freund, H. J.: Lehrbuch der Physikalischen Chemie (6. Aufl.). Weinheim: Wiley-VCH 2012.

[7] Wen, C. Y., Fan, L. T.: Models for Flow Systems and Chemical Reactors. New York: Marcel Dekker, 1975.

[8] Zurmühl, R.: Praktische Mathematik für Ingenieure und Physiker. Berlin: Springer-Verlag 1984.

Kapitel 7

[1] Froment, G. F., Bischoff, K. B., De Wilde, J.: Chemical Reactor Analysis and Design. New York: Wiley & Sons 2010.

[2] Hagen, J.: Chemiereaktoren – Auslegung und Simulation. Heidelberg: Wiley-VCH 2004

[3] Kamke, E.: Differentialgleichungen. Stuttgart: Teubner-Verlag 1983.

[4] Müller-Erlwein, E.: Computeranwendungen in der Chemischen Reaktionstechnik. Weinheim: Verlag Chemie 1991.

[5] Press, W. H., Flannery, B. P., Teukolsky, S. A., Vetterling, W. T.: Numerical Recipes - The Art of Scientific Computing (2. Aufl.). Cambridge: Cambridge University Press 1992.

[6] Stoer, J., Bulirsch, R.: Introduction to Numerical Analysis (3. Aufl.). Berlin: Springer-Verlag 2002.

Kapitel 8

[1] Gray, P., Scott, S. K.: Chemical Oscillations and Instabilities. Oxford: Clarendon Press 1990.

[2] Baerns, M., Behr, A., Brehm, A., Gmehling, J., Hofmann, H., Onken, U., Renken, A.: Technische Chemie. Weinheim: Wiley-VCH 2006.

[3] Press, W. H., Flannery, B. P., Teukolsky, S. A., Vetterling, W. T.: Numerical Recipes - The Art of Scientific Computing (2. Aufl.). Cambridge: Cambridge University Press 1992.

Kapitel 9

[1]   Arpe, H. J.: Industrielle Organische Chemie (6. Aufl.). Weinheim: Verlag Chemie 2007.

[2]   Baerns, M., Hofmann, H., Renken, A.: Chemische Reaktionstechnik (3. Aufl.). Stuttgart: Georg Thieme Verlag 2001.

[3]   Büchel, K. H., Moretto, H. H., Woditsch, P.: Industrielle Anorganische Chemie (3. Aufl.). Weinheim: Wiley-VCH 1999.

[4]   Danckwerts, P. V.: Gas-Liquid Reactions. New York: McGraw-Hill 1970.

[5]   Deckwer, W.-D.: Reaktionstechnik in Blasensäulen. Frankfurt/M.: Verlag Salle und Sauerländer 1985.

[6]   Froment, G. F., Bischoff, K. B., De Wilde, J.: Chemical Reactor Analysis and Design. New York: Wiley & Sons 2010.

[7]   Hougen, O. A., Watson, K. M.: Chemical Process Principles. New York: Wiley 1947.

[8]   Keil, F.: Diffusion und Chemische Reaktion in der Gas/Feststoffkatalyse. Berlin: Springer Verlag 1999.

[9]   Reid, R. C., Prausnitz, J. M., Sherwood, T. K.: The Properties of Gases and Liquids. New York: McGraw-Hill 1977.

[10] Satterfield, C. N.: Heterogeneous Catalysis in Practice. New York: McGraw-Hill 1980.

[11] Satterfield, C. N.: Mass Transfer in Heterogeneous Catalysis. Malabar: R. E. Krieger Publishing Co. 1981.

[12] Schlünder, E.-U., Tsotsas, E.: Wärmeübertragung in Festbetten, durchmischten Schüttgütern und Wirbelschichten. Stuttgart: Thieme Verlag 1988.

[13] Szekely, J., Evans, J. W., Sohn, H. Y.: Gas-Solid Reactions. New York: Academic Press 1976.

[14] Thomas, J. H., Thomas, W. J.: Principles and Practice of Heterogeneous Catalysis. New York: Wiley 1996.

[15] Ullmann's Encyclopedia of Industrial Chemistry. Wiley-VCH, Weinheim. Buchfassung: 6. Aufl., Bände 1-40, 2002 (sowie elektronische Fassung).

[16] VDI-Wärmeatlas (10. Aufl.). Berlin: Springer-Verlag 2006.

[17] Westerterp, K. R., van Swaaij, W. P. M., Beenackers, A.: Chemical Reactor Design and Operation (2. Aufl.). New York: Wiley & Sons 1987.

Sachverzeichnis

Printed in the United States
By Bookmasters